21 世纪面向工程应用型计算机人才培养规划教材

计算机网络技术基础(第二版)

牛玉冰　主　编

代　毅　马祖苑　王　清　副主编

清华大学出版社

北京

内 容 简 介

为了更好地满足面向工程应用型计算机人才培养的需要,作者结合近几年的教学改革实践,编写了本书。

全书共两部分,前 8 章系统地介绍了计算机网络基础知识、数据通信基础、计算机网络协议与体系结构、局域网组网技术、网络互联设备、网络操作系统、Internet 常用服务、网络安全,最后一部分为实验。为了使读者能够及时地检查学习效果,巩固所学知识,每章最后都附有丰富的习题。

本书可作为面向工程应用型计算机人才培养规划教材,也可作为计算机网络培训或技术人员自学的参考资料。

图书在版编目(CIP)数据

计算机网络技术基础/牛玉冰主编. —2 版. —北京:清华大学出版社,2016 (2021.8 重印)
21 世纪面向工程应用型计算机人才培养规划教材
ISBN 978-7-302-43353-8

Ⅰ. ①计…　Ⅱ. ①牛…　Ⅲ. ①计算机网络—高等学校—教材　Ⅳ. ①TP393

中国版本图书馆 CIP 数据核字(2016)第 062695 号

责任编辑:刘向威　王冰飞
封面设计:杨　兮
责任校对:梁　毅
责任印制:杨　艳

出版发行:清华大学出版社
　　　　网　　　　址:http://www.tup.com.cn,http://www.wqbook.com
　　　　地　　　　址:北京清华大学学研大厦 A 座　　　　　　邮　　编:100084
　　　　社 总 机:010-62770175　　　　　　　　　　　　　　邮　　购:010-83470235
　　　　投稿与读者服务:010-62776969,c-service@tup.tsinghua.edu.cn
　　　　质量反馈:010-62772015,zhiliang@tup.tsinghua.edu.cn
　　　　课件下载:http://www.tup.com.cn,010-83470236
印 装 者:三河市龙大印装有限公司
经　　销:全国新华书店
开　　本:185mm×260mm　　　印　　张:14.5　　　　字　　数:356 千字
版　　次:2013 年 2 月第 1 版　　2016 年 6 月第 2 版　　印　　次:2021 年 8 月第 7 次印刷
印　　数:12001～13000
定　　价:29.00 元

产品编号:065445-01

前 言
foreword

计算机网络是计算机技术和通信技术密切结合的产物,它代表了当代计算机体系结构发展的一个极其重要的方向,内容涉及计算机硬件、软件、网络体系结构和通信技术。计算机网络已经渗透到了现代社会的方方面面,并以一种前所未有的方式改变着人们的生活。与此同时,社会对网络人才的需求也越来越迫切,要求越来越多的人掌握计算机网络技术的基础知识。因此,"计算机网络技术基础"已经成为当代大学生的一门重要课程。为了更好地满足面向工程应用型计算机人才培养的需要,作者结合近几年的教学改革实践,编写了该书。

本书第一版《计算机网络技术基础》出版以来,对网络技术基础课程的教学改革起到了积极的推动作用,并得到读者一致好评。作者在总结第一版教材使用的基础上,根据职业岗位的工作性质和人才需求,结合编者的教学实践和工程实践,在课程内容的选择和优化方面进行了深入的研究与实践,对全书进行了改编;根据当今计算机网络发展趋势,增加了与云计算相关的知识内容;结合当今网络安全发展趋势,修正了网络安全的相关知识内容;对部分实验内容进行了优化调整,删除了远程桌面登录设置的实验,增加了子网划分的实验,优化了 DNS 服务器的配置实验。

在本书的编写过程中,作者始终贯彻介绍计算机网络中的成熟理论和最新知识,基础理论以应用为目的,以必要、够用为度,同时更注重学生实际动手能力的培养。本书层次清晰,概念准确,叙述通顺,图文并茂,实用性强,既包括适度的基础理论知识,又有比较详细的组网实验操作技术介绍。为了让读者能够在较短的时间内掌握教材的内容,及时地检查自己的学习效果,巩固和加深对所学知识的理解,每章最后还附有丰富的习题。

本书由牛玉冰担任主编,由代毅、马祖苑、王清担任副主编,第 2、3、4、5 章由代毅编写,第 1、6、7、8 章及实验部分由牛玉冰编写,统稿工作由马祖苑完成,王清完成了书稿的校对工作。在此,向所有关心和支持本书出版的人员表示感谢。

限于作者的学术水平,不妥之处在所难免,敬请专家和读者批评指正。如有建议和意见,请发至电子邮箱:niuge_2001@126.com。

作　者
2016 年 3 月

目 录
contents

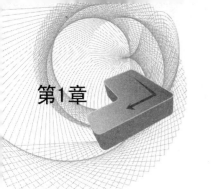

第1章

计算机网络概述

本章主要介绍计算机网络的基本概念和基本知识,包括计算机网络的定义和功能、计算机网络的发展阶段、云计算及其应用,以及计算机网络的组成、分类方法及拓扑结构等。本章是学习全书的基础,读者应全面掌握。

本章学习目标:

- 掌握计算机网络的概念、组成及功能。
- 了解计算机网络的发展历史及趋势。
- 了解云计算的概念及其应用。
- 掌握计算机网络的拓扑结构和分类方法。

1.1 计算机网络的定义和功能

1.1.1 计算机网络的定义

计算机网络是计算机技术和通信技术相互结合、相互渗透而形成的一门学科,它的发展经历了从简单到复杂、从单一到综合的过程,融合了信息采集技术、信息处理技术、信息存储技术、信息传输技术等各种先进的信息技术,以网络为基础的信息处理已经开始成为信息工业的发展主流。

目前计算机网络技术仍处在迅速发展的过程中,作为一个技术术语,人们很难像数学概念那样给它一个严格的定义,国内外各种文献资料上的说法也不尽一致。

一般来说,现代计算机网络是自主计算机的互联集合。这些计算机各自是独立的,地位是平等的,它们通过有线或无线的传输介质连接起来,在计算机之间遵守统一的通信协议实现通信。不同的计算机网络可以采用网络互联设备实现互联,构成更大范围的互联网络,最终在计算机网络上实现信息的高速传送、计算机的协同工作以及硬件、软件和信息资源的共享。

这个定义说明以下几方面的问题。

(1) 一个网络中一定包含多台具有自主功能的计算机,所谓具有自主功能,是指这些计算机离开了网络也能独立运行和工作。

(2) 这些计算机之间是相互连接的,所使用的通信手段可以形式各异,距离可远可近,连接所使用的媒体可以是双绞线、同轴电缆、光纤等各种有线传输介质或卫星、微波等各种无线传输介质。

（3）相互通信的计算机之间必须遵守相应的协议，按照共同的标准完成数据的传输。

（4）计算机之间相互连接的主要目的是为了进行信息交换、资源共享或协同工作。

1.1.2 计算机网络的功能

计算机网络的功能主要体现在以下几个方面。

1. 信息传递

信息传递是计算机网络的基本功能之一。在计算机网络中，通过通信线路可实现主机与主机、主机与终端之间数据和程序的快速传输。

2. 资源共享

资源共享也是计算机网络的基本功能之一。计算机网络的基本资源包括硬件资源、软件资源和数据资源。共享资源即共享网络中的硬件、软件和数据资源。网络中多个用户可共享的硬件资源，一般是指那些特别昂贵或特殊的硬件设备，如大容量存储器、绘图仪、激光打印机等。网络用户可共享其他用户或主机的软件资源，避免在软件建设上的重复劳动和重复投资，以提高网络的经济性。可以共享的软件包括系统软件和应用软件以及其组成的控制程序和处理程序。计算机网络技术可以使大量分散的数据被迅速集中、分析和处理，同时为充分利用这些数据资源提供方便。分散在不同地点的网络用户可以共享网络中的大型数据库。

3. 分布式处理

计算机网络中包括很多子系统，当某个子系统的负荷过重时，新的作业可通过网络内的结点和线路分送给较空闲的子系统进行处理。进行这种分布式处理时，必要的处理程序和数据也必须同时送到空闲子系统。此外，在幅员辽阔的国家中，可以利用地理上的时差，均衡系统日夜负荷不均衡的现象，以达到充分发挥网络内各处理系统的负载能力。

4. 实时集中处理

在计算机网络中，可以把已存在的许多联机系统有机连接起来，进行实时集中管理，使各部件协同工作、并行处理，提高系统的处理能力。

5. 开辟综合服务项目

通过计算机网络可为用户提供更全面的服务项目，如图像、声音、动画等信息的处理和传输。这是单个计算机系统难以实现的。

1.1.3 计算机网络的应用

计算机网络的应用已经渗透到人们社会生活的各个领域。科研人员可以通过网络进行学术交流与合作，人们可以通过网络教育平台学习远程课程，即时通信工具拉近了人们之间的距离，办公自动化提高了办公效率，降低了企业成本，建立在计算机网络基础上的电子商务活动更是改变了人们的生活方式。随着计算机网络技术的不断发展和各种应用需求的不断增加，计算机网络应用的范围、广度和深度也会不断加大，未来计算机网络会为人们的工作和生活带来更大的便利。下面列举一些常用的计算机网络应用。

1. 管理信息系统（Management Information System，MIS）

管理信息系统是基于数据库的应用系统，建立计算机网络，并在网络的基础上建立管理信息系统，这是现代化企业管理的基本前提和特征。管理信息系统多用于企事业单位的人事、财会和物资等方面的科学管理。

2．办公自动化（Office Automation，OA）

办公自动化系统可以将一个机构办公用的计算机和其他办公设备连接成网络。办公自动化系统通常包含文字处理、电子报表、文档管理、会议与日程安排、电子邮件和电子传真、公文的传阅与审批等。

3．电子商务系统（Eletronic Commerce System，ECS）

电子商务系统英文简称为 EB（Electronic Business）或 EC（Eletronic Commerce），有人也称为电子贸易。随着骨干网的提速和 Internet 的高度普及，电子商务已经成为目前发展迅速的领域之一。由于所有电子贸易的单据都将以电子数据的形式在网络上传输，因此电子商务系统必须具有很高的可靠性与安全性。

4．电子收款机（Point of Sales，POS）

POS 广泛应用于商业系统，它以电子自动收款机为基础，并与财务、计划、仓储等业务部门相连接。POS 是现代化大型商场和超级市场的标志。

1.2 计算机网络的发展与云计算的应用

纵观计算机网络的发展历史可以发现，计算机网络与其他事物的发展一样，也经历了从简单到复杂，从低级到高级，从单机到多机的过程。在这一过程中，计算机技术和通信技术紧密结合，相互促进，共同发展，最终产生了计算机网络。

1.2.1 计算机网络的发展阶段

计算机网络从产生到发展，总体来说可以分成以下 4 个阶段。

1．面向终端的计算机网络

20 世纪 60 年代末到 20 世纪 70 年代初为计算机网络发展的萌芽阶段。其主要特征是：为了增加系统的计算能力和资源共享，把小型计算机连成实验性的网络。第一个远程分组交换网被称为 ARPANET，是由美国国防部于 1969 年建成的，第一次实现了由通信网络和资源网络复合构成计算机网络系统，标志着计算机网络的真正产生，ARPANET 是这一阶段的典型代表。

2．初级计算机网络阶段

20 世纪 70 年代中后期是局域网络（LAN）发展的重要阶段，其主要特征为：局域网络作为一种新型的计算机体系结构开始进入产业化。局域网技术是从远程分组交换通信网络和 I/O 总线结构计算机系统派生出来的。1976 年，美国 Xerox 公司的 Palo Alto 研究中心推出以太网（Ethernet），它成功地采用了夏威夷大学 ALOHA 无线电网络系统的基本原理，使之发展成为第一个总线竞争式局域网。1974 年，英国剑桥大学计算机研究所开发了著名的剑桥环局域网（Cambridge Ring）。这些网络的成功实现，一方面标志着局域网络的产生，另一方面，它们形成的以太网及环网对以后局域网络的发展起到导航的作用。

3．开放式的标准化计算机网络

整个 20 世纪 80 年代是计算机局域网络的发展时期。其主要特征是：局域网络完全从硬件上实现了 ISO 的开放系统互联通信模式协议的能力。计算机局域网及其互联产品的集成,使得局域网络与局域互联、局域网络与各类主机互联,以及局域网络与广域网络互联的技术越来越成熟。综合业务数据通信网络(ISDN)和智能化网络(IN)的发展,标志着局域网络的飞速发展。1980年2月,IEEE(美国电气和电子工程师学会)下属的802局域网络标准委员会宣告成立,并相继提出 IEEE 801.5～802.6 等局域网络标准草案,其中的绝大部分内容已被国际标准化组织(ISO)正式认可。作为局域网络的国际标准,它标志着局域网络协议及其标准化的确定,为局域网络的进一步发展奠定了基础。

4. 新一代综合性、智能化、宽带、无线等高速安全网络

20世纪90年代初至现在是计算机网络飞速发展的阶段,其主要特征是:计算机网络化,协同计算能力发展以及全球互联网络(Internet)的盛行。计算机的发展已经完全与网络融为一体,体现了"网络就是计算机"的口号。目前,计算机网络已经真正进入社会各行各业。另外,虚拟网络 FDDI 及 ATM 技术的应用,使网络技术蓬勃发展并迅速走向市场,走进平民百姓的生活。

1.2.2　云计算及其应用

当前,全球 IT 行业正经历着一场声势浩大的"云计算"浪潮,人类已经进入"以服务为中心"的时代,"云"越来越成为 IT 业界关注的焦点。什么是云? 云有什么与众不同的特性? 它将如何改变整个世界? 这是大家都在关心的一个问题。

云计算是一种计算模式,而不是一种技术。在这个计算模式中,所有服务器、网络、应用程序以及数据中心有关的其他部分,都通过网络提供给 IT 部门和最终用户,IT 部门只需购买自己所需的特定类型和数量的计算服务。

云计算的最核心本质是把一切都作为服务来交付和使用。展望未来的发展趋势,无论工作、生活、娱乐、人际关系,一切事物均以一种"服务"形态展现在人们面前,一切都可以作为服务交付给客户使用。

1. 云计算的基本概念

近年来,随着信息技术和 Internet 的急速发展,网络的数据量高速增长,导致数据处理能力相对不足;同时,网络上存在着大量处于闲置状态的计算设备和存储资源,如果能够将网络上的设备资源聚合起来,统一调度,提供服务,将可以大大提高设备利用率,让更多的用户受益。目前,用户一般通过购置更多数量、更高性能的终端或服务器来增加计算能力和存储资源。但是,不断提高的技术更新速度与昂贵的设备价格往往让人望而止步。如果能够通过高速网络租用计算能力和存储资源,可以大大减少对自有硬件资源的投资和依赖,从而不必为增加投资而烦恼。

云计算通过虚拟化技术将资源进行整合,将网络上分布的计算、存储、服务组件、网络软件等资源集中起来,形成庞大的计算与存储网络,以基于资源虚拟化的方式为用户提供方便快捷的服务。用户只需要使用一台接入网络的终端,即可用相对低廉的价格获得所需资源和服务,而无须考虑其来源。云计算可以实现资源和计算能力的分布式共享,能够很好地应对当前网络上数据量的高速增长。

如果把"云"视为一个虚拟化的存储与计算资源池,那么云计算则是这个资源池基于网络平台为用户提供的数据存储和网络计算服务。Internet 是最大的一片"云",其上的各种计算机资源共同组成了若干个庞大的数据中心及计算中心。

狭义的云计算是一种资源交付和使用模式,指通过获得应用所需的资源。提供资源的网络称为"云"。"云"中的资源在使用者看来是可以无限扩展的,并且可以随时获取。广义的云计算是指服务交付和使用模式,即用户通过网络以按需、易扩展的方式获得所需的 IT 基础设施或服务。这种服务可以是 IT 基础设施,也可以是任意的其他的服务。无论是狭义的还是广义,云计算的核心理念是"按需服务",就像人们使用水、电、天然气等资源的方式一样,按需购买和使用。

根据使用范围,云计算可分为私有云和公共云两种。私有云是所有企业或机构内部使用的云,公有云是对外部企业、社会及公共用户提供服务的云。此外,还有混合云。

从提供服务的类型上看,云计算分为 IaaS、PaaS 和 SaaS 3 个层次。

(1) IaaS(Infrastructure As Service):"基础设施即服务",消费者通过 Internet 可以从完善的计算机基础设施获得服务。

IaaS 以硬件设备虚拟化为基础,组成硬件资源池,具备动态资源分配和回收能力,为应用软件提供所需的服务。硬件资源不区分为哪个应用系统提供服务,资源不够时,整体扩容。

(2) SaaS(Software As Service):"软件即服务",一种通过 Internet 提供软件的模式,用户无须购买软件,而是向提供商租用基于 Web 的软件,来管理企业的活动。严格来讲,SaaS 构建于 IaaS 之上,部署于云上的 SaaS 应用软件的基本特征是具备多用户能力,便于多个用户群体通过应用参数的不同设置,共同使用该应用,且产生的数据均存储在云端。

(3) PaaS(Platform As Service):"平台即服务",实际上是指将软件研发的平台作为一种服务,以 SaaS 模式提交给用户。因此,PaaS 也是 SaaS 模式的一种应用,但是 PaaS 可以加快 SaaS 应用的开发速度。

PaaS 层次介于 IaaS 和 SaaS 之间,最难实现,一旦实现后可带来巨大效益。严格来讲,PaaS 也是基于 IaaS,在硬件上提供一个中间层,主要表现形式为接口、API 或 SOA 模块等,它不直接面向最终用户,最多的使用者是开发商。开发商应用这些接口可快速开发出灵活性、扩展性强的 SaaS 应用,提供给最终用户。

2. 云计算的工作原理

在典型的云计算模式中,用户通过终端接入网络,向"云"提出需求;"云"接收到请求后组织资源,通过网络为"端"提供服务。用户终端的功能可以大大简化,诸多复杂的计算与处理过程都转移到终端背后的"云"上完成。用户所需的应用程序不需要运行在个人计算机、手机等终端设备上,而是运行在 Internet 的大规模服务器集群中;用户处理的数据无须存储在本地,而是保存在网络上的数据中心。提供云计算机服务的企业负责这些数据中心和服务器正常运转的管理和维护,并保证为用户提供足够强的计算能力和足够大的存储空间。任何时间和任何地点,用户只要能够连接至 Internet,即可访问云,实现随需随用。

云计算式随着处理器技术、虚拟化技术、分布式存储技术、宽带互联网技术和自动化管理技术的发展而产生。从技术层面上讲,云计算基本功能的实现取决于两个关键因素,一个是数据的存储能力,另一个是分布式的计算能力。因此,云计算中的"云"可以分为"存储云"和"计算云"。

3. 云计算的应用

(1) 云物联。物联网和云计算是目前产业界的两个热点,物联网与云计算结合是必然

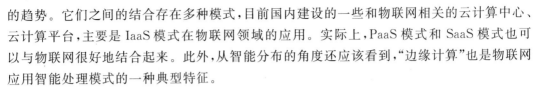

的趋势。它们之间的结合存在多种模式,目前国内建设的一些和物联网相关的云计算中心、云计算平台,主要是 IaaS 模式在物联网领域的应用。实际上,PaaS 模式和 SaaS 模式也可以与物联网很好地结合起来。此外,从智能分布的角度还应该看到,"边缘计算"也是物联网应用智能处理模式的一种典型特征。

(2)云计算助力移动互联网的发展。移动互联网是指以宽带 IP 为技术核心,可以同时提供语音、数据、多媒体等业务服务的开放式基础电信网络。云计算为移动互联网的发展注入强大的动力,移动终端设备一般存储容量较小、计算能力不强,云计算将应用的"计算"与大规模的数据存储从终端转移到服务器端,降低了对移动终端设备的处理需求。移动终端主要承担与用户交互的功能,复杂的计算交由云端(服务器端)处理,终端不需要强大的运算能力即可响应用户的操作,保证用户的良好使用。

移动互联网的兴起已经成为不可逆转的趋势,云计算与移动互联网的结合,将促使移动互联网的应用向形式更加丰富、应用更加广泛、功能更加强大的方向发展,给移动互联网带来巨大的发展空间。

1.3　计算机网络的组成

从系统功能的角度来看,计算机网络主要由通信子网和资源子网两个部分组成。

1. 通信子网(Communication Subnet)

通信子网负责数据通信,由通信控制处理机、通信线路与其他通信设备组成。它的功能是为主机提供数据传输,负责完成网络数据传输、转发等通信处理任务。

2. 资源子网(Resource Subnet)

资源子网实现全网面向应用的数据处理和网络资源共享,由以下所述的硬件和软件组成。

(1)主机和终端。主机是资源子网的主要组成单元,装有本地操作系统、网络操作系统、数据库等软件;终端是主机和用户之间的接口。

(2)网络操作系统。网络操作系统用于实现不同主机之间的通信,以及全网软硬件资源的共享,并向用户提供统一网络接口。

(3)网络数据库。网络数据库是建立在网络操作系统之上的一种数据库系统,可以集中驻留在一台主机上,向网络用户提供存取、修改、共享网络数据库的服务。

(4)应用系统。应用系统是建立在上述系统基础上的具体应用,以实现用户的需求。

现代广域网络结构中,资源子网的概念已经有了变化,随着接入局域网络的微型计算机数目日益增多,它们一般通过路由器将局域网络与广域网络相连接。从组网的层次角度来看,网络的组成结构也不一定是一种简单的平面结构,可能变成一种分层的立体结构。

1.4　计算机网络的分类和拓扑结构

1.4.1　计算机网络的分类

对计算机网络的分类可以从几个不同的角度进行,如根据网络使用的传输技术分类、根据网络所覆盖的地理范围分类等。

1. 根据网络使用的传输技术分类

网络所采用的传输技术决定了网络的主要技术特点。在通信技术中,通信信道的类型有广播通信信道与点到点通信信道两类。在广播通信信道中,多个结点共享一个通信信道,当一个结点广播信息时,其他结点只能处于接收信息的状态。在点到点通信信道中,一条通信线路只连接一对结点,若两个结点之间没有直接连接的线路,就只能通过中间结点转接。根据所采用的通信信道类型不同,网络的传输技术也包含相应不同的两类,即广播方式与点到点方式,这样相应的计算机网络也分为广播式网络和点到点式网络两类。

在广播式网络中通常要考虑信道的争用问题,而点到点式网络中则不需要考虑。

2. 根据网络所覆盖的地理范围分类

计算机网络按其覆盖的地理范围进行分类,可分为以下三类。

(1)局域网(Local Area Network,LAN):分布距离 10～1000m,速率范围为 4Mbps～2Gbps;一般限制在一个房间、一幢大楼或一个单位内。

(2)城域网(Metropolitan Area Network,MAN):分布距离 10km,速率范围为 50Kbps～100Mbps。

(3)广域网(Wide Area Network,WAN):分布距离 100km 以上,速率范围为 9.6Kbps～45Mbps。

说明:按照地理范围划分网络时,分布距离并不是绝对严格的。

1.4.2 计算机网络的拓扑结构

计算机网络的拓扑定义了计算机、打印机及其他各种网络设备之间的连接方式,描述了线缆和网络设备的布局以及数据传输时所采用的路径。网络拓扑在很大程度上决定了网络的工作方式,人们对计算机网络拓扑结构的描述,通常是抛开网络中的具体设备,用点和线来抽象出网络系统的逻辑结构。计算机网络的拓扑结构通常有总线型、星形、环形、树形和和网状结构,如图 1.1 所示。

1. 总线型结构

将各个结点的设备用一根总线连接起来,网络中的所有结点(包括服务器、工作站和打印机等)都是通过这条总线进行信息传输,任何一个结点发出的信息都可以沿着总线向两个方向传输,并能被总线中所有其他结点监听到;另外,总线的负载量是有限的,而且总线的长度也有限制,所以工作站的个数不能任意多,工作站都通过 T 形搭线头连到总线上,如图 1.1(a)所示。作为通信主干线路的总线可以使用同轴电缆和光缆等传输介质。

总线型结构的网络中使用的大多是广播式的传输技术。总线型结构的特点如下。

(1)总线两端必须有终结器,用于吸收到达总线末端的信号;否则,信号会从总线末端反射回总线中,造成网络传输的误码。

(2)在同一个时刻只能允许一个用户发送数据,否则会产生冲突。

(3)若总线断裂,整个网络失效。

总线型拓扑结构在早期建成的局域网中应用非常广泛,现在所建成的新的局域网中已经很少使用了。

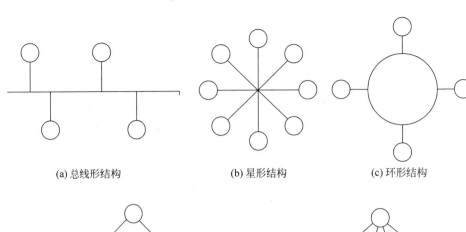

(a) 总线形结构　　　　(b) 星形结构　　　　(c) 环形结构

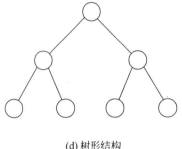　　　　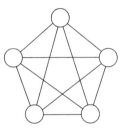

(d) 树形结构　　　　　(e) 网状结构

图 1.1　各种不同的拓扑结构

2．星形结构

以中央结点为中心,把若干个外围结点连接起来形成辐射式的互联结构,中央结点对各设备间的通信和信息交换进行集中控制和管理,如图 1.1(b)所示。

星形结构的网络中使用的传输技术要根据中央结点来决定,若中央结点是交换机,则传输技术为点到点式;若中央结点是共享式 Hub,则传输技术为广播式。

星形结构的特点如下。

(1) 每台主机都是通过独立的线缆连接到中心设备,线缆成本相对于总线型结构的网络要高一些,但是任何一条线缆的故障都不会影响其他主机的正常工作。

(2) 中心结点是整个结构中的关键点,如果出现故障,整个网络都无法工作。

星形结构是局域网中最常使用的拓扑结构。

3．环形结构

将各结点通过一条首尾相连的通信线路连接起来形成封闭的环形结构网,如图 1.1(c)所示。环中信息的流动是单向的,由于多个结点共用一个环,因此必须进行适当的控制,以便决定在某一时刻哪个结点可以将数据放在环上。

环形结构的网络中使用的传输技术通常是广播式。

环形结构的特点如下。

(1) 同一时刻只能有一个用户发送数据。

(2) 环中通常会有令牌用于控制发送数据的用户顺序。

(3) 在环形网络中,发送出去的数据沿着环路转一圈后会由发送方将其回收。

环形结构在局域网中越来越少见。

4．树形结构

树形结构是从星形结构派生出来的,各结点按一定层次连接起来,任意两个结点之间的通路都支持双向传输,如图1.1(d)所示。网络中存在一个根结点,由该结点引出其他多个结点,形成一种分级管理的集中式网络,越顶层的结点其处理能力越强,低层解决不了的问题可以申请高层结点解决,适用于各种管理部门需要进行分级数据传送的场合。

5．网状结构

前面所介绍的总线型、星形、环形和树形结构都是针对一个局域网而言的,而网状结构是从广域网的角度来看的,有全网状结构和部分网状结构之分。

（1）全网状结构。在全网状结构中,所有设备都两两相连以提供链路的冗余性和容错性,如图1.2(a)所示。

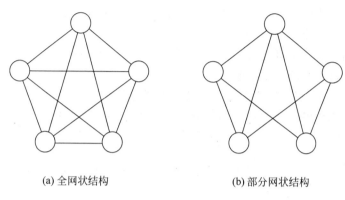

(a) 全网状结构　　　　　　　　　(b)部分网状结构

图1.2　网状结构

优点：每个结点在物理上都与其他结点相连,如果一条线路出现故障,信息仍然可通过其他多条链路到达目的地。

缺点：当网络结点很多时,链路介质的数量及链路间连接的数量就会非常大,因此实现全网状结构的拓扑非常困难,也非常昂贵,通常只在路由器之间采用。

（2）部分网状结构。在部分网状结构中,至少有一个结点与其他所有结点相连,如图1.2(b)所示。

优点：网络中的连接仍然具有冗余性,当某条链路不可用时,依然能采用其他链路传递数据,这种结构用于许多通信骨干网以及因特网中。

习题 1

一、选择题

1．具有中心结点的网络拓扑属于(　　　)。

    A．总线型网络　　　　B．星形网络　　　　C．环形网络　　　　D．网状网络

2．在(　　　)拓扑结构中,一个电缆故障会终止所有的传输。

    A．总线型　　　　　　B．星形　　　　　　C．环形　　　　　　D．网状

3．树形网络是(　　　)的一种变体。

    A．总线型网络　　　　B．星形网络　　　　C．环形网络　　　　D．网状网络

4. 一座大楼内的一个计算机网络系统属于(   )。

    A. PAN   B. LAN   C. MAN   D. WAN

5. 下述对广域网的作用范围叙述最准确的是(   )。

    A. 1km 以内   B. 1~10km   C. 10~100km   D. 100km 以上

二、填空题

1. 计算机网络是_____技术和_____技术相结合的产物。

2. 计算机网络系统是由通信子网和_____组成的。

3. 计算机网络按网络的覆盖范围可分为_____、城域网和_____。

4. 计算机网络的拓扑结构有：总线型、_____、_____、树形和网状结构 5 种。

三、简答题

1. 什么是计算机网络？计算机网络由哪几部分组成？

2. 什么是通信子网和资源子网，分别有什么特点？

3. 计算机网络的发展可分为几个阶段？每个阶段各有什么特点？

4. 简述计算机网络的主要功能。

5. 按照覆盖范围来分，计算机网络可以分为哪几类？

6. 什么是计算机网络的拓扑结构？典型的网络拓扑结构有哪几种？各自的优缺点有哪些？

7. 什么是云计算？它的基本工作原理是什么？

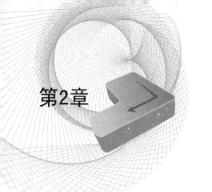

第2章

数据通信基础

计算机网络是计算机技术与通信技术相结合的产物,而通信技术本身的发展也和计算机技术的应用有着密切的关系。数据通信就是以信息处理技术和计算机技术为基础的通信方式,为计算机网络的应用和发展提供了技术支持和可靠的通信环境。本章主要对数据通信的基本概念、数据传输类型、数据传输方式、数据传输过程中的同步技术、多路复用技术、差错控制技术等问题进行系统的讲述。学好本章的内容将对读者理解计算机网络中最基本的数据通信知识有很大的帮助。

本章学习目标:

- 了解数据通信的基本概念。
- 了解数据传输类型。
- 掌握数据传输方式。
- 掌握数据传输过程中的同步技术。
- 掌握多路复用技术。
- 了解差错控制技术。

2.1 数据通信的基本概念

在计算机网络中,通信的目的是实现两台计算机之间的数据交换,其本质是进行数据通信。在介绍网络时一定会涉及数据通信中的基本问题。为了使读者更好地理解网络的原理,在这里将用比较通俗的方式集中介绍一些数据通信方面的基本概念。

2.1.1 信息、数据、信号及通道

1. 信息和编码

信息的载体是文字、语音、图形和图像等。计算机及其外部设备产生和交换的信息都是由二进制代码表示的字母、数字或控制符号的组合。为了传送信息,必须对信息中所包含的每一个字符进行编码。因此,用二进制代码来表示信息中的每一个字符就是二进制编码。

2. 数据和信号

网络中传输的二进制代码统称为数据。数据与信息的区别在于,数据仅涉及事物的表示形式,而信息则涉及这些数据的内容和解释。

信号(Signal)是数据在传输过程中的电磁波表示形式。根据数据的表示方式不同,可

将信号分为数字信号和模拟信号两种。从时间域来看,图 2.1 所示的数字信号是一种离散信号;而图 2.2 所示的模拟信号是一种连续信号。

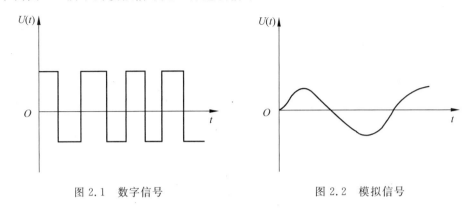

图 2.1　数字信号　　　　　　　　图 2.2　模拟信号

3．信道及信道的分类

1) 信道

信道是数据信号传输的必经之路,它一般由传输线路和传输设备组成。

2) 物理信道和逻辑信道

在计算机网络中,有物理信道和逻辑信道之分。

(1) 物理信道:是指用来传送信号或数据的物理通路。它由信道中的实际传输介质与相关通信设备组成。

(2) 逻辑信道:也是网络上的一种通路,它是指在信号的接收端与发送端之间的物理信道上,同时建立的多条逻辑上的"连接"。因此,在物理信道的基础上,通过结点内部建立的多条"连接"被称为"逻辑信道"。例如,在同一条 ADSL 电话线路上,用户可以同时建立上网和打电话两个逻辑上的连接,也就是说在同一个物理信道上,建立了两个逻辑信道。

3) 有线信道和无线信道

根据传输介质是否有形,物理信道可分为有线信道和无线信道。有线信道使用电话线、双绞线、光缆等有形传输介质;而无线信道使用无线电、微波、卫星通信信道与红外线等无形传输介质,这些介质中的信号均以电磁波的形式在空间传播。

4) 模拟信道和数字信道

按照信道中传输数据信号的类型来划分,物理信道又可分为模拟信道和数字信道。通常,在模拟信道中传输的是连续的模拟信号,而在数字信道中传输的是离散的数字脉冲信号。如果要在模拟信道上传输计算机可直接输出的二进制数字脉冲信号,就需要在信道两边分别安装调制解调器,对数字脉冲信号和模拟信号进行转换;反之,如果要在数字信道上传递模拟信号,也要安装相应的信号转换设备。

5) 专用信道和公共交换信道

按照信道的使用方式来划分,信道又可以划分为专用信道和公共交换信道。

专用信道又称为专线,它是一种连接用户设备的固定线路。专线可以是自行架设的专门线路,也可以是向电信部门租用的专用线路。专用线路一般用在距离较短或者数据传输量较大、安全性要求较高的场合。

公共交换信道是一种通过公共网络为大量用户提供服务的信道。采用公共交换信道时，用户与用户之间的通信通过电信部门的公共交换机到交换机之间的线路转接来实现信息传送。例如，公共电话交换网和公共电视网等都属于公共交换信道。

2.1.2 数据通信系统的基本结构

数据通信是计算机与计算机或计算机与终端之间的通信。它传送数据的目的不仅是为了交换数据，更重要是为了利用计算机来处理数据。可以说它是将快速传输数据的通信技术和数据处理、加工及存储的计算机技术相结合，从而给用户提供及时准确的数据。在计算机网络通信中，要涉及两个实体和一个通信信道，它们是源系统、传输系统和目的系统。

1. 源系统

源系统就是发送信号的一端，它包括以下两个必需部分。

（1）信源：产生要传输的数据的计算机或服务器等设备。

（2）发送器：对要传送的数据进行编码的设备，如调制解调器等。常见的网卡中也包括收发器组件和功能。

2. 传输系统

这是网络通信的信号通道，如双绞线通道、同轴电缆通道、光纤通道或者无线电波通道等。当然还包括线路上的交换机和路由器等设备。

3. 目的系统

目的系统就是接收发送端所发送的信号的一端，它包括以下两个必需的部分。

（1）信宿：从接收器获取发送端发送的数据的计算机或服务器等。

（2）接收器：接收从发送端发来的信息，并把它们转换为能被目的设备识别和处理的信息。它也可以是调制解调器之类的设备，不过此时它的功能当然不再是调制而是解调。常见的网卡中也包括接收器组件和功能。

2.1.3 数据通信的性能指标

在数据通信系统中，为了描述数据传输的特性，需要使用一些性能指标。例如为了描述信号传输速率的大小和传输质量的好坏，就需要采用比特率、波特率和误码率等术语来表示。

下面介绍一些在数据通信技术中常用的重要指标。

1. 数据传输速率 S（比特率）

数据传输速率（比特率）是指在信道的有效带宽上单位时间内所传送的二进制代码的有效位数。S 的单位为：比特每秒（bps）、兆比特每秒（Mbps）、吉比特每秒（Gbps）或太比特每秒（Tbps）等。

2. 波形调制速率 B（波特率）

波形调制速率（波特率）是一种调制速率，也称为"波形速率"或"码元速率"。波特率是指数字信号经过调制的速率，它表示经调制后的模拟信号每秒变化的次数。在计算机网络通信过程中，从调制解调器输出的调制信号用波特率表示，其含义是每秒载波调制状态改变的次数。在数据传输过程中，波特率的单位为 Baud。

1Baud 就表示每秒传送一个码元或一个波形。波特率是数字信号经过调制后，模拟信号的传输速率。若以 T（单位 s）来表示每个波形的持续时间，则波特率可以表示为：

$$B = \frac{1}{T}(\text{Baud})$$

3. 比特率和波特率之间的关系

比特率和波特率之间的关系可以表示为下面的算式:

$$S = B\log_2 n(\text{bps})$$

其中 n 为一个脉冲信号所表示的有效状态数。在二进制中,一个脉冲的"有"和"无"可以用 0 和 1 两种状态表示。对于多相调制来说,n 表示相的数目。例如,在二相调制中,因为 $n=2$,故 $S=B$,即比特率与波特率相等。但在多相调制(n 大于 2)时,S 与 B 就不相同了。

4. 带宽

对于模拟信道而言,带宽是指物理信道的频带宽度,即信道允许传送信号的最高频率和最低频率之差,单位为 Hz(赫)、kHz(千赫)、MHz(兆赫)等。

对于数字信道而言,人们说的"带宽"是指在信道上能够传送的数字信号的速率,即数据传送速率 S。因此,此时带宽的单位就是 b/s 或 bps。

5. 信道容量

信道容量是一个极限参数,它一般是指物理信道上能够传输数据的最大能力。当信道上数据传输速率大于信道所允许的数据传输速率时,信道就不能用来传输数据了。1948年,香农经研究得出了著名的香农定理。该定理指出,信道的带宽和信噪比越高,信道的容量就越高。因此,在网络设计中,数据传输速率一定要低于信道容量所规定的数值。此外,由于信道的数据传输速率受到信道容量的限制,因此,要提高数据的传输速率,就必须使用其他方法,然而无论采用什么方法,都无法超越信道容量所规定的数据极限速率。基于上述原因,在实际应用中,高传输速率的通信设备常常被通信介质的信道容量所限制,使其性能得不到充分发挥。

6. 误码率

1) 误码率 P_e 的定义

误码率是指二进制码元在数据传输中被传错的概率,也称为"出错率"。P_e 的定义如下:

$$P_e \approx \frac{N_e}{N}$$

式中,N 为传输的二进制码元总数;N_e 为接收码元中被传错的码元数。

2) 误码率的性质、获取

(1) 性质:误码率 P_e 是数据通信系统在正常工作状况下用来传输可靠性的指标。

(2) 获取:在实际数据传输系统中,人们通过对某种通信信道进行大量重复测试,才能求出该信道的平均误码率。

7. 时延

时延是信道或网络性能的另一个参数,其数值是指一个报文或分组从一个网络的一端传送到另一端所需要的时间,其单位是 s(秒)、ms(毫秒)等。时延是由传播时延、发送时延和排队时延三部分组成的。

2.2 数据传输类型及技术

数据通信是指信源(发送数据的一方)和信宿(接收数据的一方)中信号的形式均为数字信号的通信形式。因此,可以将数据通信定义为:在不同的计算机和数字设备之间传送二进制代码0、1对应的位信号的过程。这些二进制信号表示了信息中的各种字母、数字、符号和控制信息。计算机网络中的数据传输系统大多是数据通信系统。

在数据通信过程中,若传输的数据信号的类型不同,使用的技术就不同。因为在计算机网络中传输的信号可分为数字信号和模拟信号两种,所以在数据传输过程中分别对应了不同的"编码"和"调制"技术。为此,数据传输系统有基带传输和频带传输两种传输类型。

2.2.1 基带传输与数字信号的编码

1. 基带、基带信号和基带传输

在数据通信系统中,由计算机、终端等发出的信号都是二进制数字信号。这些二进制数字信号是典型的矩形电脉冲信号,其高、低电平可以用来代表数字信号的0或1。由于数字信号的频谱包含直流、低频和高频等多种成分,因此人们把数字信号频谱中,从直流(零频)开始到能量集中的一段频率范围称为基本频带(或固有频带),简称基带。因此,数字信号也称为数字基带信号,简称基带信号。

在线路上直接传输基带信号的方法称为基带传输。在基带传输中,必须解决两个基本问题:基带信号的编码问题和收发双方之间的同步问题。

2. 数字信号的编码

在基带传输中,用不同极性的电压或电平值代表数字信号0或1的过程,称为基带信号的编码,其反过程称为解码。在发送端,编码器将计算机等信源设备产生的信源信号变换为用于直接传输的基带信号;在接收端,解码器将接收的基带信号恢复为与发送端相同的、计算机可以接收的信号。

在基带传输中,可以使用不同的电平逻辑。例如,用负电压(如−2V)表示数字信号0;用正电压(如+2V)代表数字信号1。当然,也可以使用相反的电平逻辑来表示二进制数字。

下面介绍3种基本的编码方法。

1) 非归零(Non-Return to Zero,NRZ)编码

(1) 编码规则:非归零编码方法的示例,如图2.3(a)所示。图2.3(a)中的NRZ编码规则定义为:用负电压代表0,正电压代表1;当然也可以采用其他的编码定义方法,如用负电压代表1,用正电压代表0。

(2) 特点:NRZ编码的优点是简单、容易实现;缺点是接收方和发送方无法保持同步。

(3) 应用:计算机串口与调制解调器之间使用的就是基带传输中的NRZ技术。

2) 曼彻斯特(Manchester)编码

(1) 曼彻斯特编码规则如下。

① 每个周期 T 分为前后两个相等的部分。

② 前半个周期为该位值"反码"对应的电平值,后半个周期为该位值"原码"所对应的电平值。

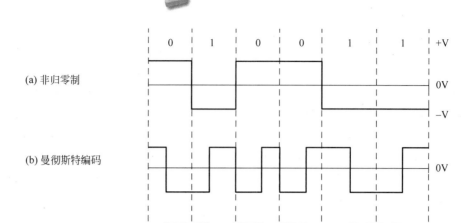

图 2.3　二进制数据的基带信号的编码波形

③ 中间的电平跳变作为双方的同步信号。

根据编码规则,当码元值为 1 时,前半部分为反码 0,后半部分为原码 1,中间有一次由低电平向高电平的跳跃;当码元值为 0 时,前半部分为反码 1,后半部分为原码 0,每位中间由高电平向低电平跳跃作为同步信号。曼彻斯特编码波形图如图 2.3(b)所示。

(2) 特点:曼彻斯特编码的优点是收发信号的双方可以根据自带的时钟信号来保持同步,无须专门传递同步信号的线路,因此成本比较低;曼彻斯特编码的缺点是效率太低。

(3) 应用:曼彻斯特编码是应用最广泛的编码方法之一。典型的 10Base-T、10Base-2 和 10Base-5 低速以太网使用的都是曼彻斯特编码技术。

3) 差分曼彻斯特(De-manchester)编码

(1) 编码规则:遇 0 跳变,遇 1 保持,中间跳变。详细的差分曼彻斯特规则如下。

① 每位码元值无论是 1 还是 0,中间都有一次跳变,这个跳变可以作为同步信号使用。

② 若码元值为 0,则其前半个波形的电平与上一个波形的后半个的电平值相反。若本位值为 1,则其前半个波形的电平与上一个波形的后半个电平值相同。

差分曼彻斯特编码是对曼彻斯特编码的改进,其示例波形图如图 2.3(c)所示。

(2) 特点:差分曼彻斯特编码的优点是自含同步时钟信号、抗干扰性能较好;缺点是实现的技术复杂。

(3) 同步信号:中间的电平跳变作为同步时钟信号。

总之,基带传输的优点是抗干扰能力强、成本低。缺点是由于基带信号频带宽,传输时必须占用整个信道,因此通信信道利用率低;占用频带宽,信号易衰减,只能使用有线方式传输,限制了其使用场合。在局域网中经常使用基带传输技术。

2.2.2　频带传输与数字信号的调制

1. 调制、解调与频带传输

在频带传输中,常用普通电话线作为传输介质,因为它是当今世界上覆盖范围最广、应用最普遍的一类通信信道。传统的电话通信信道是为传输语音信号而设计的,它本来只用于传输音频范围(300~3400 Hz)内的模拟信号,不适合直接传输频带很宽、又集中在低频段的计算机产生的数字基带信号。为了利用电话交换网实现计算机之间的数字信号传输,必须将数字信号转换成模拟信号。为此,需要在发送端选取音频范围的某一频率的正(余)弦模拟信号作为载波,用它承载所要传输的数字信号,并通过电话信道将其传送至另一端;在接收端再将数字信号从载波上分离出来,恢复为原来的数字信号。这种利用模拟信道实现数字信号传输的方法称为频带传输。在发送端将数字信号转换为模拟信号的过程称为调制(Modulation),相应的调制设备称为调制器(Modulator);在接收端把模拟信号还原为数字信号的过程称为解调(Demodulation),相应的解调设备称为解调器(Demodulator);而同时具备调制和解调的设备称为调制解调器(Modem)。Modem就是数字信号和模拟信号之间的变换设备。

2. 数字数据(信号)的调制

为了利用模拟信道实现计算机数字信号的传输,必须先针对计算机输出的数字数据(信号)进行调制。在调制过程中,运载数字数据的"载波信号"可以表示为:

$$u(t) = A(t)\sin(\omega t + \varphi)$$

其中,振幅为 A、角频率 ω、相位 φ 是载波信号的 3 个可变电参量,它们是正弦波的控制参数,也称为调制参数,它们的变化将对正弦载波的波形产生影响。通过改变这 3 个参量可实现对数字数据(信号)的调制,其对应的调制方式分别为幅度调制、频率调制和相位调制。在应用时应注意每次只变化一个电参数,而固定另外两个电参量。

2.2.3 多路复用技术

多路复用技术(Multiplexing Technique)是当前研究的热点技术,也是网络的基本技术之一。

1. 多路复用技术的定义

多路复用技术是指在一条物理线路上,同时建立多条逻辑通信信道的技术。在多路复用技术的各种方案中,被传送的各路信号分别由不同的信号源产生,信号之间必须互不影响。

2. 多路复用技术的实质和研究目的

多路复用技术的实际应用目标是在现有的通信介质和信道上提高利用率。

1) 研究多路复用技术的原因与目的

(1) 通信工程中用于通信线路铺设的费用相当高。

(2) 无论在局域网中还是广域网中,传输介质允许的传输速率都超过单一信道需要的速率。

基于上述主要原因,人们研究多路复用技术的目的就在于充分利用已有传输介质的带宽资源,减少新建项目的投资。

2) 多路复用技术的实质与工作原理

多路复用技术的实质就是共享物理信道,更加有效地利用通信线路带宽资源。多路复用技术的工作原理:在发送端,将一个区域的多路用户信息通过多路复用器汇集到一起,然后将汇集起来的信息群通过同一条物理线路传送到接收设备的复用器;在接收端,通过多路复用器接收到信息群,负责分离成单个信息,并发送给多个用户。这样,人们利用一对多路复用器和一条物理通信线路,就代替了多套发送和接收设备与多条通信线路,从而大大节约了投资。

3. 多路复用技术的分类

目前采用的多路复用技术主要有频分多路复用(Frequency Division Multiplexing,FDM)、时分多路复用(静态)(Time Division Multiplexing,TDM)、波分多路复用(Wavelength Division Multiplexing,WDM)、异步时分多路复用(动态)(Asynchronous Time-Division Multiplexing,ATDM)(又称为统计时分多路复用)、码分多址(Code Division Multiple Access,CDMA)、空分复用(Space Division Multiplexing,SDM)等。

1)频分多路复用

任何信号都只占据一个宽度有限的频率,而信道可以被利用的频率比一个信号的频率宽得多,频分多路复用恰恰就是采用了这个优点,利用频率分割的方式来实现多路复用。

频分多路复用技术的工作原理是:多路数字信号被同时输入到频分多路复用编码器中,经过调制后,每一路数字信号的频率被调制到不同的频带,但都在模拟线路的带宽范围内,并且相邻的信道间用"警戒频带"隔离,以防相互干扰。这样就可以将多路信号合起来放在一条信道上传输。接收方的频分多路复用解码器再将接收到的信号恢复成调制前的信号,如图 2.4 所示。频分多路复用主要用于宽带模拟线路中。例如,有线电视系统中使用的传输介质是 75Ω 的粗同轴电缆,用于传输模拟信号,其带宽可达到 300～400MHz,并可划分为若干个独立的信道。一般为每一个 6MHz 的信道可以传输一路模拟信号,则该带宽的有线电视线路可划分为 50～80 个独立的信道,同时传输 50 多个模拟电视信号。

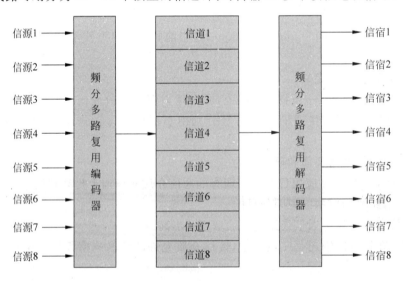

图 2.4   频分多路复用原理示意图

2)时分多路复用

如上所述,频分多路复用是以信道频带作为分隔对象,通过为多个信道分配互不重叠的频率范围的方法来实现多路复用,因而更适用于模拟信号的传输。时分多路复用则是以信道的传输时间作为分隔对象,通过为多个信道分配互不重叠的时间片的方法来实现多路复用。因此时分多路复用更适合于数字信号的传输。时分多路复用技术的工作原理是：将信道用于传输的时间划分为若干个时间片，每个用户占用一个时间片，在其占用的时间片内，用户使用通信信道的全部带宽来传输数据，如图 2.5 所示。

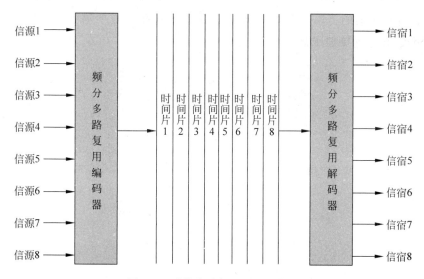

图 2.5　时分多路复用原理示意图

3）波分多路复用

在光纤信道上使用的频分多路复用的一个变种就是波分多路复用。图 2.6 就是一种在光纤上获得波分多路复用的原理示意图。在这种方法中，两根光纤连到一个棱柱或衍射光栅，每根光纤里的光波处于不同的波段上，两束光通过棱柱或衍射光栅合到一根共享的光纤上，到达目的地后，再将两束分解开来。

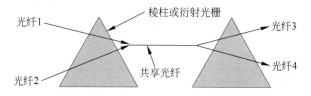

图 2.6　波分多路复用原理示意图

只要每个信道有各自的频率范围并且互不重叠，信号就能以波分多路复用的方式通过共享光纤进行远距离传输。波分多路复用与频分多路复用的区别在于：波分多路复用是在光学系统中利用衍射光栅来实现多路不同频率的光波信号的分解和合成，并且光栅是无源的，因而可靠性非常高。

2.3　数据传输方式

在进行数据传输时，有并行传输和串行传输两种方式。

1. 并行传输

并行传输是指二进制的数据流以成组的方式，在多个并行信道上同时传输，并行传输可以一次同时传输若干位的数据,因此,从发送端到接收端的物理信道需要采用多条传输线路及设备。常用的并行方式是将构成一个字符代码的若干位利用同样多的并行信道同时传输,如图 2.7 所示。例如,计算机的并行端口常用于连接打印机,一个字符分为 8b,每次并行传输 8b。并行传输的传输速率很高,但传输线路和设备都需要增加若干倍;因此,一般适用于短距离、传输速率要求高的场合。

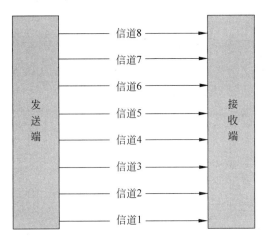

图 2.7　并行数据传输方式

2. 串行传输

串行传输是指通信信号的数据流以串行的方式,一位一位地在信道上传输,因此从发送端到接收端只需一条传输线路。在串行传输方式下,虽然传输速率只有并行传输的几分之一,如图 2.8 所示的串行数据传输方式下为 1/8,然而,由于串行通信时,在收发双方之间理论上只需要一条通信信道,因此可以节省大量的传输介质与设备,故串行传输方式常用于远程传输的场合。此外,串行传输具有易于实现的特点,因而是当前计算机网络中普遍采用的传输方式。

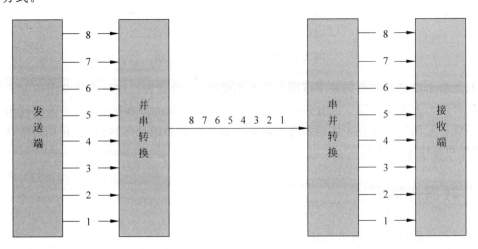

图 2.8　串行数据传输方式

串行传输又有 3 种不同的方式,即单工通信、半双工通信和全双工通信,简介如下。

1) 单工通信(Single-Duplex Communication,双线制)

在单工通信过程中,信号在信道中只能从发送端 A 传送到接收端 B。例如,BP 机只能接收寻呼台发送的信息,而不能发送信息给寻呼台。这种方式在理论上应采用"单线制",而实际上却采用"双线制",即使用两个通信信道:一个用来传送数据,一个传送控制信号,如图 2.9 所示。

2) 半双工通信(Half-Duplex Communication,双线制+开关)

在半双工通信过程中,允许数据信号有条件地进行双向传输,但不能同时双向传输,如图 2.10 所示。该方式要求 A、B 端都有发送装置和接收装置。若想改变信息的传输方向,则需利用开关进行切换。

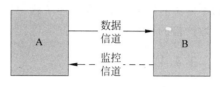

图 2.9 单工通信方式

因此,理论上应采用"单线制+开关",而实际上却采用"双线制+开关"。例如,使用无线电对讲机,在某一时刻只能单向传输信息,当一方讲话时,另一方就无法讲话,要等其讲完,另一方才能讲话。

3) 全双工通信(Full-Duplex Communication,四线制)

在全双工通信过程中,允许双方同时在两个方向上进行数据传输,它相当于将两个方向相反的单工通信方式组合起来。因此,理论上应采用"双线制",而实际上却采用"四线制",如图 2.11 所示。例如,日常生活中使用的电话,双方可以同时讲话。全双工通信效率高,控制简单,但造价高,适用于计算机之间的通信。

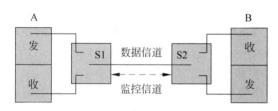

图 2.10 半双工通信方式

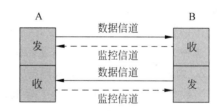

图 2.11 全双工通信方式

需要设置通信方式的设备有网卡、声卡。例如,打开网卡对应的"本地连接属性"对话框,选择"常规"选项卡;单击"配置"按钮,在打开的对话框中选择"常规"选项卡,选择"Link Speed&Duplex",即可设置网卡的通信方式。

2.4 数据传输过程中的同步技术

在网络通信过程中,通信双方要交换数据,需要高度的协同工作。网络中收发双方用传输介质连接起来之后,双方怎样进行交流?例如,发送方将数据的各位发送出去之后,对方如何识别这些位数据并将其组合成字符,进而形成有用的信息数据呢?这是依靠交换数据的设备之间的定时机制来实现的。这个定时机制就是专家所说的同步技术。同步技术需要解决如下主要问题。

(1) 何时开始发送数据?

(2) 发送过程中双方的数据传输速率是否一致？

(3) 持续时间是多少？

(4) 发送时间的间隔是多少？

接收方根据双方所使用的同步技术得知如何接收数据，也就是说，当发送以某一速率在一定的起始时间内发送数据时，接收端也必须以同一速率在相同的起始时间内接收数据。否则，接收端与发送端就会产生微小的误差，随着时间的增加，误差将逐渐积累，并造成收发的不同步，从而出现错误。为了避免接收端与发送端的不同步，接收端与发送端的动作必须采取严格的同步措施。

2.4.1　位同步

在数据通信过程中，即使两台计算机标称的时钟频率值相同，其时钟频率值仍会有所差异。这种差异虽然微小，但随着不断的积累，仍会造成彼此周期的失步。在数据通信过程中要求有严格的时序与时钟，以保证连续传输数据的每一位都能正确地传输。为此，要求传输的双方能够使用同一时钟信号进行二进制信号的发送与接收，这就是"位同步"的含义。实现时钟信号位同步的技术有外同步和内同步两种方法。

1. 外同步——采用单数的数据线传输时钟信号

传输的双方除了使用一条数据传输线外，还需要使用一条专门的时钟传输线。这样，在数据线上传递每一位信号时，在时钟线上同时传递的同步时钟信号会对每位进行时钟周期的同步，这种采用单独同步线的方法就是外同步。其工作原理是将发送端的时钟作为基本时钟信号，通过时钟传输线传输到接收端；而接收端以此为依据，校正本地时钟，接收数据，完成按位接收数据信号的工作。当然，也可以采用相反的方法，将接收端的时钟信号通过时钟线传回发送端，而发送端则按此时钟信号向接收端发送数据信号，以达到按位同步的目的。这种方法适用于短距离、高速传输的场合。

2. 内同步——采用信号编码的方法传输时钟信号

当数据传输距离较远时，为了降低投资，除数据传输线外，不再专门铺设专用的时钟传输线路；而采用在传输数据信号时，同时传递同步信号的方法，这种方法就是内同步，其工作原理是把时钟信号与数据信号一起编码，形成一个新的代码发送到接收端；接收端在收到编码的信号后进行解码，从中分离出有用的数据信号及作为位同步用的时钟信号。接收端使用分离出来的时钟信号作为接收端的工作时钟，以达到信号同步的目的。这种方法常用在基带局域网的数据传输中。

在频带传输中，发送端的调制解调器先将含有时钟信号的数字信号调制为载波信号，再进行远程传输；接收端的调制解调器接收信号后先进行解调，再将载波信号中的数字信号分离出来；之后就可以从中提取其中的位同步时钟信号了。

2.4.2　字符同步

在数据通信过程中，为了解决何时开始发送和接收信号的问题，除了需要解决收发双方的位同步外，还要解决双方的字符接收同步问题。为此，在数据通信中采用了字符同步技术，用来保证收发双方能够正确传输每个字符或字符块。在同步过程中，将协调接收端与发送端收发动作的技术的措施称为字符同步技术。

在异步传输和同步传输技术中,分别采用了起始位/停止位和起始同步字符/终止同步字符两种字符同步技术。

2.4.3 同步传输与异步传输

1.同步传输方式

1) 同步传输的概念

同步传输是高速数据传输过程中所用的一种定时方式。在同步传输过程中,大的数据块是一起发送的,在数据块的前后使用一些特殊字符,这些特殊字符使得发送端与接收端之间建立起一个同步的传输过程,如图2.12所示。另外,这些字符还用来区分和隔离连续传输的数据块。

图2.12 同步传输方式

2) 同步传输的工作特点

由于同步传输是将大的数据块一起传送,因此接收端和发送端的步调必须保持一致。因此,在同步传输过程中,不仅字符内部需要位同步来保证每位信号的严格同步;还要采用字符同步技术,以便在收发双方之间保持同步传输。同步传输的工作特点如下。

(1) 在同步传输中,信息不是以单个字符而是以数据块的方式传输的。

(2) 使用同步字符传输前,双方需要进行同步测试和准备。

(3) 用于同步传输的同步信号的位数较异步传输方式少,因此同步传输的效率比异步传输的效率高。

(4) 为了实现通信双方的每一位都能精确对位,在传输的二进制位流中采用位同步技术来保证每位具有严格的时序。位同步技术用来确保接收端能够严格按照发送端发送的每位信息的时间差来接收信息,以实现每个字符内部每一位的真正同步传输。

3) 同步传输的应用场合

同步传输方式主要用在计算机与计算机之间的通信、智能终端与主机之间的通信以及网络通信等高速数据通信的场合。

2.异步传输方式

1) 异步传输的概念

如图2.13所示,在被传送的字符前后加上起止位来实现同步传输,这种方式称为异步传输方式。异步传输的特点是以一个字符为单位进行数据传输,每个字符及字符前后附加

图2.13 异步传输方式

的"起始位"和"停止位"共同组成字符数据帧。

异步传输的每个字符前有一个起始位,它的作用是表示字符开始传递,平时没有信号时,线路上处于"空号",即高电平状态。一旦接收端检测到传输线从高电平调向低电平,也即接收到起始位,说明发送端已开始传输数据。接收端便利用传输线这种电平的跳变启动内部时钟,使其对准接收信息的每一位进行采样,以确保正确的接收。当接收端收到停止位时,标志着传输结束。

2)异步传输的优缺点

(1)优点:收发双方不需要严格的位同步,因此设备简单,技术容易,设备廉价,费用低。

(2)缺点:每传输一个字符,都需要2～3位的附加位,耽误了传输时间,占用了信道的带宽,因此传输速率低,开销大,效率低。

3)异步传输的应用场合

由于异步传输过程的辅助开销过多,因此传输速率低,为此,异步传输方式只适用于低速通信的场合。例如,适用于分时终端与计算机的通信、低速终端与主机之间的通信和对话等低速数据传输的场合。

3. 同步传输与异步传输的区别

从工作角度来看,异步传输方式并不要求发送方与接收方的时钟高度一致,其字符与字符间的传输是异步的;而在同步传输方式中发送方和接收方的时钟是统一的,由于大的数据块一起传输,因此字符与字符的传输是同步的,而且是无间隔的。二者的区别如下。

(1)异步传输是面向字符传输的,而同步传输是面向位传输的。

(2)异步传输的单位是单个字符,而同步传输的单位是大的数据块。

(3)异步传输通过传输字符的"起始位"和"停止位"而进行收发双方的字符同步,但不需要每位严格同步;而同步传输不但需要每位精确同步,还需要在数据块的起始与终止位置进行一个或多个同步字符的双方字符同步的过程。

(4)异步传输对时钟精度要求较低,而同步传输则要求高精度的时钟信号。

(5)异步传输相对于同步传输具有效率低、速度低、设备便宜、适用低速场合等特点。

2.5　差错控制技术

2.5.1　差错的定义及分类

1. 差错的定义

人们总是希望在通信线路中能够正确无误地传输数据,但是由于来自信道内外的干扰与噪声,数据在传输与接收过程中难免会发生错误。通常,人们把通过通信信道接收的数据与原来发送的数据不一致的现象称为"传输差错",简称"差错"。由于差错的产生是不可避免的,因此在网络中必须提供差错控制技术。

2. 差错的分类

1)热噪声差错

热噪声差错是由传输介质内部元素引起的差错,如噪声脉冲、衰减、延迟失真等引起的差错。热噪声的特点是时刻存在、幅度较小、强度与频率无关,但频谱很宽。因此,热噪声是随机类噪声,其引起的差错被称为随机差错。

2)冲击噪声差错

冲击噪声差错是由外部因素引起的差错,如电磁干扰、太阳噪声、工业噪声等引起的差错。与热噪声相比,冲击噪声具有幅度大、持续时间较长的特点,因此,在传输差错中,冲击噪声是产生差错的主要原因。由于冲击噪声可能引起多个相邻数据位的突发性错误,因此它引起的传输差错被称为突发差错。

综上所述,在通信过程中产生的差错是由随机差错与突发差错共同组成的。计算机网络通信系统对平均误码率的要求是低于 10^{-6},若达到这项要求,必须解决差错的自动检测及差错的自动校正问题。

2.5.2 差错的控制

提高数据传输质量的方法有两种:第一种方法是改善通信线路的性能,使错码出现的概率降低到满足系统要求的程度,但这种方法受经济上和技术上的限制,达不到理想的效果;第二种方法是虽然传输中不可避免会出现某些错码,但可以将其检测出来,并用某种方法纠正检出的错码,以达到提高实际传输质量的目的。第二种方法最为常用的是采用抗干扰编码和纠错编码。目前广泛应用的编码有奇偶校验码、方块校验码和循环冗余校验码等。

1.奇偶校验

奇偶校验被称为字符校验、垂直奇偶检验。奇偶校验是以字符为单位的校验方法,是最简单的一种校验方法。奇偶校验码是在每个字符编码的后面另外增加一个二进制位,该位称为校验位。其主要目的是使整个编码中的1的个数成为奇数或者偶数。如果使编码中的1的个数成为奇数则称为奇校验;反之,则称为偶校验。

例如,字符 R 的 ASCII 编码为1101000,后面增加一位进行奇校验11010000(使1的个数为奇数),传送时其中一位出错,如传成11010100,奇校验就能检测出错误。若传送有两位出错时,如10110000,奇校验就不能检测出错误了。实际传输过程中,偶然一位出错的机会最多,故这种简单的校验方法还是很有用处的。但这种方法只能检测错误,不能纠正错误,不能检测出错在哪一位,所以一般只能用于通信要求较低的环境。

2.方块校验

方块校验又称为报文校验、水平垂直奇偶校验。这种方法是在奇偶校验方法的基础上,在一批字符传送后,另外增加一个校验字符,该校验字符的编码方法使每一位纵向码中1的个数成为奇数(或偶数)。例如:

		奇偶校验位(奇校验)
字符 1	1010010	0
字符 2	1000001	1
字符 3	1001100	0
字符 4	1010000	1
字符 5	1001000	1
字符 6	1000010	1
方块校验字符(奇校验)	1111010	1

采用这种方法后,不仅可以检验出 1 位、2 位或 3 位的错误,还可以自动纠正 1 位错误,使误码率降至原误码率的百分之一到万分之一,纠错效果十分显著,因此方块校验适用于中低传输系统或反馈重传系统中。

3．循环冗余校验

循环冗余码(Cyclic Redundancy Code,CRC)是使用最广泛并且检错能力很强的一种检验码。它的工作方法是在发送端产生一个循环冗余码,附加在信息位后面一起发送到接收端,接收端收到的信息按发送端形成循环冗余码同样的算法进行校验,若有错需重发。该方法不产生奇偶校验码,而是把整个数据块当做一串连续的二进制数据。从数学角度来说,把各位当做一个多项式的系数,则该数据块就和一个 n 次的多项式相对应。

例如,信息码 101001(从第 0 位到第 5 位),表示成多项式 $M(X)=X^5+X^3+X^0$,6 个多项式的系数分别是 1、0、1、0、0、1。

1) 生成多项式

在 CRC 校验时,发送和接收应使用相同的除数多项式 $G(X)$,称为生成多项式。CRC 生成多项式由协议规定,目前已有多种生成多项式列入到国际标准中,例如:

CRC-12　　　$G(X)=X^{12}+X^{11}+X^3+X^2+X+1$

CRC-16　　　$G(X)=X^{16}+X^{15}+X^2+1$

CRC-CCITT　$G(X)=X^{16}+X^{12}+X^5+1$

生成的多项式 $G(X)$ 的结构及验错效果都是经过严格的数学分析与实验之后才确定的。要计算信息码多项式的校验码,生成的多项式必须比该多项式短。

2) CRC 校验的基本思想和运算规则

循环冗余校验的基本思想是:把要传送的信息码看成是一个多项式 $M(X)$ 的系数,在发送前,将多项式用生成多项式 $G(X)$ 来除,将相除结果的余数作为校验码跟在原信息码之后一同发送出去。在接收端,把接收到的含校验码的信息码再用同一个生成多项式来除,如果在传送过程中无差错,则应该除尽,即余数为 0;若除不尽,则说明传输过程中有差错,应要求对方重发一次。

CRC 校验中求余数的除法运算规则是:多项式以 2 为模运算,加法不进位,减法不借位。加法和减法两者都与异或运算相同。长除法与二进制运算是一样的,只是做减法时按模 2 进行,如果减出的值最高位为 0,则商 0;如果减出的值最高位为 1,则商 1。

3) CRC 检验和信息编码的求取方法

设 r 为生成多项式 $G(X)$ 的阶,求取循环冗余校验和信息编码的具体方法如下。

(1) 在数据多项式 $M(X)$ 的后面附加 r 个"0",得到一个新的多项式 $M'(X)$。

(2) 用模 2 除法求得 $M'(X)/G(X)$ 的余数。

(3) 将该余数直接附加在原数据多项式 $M(X)$ 的系数序列的后面,结果即为最后要发送的检验和信息编码多项式 $T(X)$。

下面是一个求数据编码多项式 $T(X)$ 的例子。

假如准备发送的数据信息码是 1101,即 $M(X)=X^3+X^2+1$,生成多项式 $G(X)=X^4+X+1$,计算信息编码多项式 $T(X)$。

过程如下。

$$M(X)=X^3+X^2+1$$

$$G(X) = X^4 + X + 1$$
$$r = 4$$

因此信息码附加 4 个 0 后形成新的多项式 $M'(X) = 11010000$，用模 2 除法求得 $M'(X)/G(X)$ 的余数的过程如下。

```
              1100
     ────────────────
10011)11010000
        10011
      ────────
        10010
        10011
       ────────
         00010
         00000
        ────────
          00100
          00000
         ────────
           0100
```

将余数 0100 直接附加在 $M(X)$ 的后面求得要传输的信息编码多项式 $T(X) =$ 11010100。

CRC 码检错能力强，容易实现，是目前最广泛的检错编码方法之一。这种方法的误码率比方块码降低 1~3 个数量级，因此在当前的计算机网络应用中，CRC 校验码得到了广泛的应用。

习题 2

一、选择题

1. 在常用的传输介质中，带宽最大、信号传输衰减最小、抗干扰能力最强的一类传输介质是（　　）。

    A. 双绞线　　　　　　B. 光纤　　　　　　C. 同轴电缆　　　　　D. 无线信道

2. 在脉冲编码调制方法中，如果规定的量化级是 64 个，则需使用（　　）位编码。

    A. 7　　　　　　　　B. 6　　　　　　　　C. 5　　　　　　　　D. 4

3. 波特率等于（　　）。

    A. 每秒传送的比特数　　　　　　　　B. 每秒传送的周期数

    C. 每秒传送的脉冲数　　　　　　　　D. 每秒传送的字节数

4. 两台计算机利用电话线路传输数据信号时需要的设备是（　　）。

    A. 调制解调器　　　　B. 网卡　　　　　　C. 中继器　　　　　　D. 集线器

5. 一种用载波信号相位移动来表示数字数据的调制方法称为（　　）键控法。

    A. 移相　　　　　　　B. 振幅　　　　　　C. 移频　　　　　　　D. 混合

二、填空题

1. 在通信系统中，通常称调制前的信号为_____信号，调制后的信号为宽带信号。

2. 多路复用技术包括频分多路复用、_____和_____。

3. 数据传输过程中所产生的差错主要是由突发噪声和_____引起的。

4. _____是衡量通信系统可靠性的指标，其定义是二进制码元在传输系统中被传错的概率。

　　5. 数据传输方式分为两种,它们分别是_____和_____。

三、简答题

　　1. 什么是数字信号、模拟信号? 两者的区别是什么?

　　2. 什么是信道? 信道可以分为哪两类?

　　3. 简述调制解调器的基本工作原理。

　　4. 简述波分多路复用技术的工作原理和特点。

　　5. 什么是差错? 差错产生的原因有哪些?

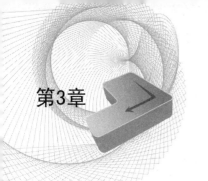

第3章

计算机网络协议与体系结构

计算机网络是一个十分复杂的系统,涉及计算机技术、通信技术、多媒体技术等多个领域。这样一个复杂而庞大的系统要高效、可靠地运转,网络中的各个部分必须遵守一套合理而严谨的结构化管理规则,采用功能分层原理的方法可以实现它。本章将从介绍网络体系结构和网络协议的基本概念入手,详细讨论 OSI 参考模型和 TCP/IP 参考模型的层次结构和层次功能,并对两类参考模型进行比较。

本章学习目标:

- 了解计算机网络协议。
- 了解网络系统的分层体系结构。
- 掌握 OSI 参考模型。
- 掌握 TCP/IP 参考模型。
- 掌握 OSI 参考模型与 TCP/IP 参考模型的比较。

3.1 网络协议

3.1.1 网络协议的本质

当前,计算机技术飞速发展的一个标志就是计算机网络化,于是有人提出了"网络就是计算机"的概念。那么计算机怎样才能构成网络呢? 网络的本质是什么? 为了解决上述问题,用户首先要了解的就是网络协议。

网络中的计算机之间进行通信时,它们之间必须使用一种双方都能理解的语言,这种语言被称为协议。协议就是网络的语言,只有遵守这种语言规范的计算机才能在网络上与其他计算机彼此通信。正是由于有了协议,网络上各种规模、结构、操作系统、处理能力及厂家的产品才能够连接起来,互相通信,实现资源共享。从这个意义上讲,协议就是网络的本质。

协议定义了网络上各种计算机和设备之间相互通信和进行数据管理、数据交换的整套规则。通过这些规则,网络上的计算机才有了彼此通信的"共同语言"。

3.1.2 协议的中心任务

在计算机网络的一整套规则中,任何一个协议都需要解决以下 3 个方面的问题。

1. 协议的语法(如何讲)

协议定义了如何进行通信的问题,即对通信双方采用的数据格式、编码等进行定义。例如,报文中内容的组织形式等。这就是协议的语法要解决的问题。

2.协议的语义(讲什么)

协议应解决在什么层次上定义通信,其内容是什么,即对发出的请求、执行的动作,以及对方的应答做出的解释。例如,对于报文,它由什么部分组成,哪些部分用于控制数据,哪些部分是真正的通信内容。这就是协议的语义要解决的问题。

3.协议的定时(讲话次序)

定时(又称为时序)协议定义了何时进行通信,先后顺序及速度等,这就是定时问题。例如,是采用同步传输还是异步传输。

总之,协议必须在解决好语义、语法和定时这 3 个部分的问题之后,才算比较完整地构成了数据通信的语言。因此,又将语义、语法和定时称为网络的三要素。

3.1.3　协议的功能和种类

1.协议的功能

从整体来看,作为计算机数据交换语言的协议必须具备以下一些功能。

1)分割与重组

协议的分割功能是将较大的数据单元分割成较小的数据包,其反过程称为重组,如图 3.1 所示。

2)寻址

协议的寻址功能使得设备彼此识别,同时可以进行路径选择,如图 3.2 所示。

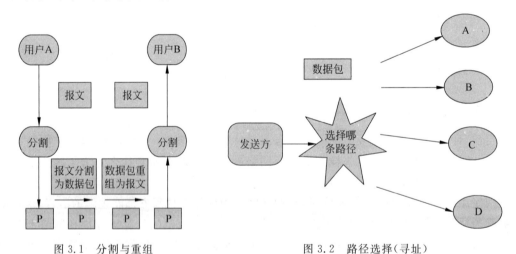

图 3.1　分割与重组　　　　　　　　图 3.2　路径选择(寻址)

3)封装与拆装

协议的封装功能是指在数据单元的始端或者末端增加控制信息,其相反过程是拆装,如图 3.3 所示。

4)排序

协议的排序功能是指对报文发送与接收顺序的控制,如图 3.4 所示。

5)信息流控制

协议的流量控制是指信息流过大时所采取的一系列措施,如图 3.5 所示。

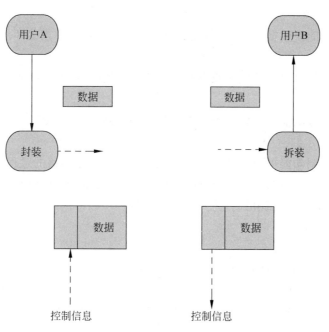

图 3.3 数据封装与拆装

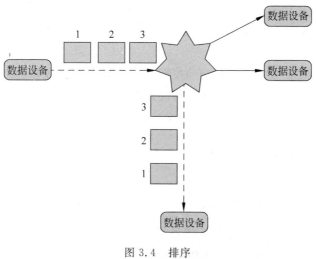

图 3.4 排序

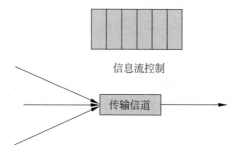

图 3.5 信息流控制

6）差错控制

差错控制功能能使数据按误码率要求的指标，在通信线路中正确地传输。

7）同步

协议的同步功能可以保证收发双方在数据传输时的一致性。

8）干路传输

协议的干路传输功能可以使多个用户信息共用干路。

9）连接控制

协议的连接控制功能可以控制通信实体之间建立和终止链路的过程。

对于网络学习，其关键是掌握网络的各种协议及其关系，而掌握协议的重点在于把握协议的语义、语法和定时的实现机制，尤其是协议的各种功能特性的实现技巧以及这些实现技巧所适应的环境和条件。

2．协议的分类

协议有很多种，按其特性不同可分为以下几种。

1）标准或非标准协议

标准协议涉及各类通信环境；而非标准协议只涉及专用环境。

2）直接或间接协议

设备之间可以通过专线进行连接，也可以通过公用通信网络相连接。无论采用哪种协议，若要求数据顺利地传输，连接双方必须遵循某种协议。当设备直接进行通信时，需要一种直接通信协议；而设备之间间接通信时，则需要一种间接通信协议。

3）整体的协议或分层的协议

整体协议，即一个协议就是一整套的规则。实施时，这个协议作为一个整体。而分层的结构化协议则可为多个实施单位，这样的协议是由多个部分复合而成的。从这个意义上讲，分层的结构化协议的整套规则由各层次协议组合而成的。

3.2　计算机网络体系结构

3.2.1　网络体系结构的概念

体系结构（Architecture）是研究系统各部分组成及相互关系的技术科学。计算机网络体系结构是指整个网络系统的逻辑组成和功能分配，定义和描述了一组用于计算机及其通信设施之间互联的标准和规范。研究计算机网络体系结构的目的在于定义计算机网络各个组成部分的功能，以便在统一的原则指导下进行计算机网络的设计、建造、使用和发展。

3.2.2　计算机网络体系结构概述

计算机网络通信系统与邮政通信系统的工作过程十分类似，它们都是一个复杂的分层系统。这是由于面对日益复杂化的计算机网络系统，只有采用结构化的方法来描述网络系统的组织、结构与功能，才能更好地研究、设计和实现网络系统。开放系统互联参考模型就是在这种背景下产生、发展并逐步完善起来的。

1. 层次化体系结构的基本概念

1) 协议(Protocol)

协议是一种通信约定。例如,在邮政的通信系统中,对写信的格式、信封的标准和书写格式、信件打包以及邮包封面格式等都要进行实现的约定。与之类似,在计算机网络的通信过程中,为了保证计算机之间能够准确地进行数据通信,也必须制定通信的规则,这就是通信协议。

2) 层次(Layer)

层次是人们对复杂问题的一种基本处理方法。当人们遇到一个复杂问题时,通常习惯将其分解为若干个小问题,再一一进行处理。

例如,在全国的邮政通信系统中,第一,将全国的邮政系统划分为各个不同地区的邮政系统,这些系统都有相同的层次,每层都规定了各自的功能;第二,不同系统之间的同等层次具有相同的功能;第三,高层使用低层提供的服务时,并不需要知道该层的具体实现方法。全国邮政通信系统与计算机网络的通信系统使用的层次化体系结构有很多相似之处,其实质是对复杂问题采取的"分而治之"的模块化的处理方法。层次化处理方法可以大大降低问题的处理难度,因而是网络中研究各种分层模型的主要手段。因此,"层次"概念又是网络体系结构中的重点和难点,需要很好地理解和掌握。

3) 接口(Interface)

接口就是同一结点内相邻层之间交换信息的连接点。例如,在邮政系统中,邮筒(或邮局)与发信人之间、邮局信件打包部门和转运部门、转运部门与运输部门之间,都有双方所规定好的接口。由此可知,同一结点内的各相邻层之间都应有明确的接口,高层通过接口向低层提出服务请求,低层通过接口向高层提供服务。

4) 层次化模型结构(Network Architecture)

一个功能完善的计算机网络系统,需要使用一整套复杂的协议集。对于复杂系统来说,由于采用了层次结构,因此每层都会包含一个或多个协议。为此,将网络层次化结构模型与各层次协议的集合定义为计算机网络的体系结构。

5) 实体(Entity)

在网络分层体系结构中,每一层都由一些实体组成。这些实体就是通信时的软件(如进程或程序)或硬件元素(如智能的输入/输出芯片)。因此,实体就是通信时能发送和接收信息的具体的软硬件设施。例如,当客户机用户访问 WWW 服务器时,使用的实体就是 IE 浏览器;Web 服务器中接受访问的是 Web 服务器程序,这些程序都是执行功能的具体实体。

6) 数据单元

在邮政系统中,每层处理的邮包是不同的,例如,分发部门处理的是带有发件人和收件人地址的信件;转运部门处理的是标有地区名称的大邮包等。与邮政系统类似,在计算机网络系统中不同结点内的对等层传送的是相同名称的数据包。这种网络中传输的数据包被称为数据单元。因为每一层完成的功能不同,处理的数据单元的大小、名称和内容也就各不相同。

2. 网络体系结构的研究意义与划分原则

1974 年,美国的 IBM 公司提出了世界上第一个网络体系结构 SNA 之后,凡是遵循

SNA 结构的设备就可以方便地进行互联。接下来,各公司纷纷推出自己的网络体系结构,如 Digital 公司的 DNA、ARPANET 的参考模型 ARM 等。这些网络体系结构的共同之处在于都采用了"层次"技术,而各层次的划分、功能、采用的技术术语等却各不相同。采用层次化网络体系结构具有以下特点。

(1) 各层之间相互独立。某一高层只需知道如何通过接口向下一层提出服务请求,并使用下层提供的服务,而不需要了解下层执行时的细节。

(2) 结构上独立分割。由于各层独立划分,因此每层都可以选择适合自己的技术。

(3) 灵活性好。如果某一层发生变化,只要接口的条件不变,则以上各层和以下各层的工作不受影响,有利于模型的更新和升级。

(4) 易于实现和维护。由于整个系统被分割为多个容易实现和维护的小部分,因此使得整个庞大而复杂的系统变得容易实现、管理和维护。

(5) 有益于标准化的实现。由于每一层都有明确的定义,即功能和所提供的服务都很明确,因此,十分有利于标准化的实施。

总之计算机网络体系结构描述了网络系统各部分应完成的功能、各部分之间的关系以及它们是怎么联系到一起的。网络体系结构划分的基本原则是:把应用程序和网络通信管理程序分开;同时又按照信息在网络中的传输过程,将通信管理程序分为若干个模块;把原来专用的通信接口转变为公用的、标准化的通信接口,从而使网络具有更大的灵活性,也使得网络系统的建设、改造和扩建工作更加简化。因此,大大降低了网络系统运行和维护的成本,提高了网络的性能。

3.3 OSI 参考模型

国际标准化组织(International Standards Organization,ISO)是世界上最著名的国际标准化组织之一,它主要由美国国家标准组织(American National Standards Institute,ANSI)以及其他各国的标准化组织的代表组成。ISO 对网络最主要的贡献是建立并于 1981 年颁布了开放系统互联参考模型(Open System Interconnection/Reference Model,OSI/RM),即七层网络通信模型,通常简称"七层模型"。它的颁布促使所有的计算机网络走向标准化,从而具备了开放和互联的条件。

1. OSI 参考模型的基本知识

OSI/RM 体系结构模型分为 7 层,从上到下依次为应用层、表示层、会话层、传输层、网络层、数据链路层和物理层,如图 3.6 所示。

2. OSI 参考模型的各层的功能

下面依次介绍 OSI 参考模型每层协议完成的具体功能、处理的数据单元及包头中的地址信息等。

1) 物理层(Physical Layer)

(1) 功能:为上一层数据链路层提供一个物理连接。物理层规定了传输的电平、线速和电缆引脚,在介质上传送二进制的比特流。这层定义了以下 4 个特性,用来确定如何使用物理传输介质实现两个结点之间的物理连接。

① 机械特性:接口的形状、几何尺寸的大小、引脚的数目和排列方式等。

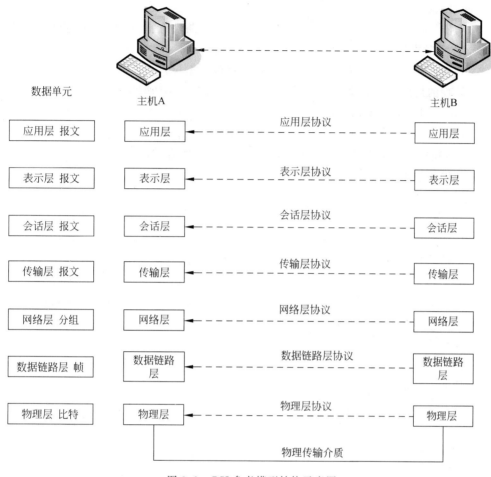

图 3.6 OSI 参考模型结构示意图

② 电气特性：接口规定信号的电压、电流、阻抗、波形、速率及平衡性等。

③ 功能特性：接口引脚的意义、特性、标准。

④ 规程特性：确定二进制数据位流的传输方式，如单工、半双工或全双工。

(2) 物理层的协议有以下几种。

① 美国电子工业协会(EIA)：RS-232、RS-422、RS-423 和 RS-485 等。

② 国际电报电话咨询委员会(CCITT)：X.25 和 X.21 等。

③ IEEE 802：802.3 和 802.5 等局域网的物理层规范。

(3) 处理的数据：二进制比特信号，如二进制的基带信号或模拟信号。

(4) 处理的地址：直接面向物理端口的各个引脚，如 RS-232 的引脚。

2) 数据链路层(Data Link Layer)

(1) 功能：负责在两个相邻结点间的线路上，无差错地传送以"帧"为单位的数据。该层是在物理层服务的基础上，通过各种控制协议，将有差错的实际物理信道变为无差错的、能可靠传输数据的数据链路。

(2) 处理的数据单元：数据帧。

(3) 处理的地址：硬件的物理地址，如网卡的 MAC 地址"20-D4-FF-0A-2C-0B"。

3）网络层(Network Layer)

（1）功能：使用逻辑地址(IP 地址)进行寻址，通过路由选择算法为数据分组通过通信子网选择最适当的路径，并提供网络互联及拥塞控制功能。

（2）处理的数据单元：分组(又称为 IP 数据报或数据包)。

（3）处理的地址：逻辑地址，如计算机或路由器端口的 IP 地址"192.168.0.1"。

4）传输层(Transport Layer)

（1）功能：负责主机中两个进程之间的通信，即在两个端系统(源站点和目的站点)的会话层之间，建立一条可靠或不可靠的传输连接，以透明的方式传送报文。

（2）处理的数据单元：报文段。

（3）处理的地址：进程标识，如 TCP 和 UDP 端口号。

5）会话层(Session Layer)。

（1）功能：组织并协调两个应用进程之间的会话，并管理它们之间的数据交换。

（2）会话的含义：一个会话可能是一个用户通过网络登录到服务器，或在两台主机之间传递文件。因此，会话层的主要作用是在不同主机的应用进程之间建立和维持联系。会话在开始时可以进行身份的验证、确定会话的通信方式、建立会话；当会话建立后，其任务就是管理和维持会话；会话结束时，负责断开会话。

（3）处理的单元：报文。

6）表示层(Presentation Layer)

（1）功能：保证一个系统应用层发出的信息能够为另一个系统的应用层理解，即处理结点间或通信系统间信息表示方式的问题，如数据格式的转换、压缩与恢复，以及加密与解密等。

（2）处理的数据单元：报文。

7）应用层(Application Layer)

（1）功能：为了满足用户的需要，根据进程之间的通信性质，负责完成各种程序或网络服务的接口工作，如用户通过 Excel 程序来获得表格处理及文件传输服务。

（2）处理的数据单元：报文。

（3）处理的地址：进程标识，即端口号，如 80 代表 HTTP 协议使用的程序代码。

3. OSI 参考模型的各个部分

网络管理员在处理网络管理中的问题时，请务必注意 OSI 参考模型的不同部分解决不同的问题。

（1）OSI 模型在功能上分为以下 3 个部分。

① 第 1、2 层：物理层和数据链路层解决网络信道问题。

② 第 3、4 层：网络层和传输层解决传输问题。

③ 第 5～7 层：会话层、表示层和应用层解决应用进程之间访问的问题。

（2）OSI 模型从控制上分为以下两个部分。

① 第 1～3 层，即物理层、数据链路层和网络层属于通信子网，负责处理数据的传输、转发、交换等通信方面的问题。

② 第 4～7 层，即传输层、会话层、表示层和应用层属于资源子网，负责数据的处理、网络服务、网络资源的访问和服务方面的问题。

4. OSI 参考模型的小结

由于 OSI 是一个理想的模型,因此一般网络系统只涉及其中的几层,很少有系统能够包含完整的 7 层,并完全遵循它的规定。在七层模型中,每一层都提供一个特殊的网络功能。从网络整体功能的角度总结如下。

(1) 物理层、数据链路层、网络层主要提供数据传输和交换功能,即以结点到结点之间的通信为主,如负责数据如何通过传输介质经过网络互联设备到达对方。

(2) 传输层作为上下两部分的桥梁,是整个网络体系结构中最为关键的部分。

(3) 会话层、表示层和应用层为用户提供与应用程序之间的信息访问、数据处理的功能,如处理用户与计算机或网络的接口、数据的格式,并访问应用程序。

3.4 TCP/IP 参考模型

3.4.1 TCP/IP 参考模型概述

随着 Internet 技术在世界范围内的迅猛发展,TCP/IP 协议得到了广泛应用。其由来要追溯到计算机网络的鼻祖 ARPANET。ARPANET 是美国国防部高级研究项目组的一个网络,主要为了改变集中控制的运作方式,使网络中的主机、通信控制器和通信线路能够相对独立,当一部分受到破坏时,其他部分照常工作,而不至于使整个网络瘫痪。同时,TCP/IP 也希望实现满足从报文的传送到数据实时传输等不同需求的网络传输方式。这就要求整个网络系统的体系结构必须相当灵活。

最初的 ARPANET 工作情况良好,不过偶尔有周期性的瘫痪状态出现,而且运行成本很高,因此人们继续设计各种更加可靠的通信协议。20 世纪 70 年代,人们相继提出了一些TCP/IP 协议,并研究和设计了 TCP/IP 参考模型。1974 年,Kahn 定义了最初的 TCP/IP参考模型;1985 年,Leiner 等人对其进行了补充;1988 年,Clark 讨论了此模型的设计思想。

TCP/IP 参考模型分为 4 层,分别为网络接口层、网际层、传输层和应用层。

主机和网络设备可以根据实际需要决定其工作的最高层次,主机需要达到应用层,路由器需要达到网际层,交换机只需要达到网络接口层。TCP/IP 参考模型的结构如图 3.7所示。

1. 网络接口层

网络接口层是 TCP/IP 参考模型的最低层,TCP/IP 参考模型没有对网络接口层进行详细的描述,只是指出网络接口层可以通过某种协议与网络连接,以便传输 IP 数据包。它支持的各种协议有 Ethernet 802.3(以太网)、Token Ring 802.5(令牌环)、X.25(公用分组交换网)、Frame Reply(帧中继)、PPP(点对点),至于协议如何定义和实现,TCP/IP 参考模型并不深入讨论。

2. 网际层

网际层是 TCP/IP 参考模型的核心,负责 IP 数据包的产生以及 IP 数据包在逻辑网络上的路由转发。在 TCP/IP 参考模型中,网际层提供了数据报的封装、分片和重组,以及路由选择和拥塞控制机制。但是网际层只提供无连接不可靠的通信服务。网际层中包含的主

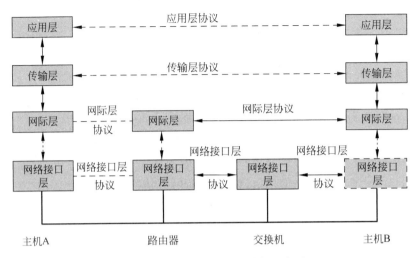

图 3.7 TCP/IP 参考模型结构示意图

要协议具体功能如下。

（1）网际协议（Internet Protocol，IP）：其任务是为 IP 数据包进行寻址和路由选择，它使用 IP 地址确定收发端，并将数据包从一个网络转发到另一个网络。

（2）网际控制报文协议（Internet Control Message Protocol，ICMP）：用于处理路由并协助 IP 层实现报文传送的控制机制，为 IP 协议提供差错报告。

（3）地址解析协议（Address Resolution Protocol，ARP）：用于完成主机的 IP 地址向物理地址的转换，这种转换又称为映射。

（4）逆向地址解析协议（Reverse Address Resolution Protocol，RARP）：用于完成主机的物理地址到 IP 地址的转换或映射功能。

3．传输层

传输层又称为运输层，它在 IP 层服务的基础上提供端到端的可靠或不可靠的通信服务。端到端的通信服务通常是指网络结点间应用程序之间的连接服务。传输层包含两个主要协议，它们都是建立在 IP 协议基础上的，其功能如下。

（1）传输控制协议（Transmission Control Protocol，TCP）：是一种面向连接的、高可靠性的、提供流量与拥塞控制的传输层协议。

（2）用户数据报协议（User Datagram Protocol，UDP）：是一种面向无连接的、不可靠的、不提供流量控制的传输层协议。

（3）TCP 或 UDP 端口号（Port）：在一台计算机中，不同的进程用进程号或进程标识唯一地标识出来。在 TCP/IP 协议簇中，这种进程标识符就是端口号，也称为进程地址。表 3.1 和表 3.2 分别列出了常用的 TCP 和 UDP 端口号。

4．应用层

TCP/IP 模型的应用层与 OSI 参考模型的上三层对应。应用层向用户提供调用和访问网络中各种应用程序的接口，并向用户提供各种标准的应用程序及相应的协议，用户也可以根据需要自行编制应用程序。应用层的协议很多，常用的有以下几类。

表 3.1 TCP 端口

端 口 号	服 务 进 程	说　　明
20	FTP	文件传输协议(数据连接)
21	FTP	文件传输协议(控制连接)
23	Telnet	远程登录
25	SMTP	简单邮件传输协议
53	DNS	域名服务
80	HTTP	超文本传输协议
110	POP	邮局协议
111	RPC	远程过程调用

表 3.2 UDP 端口

端 口 号	服 务 进 程	说　　明
53	DNS	域名服务
67	BOOTP	引导程序协议,又称为自举协议
67	DHCP 服务器	动态主机配置协议应答配置
68	DHCP 客户	动态主机配置协议,广播请求
69	TFTP	简单文件传输协议
111	RFC	远程过程调用
123	NTP	网络时间协议
161	SNMP	简单网络管理协议

1) 依赖于 TCP 协议的应用层协议

(1) Telnet:远程终端服务,也称为网络虚拟终端协议。它使用默认端口 23,用于实现 Internet 或互联网中的远程登录功能。它允许一台主机上的用户登录到另一台远程主机,并在该主机上进行工作,用户所在主机仿佛就是远程主机上的一个终端。

(2) 超文本传输协议(Hypertext Transfer Protocol,HTTP):使用默认端口 80,用于 WWW 服务,实现用户与 WWW 服务器之间的超文本数据传输功能。

(3) 简单邮件传输协议(Simple Mail Transfer Protocol,SMTP):使用默认端口 25,该协议定义了电子邮件的格式以及传输邮件的标准。在 Internet 中,电子邮件的传递是依靠 SMTP 进行的,即服务器之间的邮件传送主要有 SMTP 负责。当用户主机发送电子邮件时,首先使用 SMTP 协议将邮件发送到本地的 SMTP 服务器上,该服务器再将邮件发送到 Internet 上。因此,用户计算机上需要填写 SMTP 服务器的域名或者 IP 地址。

(4) 邮件代理协议(Post Office Protocol,POP3):由于目前的版本为 POP 第三版,因此又称为 POP3。POP3 协议主要负责接收邮件,当用户计算机与邮件服务器连通时,它负责将电子邮件服务器邮箱中的邮件直接传递到用户的本地计算机上。因此用户计算机上需要正确填写 POP3 邮件服务器的域名或者 IP 地址。

(5) 文件传输协议(File Transfer Protocol,FTP):使用默认端口 20/21,用于实现 Internet 中交互式文件传输的功能。FTP 为文件的传输提供了途径,它允许将数据从一台主机传输到另一台主机上,也可以从 FTP 服务器上下载文件,或者是向 FTP 服务器上传文件。

2）依赖于无连接的 UDP 协议的应用层协议

（1）简单网络管理协议（Simple Network Management Protocol，SNMP）：使用默认端口 161，用于监控与管理网络设备。

（2）TFTP：简单文件传输协议，使用默认端口 69，提供单纯的文件传输服务。

（3）RPC：远程过程调用协议，使用默认端口 111，实现远程过程的调用功能。

3）既依赖于 TCP 也依赖于 UDP 协议的应用层协议

（1）域名系统（Domain Name System，DNS）：服务协议使用端口 53，用于实现网络设备名字到 IP 地址映射的网络服务功能。

（2）CMOT：通用管理信息协议。

3.4.2　OSI 参考模型与 TCP/IP 参考模型的比较

OSI 参考模型与 TCP/IP 参考模型有很多相似之处，如两者都使用独立的协议栈，都用层次结构的概念，并且总体功能基本一样，但两者的层次划分各有特点，如图 3.8 所示。

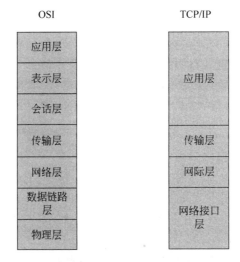

图 3.8　OSI 参考模型与 TCP/IP 参考模型对比

TCP/IP 参考模型只分为 4 层，其中应用层相当于 OSI 参考模型的应用层、表示层和会话层；传输层相当于 OSI 参考模型的传输层；网际层相当于 OSI 参考模型的网络层；网络接口层相当于 OSI 参考模型中的数据链路层和物理层。相对于 OSI 参考模型的 7 层结构而言，TCP/IP 参考模型中的 4 层协议显得更简单、高效。

OSI 参考模型是在协议开发之前被设计出来的，这就意味着 OSI 参考模型并不是为某个特定的协议集而设计的，因而它具有通用性。但另一方面，这也导致了 OSI 模型在协议实现方面存在不足，很多功能划分不合理。例如，会话层很少被利用，表示层几乎是空的，而数据链路层和网络层却拥挤了很多功能。TCP/IP 参考模型正好相反，先有协议，后建模型，模型实际上是对现有协议的描述，因而协议与模型非常吻合，但随之带来的问题是 TCP/IP 模型不支持其他协议集。因此，它不适合非 TCP/IP 网络的应用场合。

在 OSI 参考模型中，定义了服务、接口和协议 3 个基本概念。这使 OSI 参考模型结构非常清晰，每一层协议的更换对其他层次都不产生影响，非常符合分层思想。而 TCP/IP 参考模型中并没有十分清晰区分服务、接口和协议的概念,协议之间的耦合性相对较强,协议的定位存在二异性,某些协议按照调用关系可以归入某个层次,但按照功能和作用却又应该被归入另一个层次。从另一个角度来看,由于 OSI 参考模型对层次划分十分严格,也使参考模型变得复杂,数据处理周期长,实现比较困难,也降低了运行效率,这些都是造成 OSI 参考模型无法流行的原因。

习题 3

一、选择题

1. 在 OSI 参考模型中,同一结点内相邻层次之间通过(　　)来进行通信。

　　A. 协议　　　　　　B. 接口　　　　　　C. 应用程序　　　　D. 进程

2. 在 TCP/IP 协议簇中,TCP 是一种(　　)协议。

　　A. 主机-网络层　　B. 应用层　　　　　C. 数据链路层　　　D. 传输层

3. 在应用层协议中,(　　)既依赖于 TCP 又依赖于 UDP。

　　A. SNMP　　　　　B. DNS　　　　　　C. FTP　　　　　　D. IP

4. 在 OSI 参考模型中,与 TCP/IP 参考模型的网络接口层对应的是(　　)。

　　A. 网络层　　　　　　　　　　　　　　B. 应用层

　　C. 传输层　　　　　　　　　　　　　　D. 物理层和数据链路层

5. 下面关于 TCP/IP 的叙述中,(　　)是错误的。

　　A. TCP/IP 成功地解决了不同网络之间难以互联的问题

　　B. TCP/IP 簇分为 4 个层次:网络接口层、网际层、传输层、应用层

　　C. IP 的基本任务是通过互联网络传输报文分组

　　D. Internet 的主机标识是 IP 地址

二、填空题

1. 为进行网络中的数据交换而建立的规则、标准或约定称为_____。

2. 网络协议的三要素是_____、_____和_____。

3. 在 OSI 参考模型中,传输的比特流划分为帧的是_____层。

4. 数据压缩和解密是 OSI 参考模型_____层的功能。

5. 在 OSI 参考模型中,会话层的主要功能是_____和_____。

三、简答题

1. 什么是网络协议?网络协议在网络中的作用是什么?

2. 分别简述 OSI 参考模型各层的主要功能和特点。

3. TCP/IP 仅仅包括 TCP 和 IP 两个协议吗?为什么?

4. 比较 OSI 参考模型与 TCP/IP 参考模型的异同点和各自优、缺点。

5. 层次化网络结构的特点是什么?

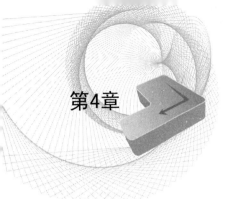

第4章

局域网组网技术

局域网是一种在有限的地理范围内将大量计算机及各种设备互联在一起以实现数据传输和资源共享的计算机网络。本章将从介绍局域网的组成、主要技术、体系结构及协议标准入手,详细讨论传统局域网、快速以太网、高速以太网、虚拟局域网以及无线局域网的工作原理、技术特点和组网技术。学好本章的内容将为掌握局域网应用技术奠定坚实的基础。

本章学习目标:

- 了解局域网概述。
- 了解局域网的特点及组成。
- 掌握局域网的模型与标准。
- 掌握局域网的关键技术。
- 掌握以太网技术。
- 掌握虚拟局域网。
- 掌握无线局域网。

4.1 局域网概述

在计算机网络中,局域网(Local Area Network)是应用最广泛的一种网络。它不但具有计算机网络的基本特点,还有自己的典型特征。局域网通常是指小区域范围内各种数据通信设备互相连接在一起而构成的一种通信网络,其主要目的是在园区、建筑和办公室内实现数据通信和资源共享。

局域网是一种小范围内(一般为几千米)的,以实现资源共享、数据传递和彼此通信为基本目的,由网络结点(计算机或网络连接)设备和通信线路等硬件按照某种网络结构连接而成的、配有相应软件的高速计算机网络。此处的"连接"不仅仅是硬件的连接,一般还需要安装一些基本软件,才能使连接起来的计算机具有控制、处理和通信的能力。局域网中的计算机可以根据需要随时接入网络,使用网络中的服务和资源;在离开网络之后,它还保持计算机的原有功能。

局域网的定义包括以下几个方面。

(1)局域网所覆盖的地理范围通常是一个办公室、建筑物、机关、厂矿、公司、学校等,目前其距离被限定在几千米之内的较小范围内。

(2)局域网组建的目的是资源共享和数据通信。

（3）局域网中所连接的结点设备是广义的，它可以是在传输介质上连接并进行通信的任何设备，如计算机、集线器、交换机、网络打印机等。

（4）通过介质连接各网络结点所组成的计算机局域网是硬件、软件的复合系统，其中的计算机在脱离网络后，仍然能够进行独立的数据处理业务。

4.2　局域网的特点及组成

4.2.1　局域网的主要特点

1. 局域网的特点

（1）共享传输信道。在局域网中通常将多个计算机和网络设备连接到一条共享的传输介质上，因此其传输信道由接入的多个计算机结点和网络设备共享。

（2）传输速率高。局域网是一种应用最广的计算机网络。它具有较高的数据传输速率，通信线路所提供的带宽一般不低于 10Mbps，最快可达到 1000Mbps 或者 10000Mbps，一般情况下是 10～100Mbps。目前，局域网正向着更高的速率发展，如光纤局域网、ATM局域网、千兆以太网等。

（3）传输距离有限。在局域网中，所有物理设备的分布半径通常为几千米，这个距离没有严格限定，通常为 10～25km，它由通信线路（光缆或双绞线）的最大传输距离来决定。局域网主要用于小公司、机关、企业、学校等。

（4）误码率低。局域网具有高可靠性，由于局域网的传输距离短，所经过的网络连接设备就比较少，因此具有较好的传输质量，误码率通常为 10^{-8}～10^{-11}。

（5）连接规范整齐。局域网内的连接一般比较规范，都遵循着严格的标准。

（6）用户集中，归属与管理单一。局域网通常由一个单位或组织组建，主要服务于本单位的用户。由于局域网的所有权属于某个具体的单位，因此局域网的设计、安装、使用和管理均不受公共网络的束缚。

（7）采用多种传输介质及相应的访问控制技术。局域网既可以支持粗缆、细缆、双绞线、光缆等有线传输介质，也可以支持红外线、激光、微波等无线传输。因此，局域网中使用的介质访问控制技术也有多种，如带有冲突检测的载波监听多路访问（CSMA/CD）技术、令牌环访问控制（Token Ring）、光纤分布式数据接口（FDDI）技术等。

（8）一般采用分布式控制和广播式通信。在局域网中通常采用"一点对多点"的广播通信方式，但是也支持简单的"点对点"通信方式。

（9）简单的低层协议。局域网通常采用总线型、环形、星形或树形等共享信道类型的拓扑结构，网内一般不需要中间转接，流量控制和路由选择等功能。局域网的通信处理功能一般由计算机的网卡、网络连接设备和传输介质共同完成。

（10）易于安装、组建和维护。局域网通常具有较好的灵活性；局域网既允许速度不同的网络设备接入，也允许不同型号、不同厂家的产品接入。

2. 局域网的典型分布区域

（1）同一个房间内的所有主机，覆盖距离为 10m 的数量级，如办公室网络。

（2）同一个楼宇内的所有主机，覆盖距离为 100m 的数量级，如商务大厦。

（3）同一个校园、厂区、院落内的所有主机，覆盖距离为1000m的数量级，如校园网。

4.2.2　局域网的组成

局域网可分为网络软件系统和硬件系统两大组成部分，各部分的组成如下。

1．局域网的软件系统

局域网的软件系统通常包括网络操作系统、网络管理软件和网络应用软件三类软件。其中的网络操作系统和网络管理软件是整个网络的核心，用来实现对网络的管理和控制，并向网络用户提供各种网络资源和服务。

2．局域网的硬件系统

局域网是一种分布范围较小的计算机网络。现代局域网一般采用基于服务器的网络类型，因此其硬件可分为网络服务器、网络客户机或工作站、网卡、网络传输介质和网络互联设备等。

（1）网络服务器(Server)。网络服务器是网络的服务中心，通常由一台或多台规模大、功能强的计算机担任。它们可以同时为网络上多个计算机或用户提供服务。服务器可以具有多个CPU，因此，具有高速处理能力、大容量的内存，并配置了具有快速存储能力的、大容量存储空间的磁盘或光盘存储器。

（2）网络工作站(Workstation)。网络工作站是连接到网络上的用户使用的各种终端计算机，也称为网络客户站，其功能通常比服务器弱。网络用户通过工作站来使用服务器提供的服务与资源。

（3）网络适配器(Network Adapter)。网络适配器简称网卡，是实现网络连接的接口电路板。各种服务器或者工作站必须安装网卡，才能实现网络通信或者资源共享。在局域网中，网卡是通信子网的主要部件。

（4）网络传输介质。网络传输介质是实现网络物理连接的线路，它可以是各种有线或无线传输介质。例如，同轴电缆、光纤、双绞线、微波等及其相应的配件。

（5）网络互联设备。网络互联设备包括收发器、中继器、集线器、网桥、交换机、路由器和网关等。这些互联设备被网络上的多个结点共享，因此也称为网络共享设备。各种网络应根据自身功能的要求来确定这些设备的配置。

3．局域网中的其他组件

（1）网络资源：在网络上任何用户可以获得的东西，均可以看做资源，如打印机、扫描仪、数据、应用程序、系统软件和信息等。

（2）用户：任何使用客户机访问网络资源的人。

（3）协议：计算机之间通信和联系的语言。

4.3　局域网的模型与标准

随着计算机和局域网的日益普及和应用，各个网络厂商所开发的局域网产品也越来越多，为了使不同厂商生产的网络设备之间具有兼容性和互换性，以便用户更灵活地进行网络设备的选择，用很少的投资就能构建一个具有开放性和先进性的局域网，国际标准化组织开展了局域网的标准化工作。1980年2月成立了局域网标准化委员会，即IEEE 802委员会

(Institute of Electrical and Electronic Engineers,电器与电子工程师协会)。该委员会制定了一系列局域网标准。IEEE 802 委员会不仅为一些传统的局域网技术(以太网、令牌环网、FDDI 等)制定了标准,近年来还开发了一系列新的局域网标准,如快速以太网、交换式以太网、吉位以太网等。局域网的标准化极大地促进了局域网技术的飞速发展,并对局域网的进一步推广和应用起到了巨大的推动作用。

4.3.1 局域网参考模型

由于局域网是在广域网的基础上发展起来的,因此局域网在功能和结构上都要比广域网简单得多。IEEE 802 标准所描述的局域网参考模型遵循 OSI 参考模型的原则,只解决了最低两层(物理层和数据链路层)的功能以及该两层与网络层的接口服务。网络层的很多功能(如路由选择等)是没有必要的,而流量控制、寻址、排序、差错控制等功能可放在数据链路层实现,因此该参考模型不单独设立网络层。

物理层的功能是在物理介质上实现位(比特流)的传输和接收、同步前序的产生与删除等。该层还规定了所使用的信号、编码和传输介质,规定了有关的拓扑结构和传输速率等。有关信号与编码通常采用曼彻斯特编码;传输介质为双绞线、同轴电缆和光缆;网络拓扑结构多为总线型、星形和环形。传输速率为 10Mbps、100Mbps 等。

数据链路层又分为逻辑链路控制(Logic Link Control,LLC)和介质访问控制(Media Access Control,MAC)两个功能子层。这种功能划分主要是为了将数据链路功能中与硬件相关和无关的部分分开,降低研制互联不同类型物理传输接口数据设备的费用。

MAC 子层的主要功能是控制对传输介质的访问。IEEE 802 标准制定了多种介质访问控制方法,同一个 LLC 子层能与其中任意一种介质访问控制方法(CSMA/CD、Token Ring、Token Bus)接口。

LLC 子层的主要功能是面向高层提供一个或多个逻辑接口,具有帧的发送和接收功能。发送时把要发送的数据加上地址和循环冗余校验 CRC 字段等封装成 LLC 帧,接收时把帧拆封,执行地址识别和 CRC 校验功能,并且还有差错控制和流量控制等功能。该子层还包括某些网络层的功能,如数据报、虚电路、多路复用等。

4.3.2 IEEE 802 的标准

IEEE 802 是一个标准体系,为了适应局域网的发展,它不断研究、制定和增加新的标准。目前,主要的标准分为以下三类系列。

1. 第一类标准

IEEE 802.1 标准定义了局域网的体系结构、网络互联、网络管理与性能测试。

(1) IEEE 802.1A:定义了概述、体系结构。

(2) IEEE 802.1B:定义了寻址、网络互联和网络管理。

2. 第二类标准

IEEE 802.2 标准定义了 LLC 子层的服务与功能。

3. 第三类标准

定义了 16 种不同介质访问控制子层与物理层的标准;随着局域网的发展,有些标准已经退出了历史舞台,而又不断有新的标准加入。下面是比较著名的第三类标准。

(1) IEEE 802.3：定义了 CSMA/CD 总线的介质访问控制子层与物理层标准。

① IEEE 802.3i：定义了 10Base-T 访问控制子层与物理层的标准。

② IEEE 802.3u：定义了 100Base-T 访问控制子层与物理层的标准。

③ IEEE 802.3ab：定义了 1000Base-T 访问控制子层与物理层的标准。

④ IEEE 802.3z：定义了 1000Base-X 访问控制子层与物理层的标准。

(2) IEEE 802.4：定义了 Token-Bus(令牌总线)访问控制子层与物理层的标准。

(3) IEEE 802.5：定义了 Token_Ring(令牌环)访问控制子层与物理层的标准。

(4) IEEE 802.6：定义了城域网访问控制方法与物理层的标准。

(5) IEEE 802.7：定义了宽带局域网访问控制方法与物理层的标准。

(6) IEEE 802.8：定义了 FDDI 光纤局域网访问控制方法与物理层的标准。

(7) IEEE 802.9：定义了综合数据/语音的局域网的网络标准。

(8) IEEE 802.10：定义了网络安全规范与数据保密的标准。

(9) IEEE 802.11：定义了无线局域网的访问控制子层与物流层的规范。

(10) IEEE 802.15：定义了近距离个人无线网的控制子层与物理层的标准。

(11) IEEE 802.16：定义了宽带无线局域网的控制子层与物理层的标准。

在 IEEE 802 第三类标准中,应用最多和发展迅速的是 IEEE 802.3、IEEE 802.11、IEEE 802.15 和 IEEE 802.16。

IEEE 802 为局域网的每一个结点还规定了一个 48 位的全局物理地址,即 MAC 地址。目前 IEEE 是世界上局域网全局地址的法定管理机构,负责分配高 24 位的地址,世界上所有生产局域网的厂商必须向 IEEE 购买高 24 位组成的号,而低 24 位由生产厂商自己决定。

4.4　局域网的关键技术

4.4.1　局域网的拓扑结构

网络拓扑结构是网络规划和设计的重要内容,也是网络设计的第一步。从计算机网络拓扑结构的定义来看,计算机网络的拓扑结构应该指其通信子网中结点和链路排列组成的几何图形。而实际中,局域网的拓扑结构通常是指局域网的通信链路(传输介质)和工作结点(连接到网络上的任何设备,如服务器、工作站以及其他外围设备)在物理上连接在一起的布线结构,即指它的物理拓扑结构。

1. 局域网拓扑结构的分类

局域网的拓扑结构通常分为以下两类。

1) 逻辑拓扑结构

逻辑拓扑结构用来描述网络中各结点间的信息流动方式,即由网络中的介质访问控制方法决定的拓扑结构。

2) 物理拓扑结构

物理拓扑结构用来描述网络硬件的布局,即网络中各部件的物理连接形状。

2. 局域网拓扑结构的选择原则

在局域网中,一旦选定某种拓扑结构,则同时需要选择一种适合于该拓扑结构的局域网的工作方式和信息传输方式。为此,在选择和确定网络拓扑时,一般应考虑如下一些因素。

(1)价格:网络拓扑结构直接决定了网络的安装和维护费用,如星形拓扑结构在传输介质上的花费要比总线型拓扑结构高。

(2)速率:拓扑结构直接关系到系统的数据传输速率和带宽,如总线型拓扑结构的带宽由所有结点共同占有,而交换式星形拓扑结构的带宽则有一个结点独占。

(3)规模:网络的拓扑结构直接与网络规模相关。网络中包含多少个结点、结点的分布情况、结点间的流量、专用服务器的位置及数量等都与网络规模有关。

由此可见,网络拓扑结构的选择,将直接影响到网络的投资、运行速率、安装、维护和诊断等各种性能。

3.星形拓扑结构

这种结构是目前局域网中应用最为普遍的一种,在企业网络中采用的几乎都是这一种方式。星形拓扑结构几乎是 Ethernet 网络专用,由网络中的各个工作站结点设备通过一个网络集中设备(集线器或交换机)连接在一起,各结点星状分布。这类网络目前用得最多的传输介质是双绞线,星形拓扑结构如图 4.1 所示。

星形拓扑结构主要有以下几个特点。

(1)容易实现,成本低。星形结构网络所采用的传输介质一般是双绞线,相对于同轴电缆和光纤来说比较便宜。这种拓扑结构主要用于 IEEE 802.2、IEEE 802.3 标准的以太网中。

(2)结点扩展、移动方便。结点扩展时只需要从集线器或交换机等集中设备上拉一条线即可,而移动一个结点只需要把相应结点设备移到新结点即可,而不会像环形网络那样"牵其一而动全局"。

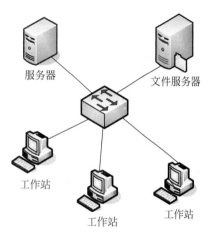

图 4.1 星形拓扑结构

(3)维护容易。一个结点出现故障不会影响到其他结点的连接,可任意拆除故障结点。

(4)采用广播式信息传送方式。任何一个结点发送信息时,整个网络中的其他结点都可以收到,这在网络方面存在一定的隐患,但这在局域网中影响不大。

(5)对中央结点的可靠性和冗余度要求很高。每个工作站直接与中央结点相连,如果中央结点发生故障,全网易于瘫痪。所以通常要采用双机热备份,提高系统的可靠性。

4.总线型拓扑结构

总线型拓扑结构的网络所采用的传输介质一般是同轴电缆(包括粗缆和细缆),也有采用光缆作为传输介质的,所有结点都通过相应的硬件接口直接与总线相连,如图 4.2 所示。总线型拓扑结构采用广播式通信方式,即任何一个结点发送的信号都可以沿着总线介质传播,而且能被网络上的其他结点所接收。

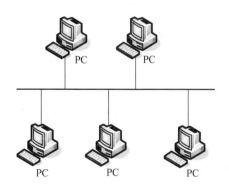

图 4.2 总线型拓扑结构

总线型拓扑结构主要有以下几个特点。

（1）组网费用低。从图 4-2 可以看出，这样的结构一般不需要额外的互联设备，直接通过一条总线进行连接，所以组网费用比较低。

（2）网络用户扩展灵活。需要扩展用户时，只需要添加一个接线器即可，但受通信介质本身物理性能的局限，总线的负载能力是有限度的。所以，总线结构中所能连接的结点数量是有限的。如果工作站结点的个数超过了总线负载能力，就需要采用分段等方法，并加入相应的网络附加部件，使总线负载符合容量要求。

（3）维护较容易。单个结点失效不影响整个网络的正常通信。但是如果总线一旦发生故障，则整个网络或相应的主干段段就断了。

（4）由于网络各结点共享总线带宽，因此数据传输速率会随着接入网络的用户的增多而下降。

（5）若有多个结点需要发送数据信息，一次仅能允许一个结点发送，其他结点必须等待。

5．环形拓扑结构

环形拓扑结构是用一条传输链路将一系列结点连成一个封闭的环路，如图 4.3 所示。实际上大多数情况下这种拓扑结构的网络不会是所有计算机连接成真正物理上的环形。一般情况下，环的两端是通过一个阻抗匹配器来实现环的封闭，因为在实际组网过程中因地理位置的限制不可能真正做到环的两端物理连接。

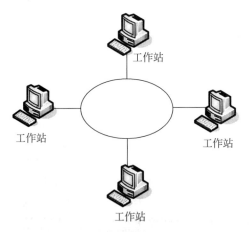

图 4.3   环形拓扑结构

在环形网络拓扑结构中信息流只能单方向进行传输，每个收到信息包的结点都向下游结点转发该信息包，当信息包经过目标结点时，目标结点根据信息包中的目标地址判断自己是接收方，并把该信息复制到自己的接收缓冲区中。

为了决定环上的哪个结点可以发送信息，平时在环上有一个称为"令牌（Token）"的特殊信息包，只有得到"令牌"的结点才可以发送信息，当一个结点发送完信息后就把"令牌"向下传送，以便下游的结点可以得到发送信息的机会。环形拓扑结构的优点是能够高速运行，而且为了避免冲突其结构相当简单。

环形拓扑结构主要有以下几个特点。

（1）实现简单，投资少。从图 4.3 中可以看出，组成网络的设备除了各个工作站、传输介质外,没有价格昂贵的结点集中设备,如集线器和交换机。但也正因为如此,这种网络所能实现的功能最为简单,仅实现一般的文件服务模式。

(2)传输速度较快。在令牌环网中允许有16Mbps的传输速度,比普通的10Mbps的以太网要快。当然随着以太网的广泛应用和以太网技术的发展,以太网的速度也得到了很大的提高,目前普遍能提供100Mbps的传输速度。

(3)维护困难。从网络结构来看,整个网络的各个结点之间直接串联,任何一个结点出了故障都会导致整个网络瘫痪,维护起来非常不便。另一方面,因为同轴电缆采用的是插针式的接触方式,所以容易造成接触不良。

(4)扩展性能差。环形结构决定了其扩展性能远不如星形拓扑结构好,如果要增加或删除结点,就必须中断整个网络,在环两端做好连接器后才能连接。

4.4.2 介质访问控制方法

所谓介质访问控制,就是控制网上各工作站在什么情况下才可以发送数据,在发送数据过程中,如何发现问题以及问题出现后如何处理等管理方法。介质访问控制技术是局域网最关键的一项基本技术,将对局域网的体系结构和总体性能产生决定性的影响。经过多年的研究,人们提出了很多种介质访问控制方法,但是目前被普遍采用并形成国际标准的只有3种,分别是带有冲突检测的载波监听多路访问(Carrier Sense Multiple Access with Collision Detection,CSMA/CD)、令牌环(Token Ring)、令牌总线(Token Bus)。

1. 带有冲突检测的载波监听多路访问(CSMA/CD)

CSMA/CD协议起源于ALOHA协议,1972年Xerox(施乐)公司将其应用于当时开发的以太网。正是由于以太网的CSMA/CD的制定具有相当大的影响力,因此Xerox与Digital、Intel公司共同制定了新的以太网格式,并最终成为IEEE 802.3的标准。

CSMA/CD包含两个方面的内容,即载波监听多路访问(CSMA)和冲突检测(CD)。在总线型局域网中,当某一个结点要发送数据时,它首先要先去检测网络上的介质是否有数据正在传送,然后决定是否将数据送上网络。如果没有数据在传送,则立即抢占信道发送数据;如果信道正忙,则需要等待直到信道空闲再发送数据。往往同时会有多个结点监听到信道空闲并发送数据,这就可能造成冲突。冲突以后怎么办? CSMA/CD采取一种巧妙的解决方法,就是发送数据的同时,进行冲突检测,一旦发生冲突,立即停止发送,并等待冲突平息以后,再进行发送,直至将数据成功地发送出去为止。CSMA/CD在发送数据前监听传输线上是否有数据,若有其他站上传送数据,即先等候一段时间再传送。也就是说,在采用CSMA/CD的传输线上,任何时刻只能有一方在传送数据,而不允许两个以上的数据同时传送,这就类似于传输方式中的半双工方式。CSMA/CD的工作原理可以简单地概括为"先听后发、边听边发、冲突停止、随机延迟后重发"。

2. 令牌环

令牌环技术始于1969年贝尔实验室的Newhall环网。其后,应用最为广泛的是IBM的令牌环网络。IEEE 802.5标准正是在IBM令牌环协议的基础上发展和制定起来的。

在令牌环网中,计算机与其他外围设备用实际的环状组成逻辑环,数据在环内以单方向传送。计算机使用传输介质传送数据的权限由令牌控制,只有得到令牌的网络工作站才有权发送数据。令牌环网的连接依赖于网络接口卡,而网络接口卡则通过一个类似于集线器的令牌环网等设备 MAU(多址访问单元)联入网络。

令牌可以理解为一种通行证,哪个结点获得了它,就有权向环路发送数据。含有令牌的令牌单元为令牌帧,它由标志字段、令牌、控制字段及循环冗余检验码等部分组成。此外,令牌帧的控制字段中还包含了目的地址和源地址。与以太网传输的以太帧一样,目标地址和源地址都是指设备的 MAC 地址,即无论以太网还是令牌环网,其目标地址就是接收数据工作站网卡的 MAC 地址;源地址就是发送数据工作站网卡的 MAC 地址。令牌环网的工作方式是确定的、顺序的和定时的。网络中的结点共享环路介质,但不是争用信道,而是取得空令牌,只有取得令牌的那个站点才有权发送数据,因此不会发生冲突。

3. 令牌总线

令牌总线是在总线拓扑结构中利用"令牌"作为控制结点访问传输介质。令牌总线局域网在物理结构上是总线型拓扑结构,所有结点都连到总线上,而在逻辑上却是一个首尾相连的环,这样令牌总线局域网具有总线网的"接入方便"和"价格便宜"的优点。令牌是一种控制网络上的结点访问媒体的 3 个字节长的特殊的 MAC 控制帧。在令牌总线中,由于只有拥有令牌的结点才能将数据帧发送到总线上,因此令牌总线不会产生冲突。令牌总线上的所有结点在逻辑上构成一个环,每个结点都有其前驱结点和后继结点,并且知道它们的地址。令牌在令牌总线局域网的传递顺序与结点的物理位置无关。令牌传递顺序与结点在环中的逻辑结构的排列顺序相同。

与 CSMA/CD 相比,令牌总线有以下优点。

(1) 令牌总线支持优先级服务,将共享总线的通信容量分配给不同优先级的帧,从而确保高优先级与低优先级服务的通信容量的合理分配。

(2) 由于令牌总线不会产生冲突,令牌总线的信息帧长度只需根据要传送的信息长度来确定,因而令牌总线没有最短帧长的限制。

(3) 网络在重负荷工作时,令牌总线的性能比 CSMA/CD 好。

4.4.3　传输介质

传输介质是网络中信息传输的媒体,也是网络通信的物质基础之一。传输介质的性能特点对传输速率、通信距离、传输的可靠性、可连接的结点数目等均有很大的影响。因此,必

须根据不同的通信要求,合理地选择传输介质。一般来说,传输介质可以分为有线介质和无线介质两类。

1. 有线介质

有线介质为信号提供了从一个设备到另一个设备的通信管道。有线介质可分为同轴电缆、双绞线和光纤。

1) 同轴电缆

同轴电缆的芯线为铜导线,铜导线由一层绝缘材料包裹着,绝缘层外面有一层网状的导电金属层,如图 4.4 所示。金属层用来屏蔽电磁干扰和防止辐射。网状导体外面覆盖着一层绝缘材料和塑料保护膜。同轴电缆的这种结构使得它具有很高的带宽,对噪声有很好的抑制性。

图 4.4　同轴电缆

同轴电缆所能达到的带宽取决于电缆的质量、长度以及数

据信号的信噪比。现代同轴电缆的带宽可以超过 1GHz。

目前广泛使用的同轴电缆有基带同轴电缆和宽带同轴电缆两种。基带同轴电缆是特性阻抗为 50Ω 的同轴电缆,常用于局域网中的数字信号的传输。基带同轴电缆又可分为粗同轴电缆(简称粗缆)和细同轴电缆(简称细缆)。粗缆适用于大型局域网,它传输距离长、可靠性高,安装时不需要切断电缆,只需用夹板装置夹在计算机需要连接的位置,这样可以根据需要灵活地调整计算机的入网位置,但粗缆必须安装收发器,安装难度大,造价比较高。细缆安装比较简单,造价比较低,但在安装过程中需要视情况切断电缆,在两头装上 BNC 接口后接在 T 型连接器两端,所以当接头多时容易产生接触不良的故障,这也是粗缆以太网常见的故障。

宽带同轴电缆是特性阻抗为 75Ω 的同轴电缆,用于传输模拟信号。宽带同轴电缆常用于 CATV 网络,因此又被称为 CATV 电缆。目前常用的 CATV 电缆的传输带宽为 750MHz,通过频分多路复用技术,可以把整个带宽划分为多个独立的通道,分别传输数据、声音和视频信号,实现多种通信业务。

2) 双绞线

双绞线的电导体是铜导线,铜导线外有绝缘层包裹,如图 4.5 所示。两根具有绝缘层的铜导线按一定密度以螺旋状的形式相互绞合在一起,且线对与线对之间按一定密度反方向相应地绞合在一起,这样可以降低信号干扰的程度。所有绞合在一起的线对由一层作为保护层的绝缘材料包裹着。

双绞线按其保护层外面是否含有金属层,可分为非屏蔽双绞线(UTP)和屏蔽双绞线(STP)。屏蔽双绞线在保护层里面套用一层铝箔层,其作用是为了降低外界的电磁干扰。相对于无屏蔽双绞线,屏蔽双绞线抗干扰能力强,保密性好,不容易被窃听,且其传输速度也较快,但屏蔽双绞线的价钱相对要贵一些。

由于双绞线价格便宜,安装容易,适用于结构化综合布线,因此得到了广泛的应用。综合布线常用的双绞线分为 100Ω 和 150Ω 两类。100Ω 分为 3 类、4 类、5 类和超 5 类等几种双绞线,每种双绞线又由不同数量的双绞线对构成。150Ω 双绞线目前只有 5 类一种。

3) 光纤

光纤是光导纤维的简称,是由纤芯、包层和涂覆层组成的,如图 4.6 所示。它是一种用来传输光束的细软而柔韧的传输介质。光纤使用光而不是电信号来传输数据,随着对数据传输速度要求的不断提高,光纤的使用日益普遍。对于计算机网络来说,光纤具有无可比拟的优势,是未来发展的方向。

图 4.5　双绞线　　　　　　　　　图 4.6　光纤

根据使用的光源和传输模式的不同,光纤分为单模和多模两种。如果光纤做得很细,纤芯的直径细到只有光的一个波长,那么光纤就成了一种波导管,这种情况下光线不必经多次反射式传播,而是一直向前传播,这种光纤称为单模光纤。多模光纤的纤芯比单模的粗,一旦光线到达光纤表面发生全反射后,光信号就由多条入射角度不同的光线同时在一条光纤中传播,这种光纤称为多模光纤。

单模光纤性能很好,传输速率较高,在几十千米内能以好几吉比特每秒的速率传输数据,但其制作工艺比多模更难,成本较高;多模光纤成本较低,但性能比单模光纤差一些。

光纤的很多优点使其在远距离通信中起着重要的作用,光纤与同轴电缆相比有如下优点。

(1) 光纤有较大的带宽,通信容量大。

(2) 光纤的传输速率高,能超过 1Gbps。

(3) 光纤的传输衰减小,连接的距离更远。

(4) 光纤不受外界电磁波的干扰,适宜在电气干扰严重的环境中使用。

(5) 光纤无串音干扰,不易被窃听和截取数据。

目前,光缆通常用于高速的主干网络,若要组建快速网络,光纤则是最好的选择。

2. 无线介质

无线介质通常通过空气进行信号传输。当通信设备之间存在物理障碍,而不能使用普通传输介质时,可以考虑使用无线介质。根据电磁波的频率,无线传输系统大致分为广播通信系统、地面微波通信系统、卫星微波通信系统和红外线通信系统,对应的 4 种无线介质分别是无线电波(30MHz~1GHz)、微波(300MHz~300GHz)、红外线和激光。

1) 无线电通信

无线电通信主要用在广播通信中。

2) 无线电微波通信

无线电微波通信在数据通信中占有重要地位。微波的频率范围为 300MHz~300GHz,主要使用 2~40GHz 的频率范围。微波在空间是直线传播的,由于微波会穿透电离层进入宇宙空间,因此,它不像短波通信那样可以经电离层反射和传播到地面上很远的地方。微波通信有两种主要的方式,分别是地面微波接力通信和卫星通信。

由于微波在空间中是直线传播,而地球是个曲面,因此其传播距离受到限制,一般为50km 左右,如果采用 100m 高的铜线塔,其传播距离可以增至 100km。

为了实现远距离的通信,必须在无线电通信信道的两个终点设备之间建立若干个中继站。中继站的作用是放大前一个中继站传送过来的信号,并传送到下一个站。这种方式很像接力棒,所以称为"微波接力"。

微波接力通信的主要优点如下:

(1) 信道容量大。微波波段的频率高,频段范围宽,因此通信信道容量大。

(2) 微波传输质量较高。由于工业干扰以及其他的电干扰,信号的频率都比微波频率低得多,因此这些干扰信号对微波通信的影响要比短波通信等小得多。

(3) 投资低。与同等容量和距离的电缆通信相比,微波接力通信具有投资少、见效快的特点。

微波接力通信的主要缺点如下：

（1）相邻站之间必须直视，中间不能有障碍物遮挡，因此又称为视距通信。

（2）微波通信传播时容易受恶劣气候的影响。

（3）与电缆通信系统相比，微波通信的隐蔽性和保密性较差。

（4）由于存在大量中继站，因此需要大量人力和物力来维持，维护成本增大。

卫星通信是利用地球与同步卫星作为中继站的微波接力通信系统。地面系统通常采用定向抛物天线。卫星微波通信系统也具有通信容量大、传输距离远、覆盖范围广等优点，特别适合在全球通信、电视广播以及地理环境恶劣的地区使用。

随着网络技术和移动通信技术的普及，无线通信技术的应用随之增加，目前的无线局域网已经广泛作为有线局域网的补充被广泛用在移动办公场合。例如，当设计一个用于销售的、移动式的企业网络时，用于展示的计算机需要在展厅中随时移动，使用无线通信技术无疑是一个好选择。此外，当两个校园之间存在一条高速公路，而它们之间又必须进行通信时，由于不便于铺设有线传输介质，应当选择无线传输介质。

4.5　以太网技术

4.5.1　传统以太网

1. 以太网的标准

以太网是最早的局域网，是由 Xerox 公司创立的，其雏形是该公司 1975 年研制的实验型的 Ethernet。1980 年 DEC、Intel 和 Xerox 3 家公司联合设计了 Ethernet 技术规范，称为 DIX1.0 规范。以太网的相关产品非常丰富，1983 年推出了粗同轴电缆以太网产品，后来又陆续推出了细同轴电缆、双绞线、CATV 宽带同轴电缆、光缆和多种媒体的混合以太网产品，表 4.1 列出了近 20 年来以太网标准的发展历程。

表 4.1　以太网标准的发展历程

以太网标准	批准时间	传输媒体	传输速率	网段长度	拓扑结构
10Base-5	1983 年	50Ω 同轴电缆（粗）	10Mbps	500m	总线型
10Base-2	1988 年	50Ω 同轴电缆（细）	10Mbps	185m	总线型
10Base-T	1990 年	100Ω2 对线 3 类	10Mbps	100m	星形
10Base-F	1992 年	光缆	10Mbps	2000m	星形
100Base-T	1995 年	100Ω2 对线 5 类	100Mbps	100m	星形

2. 传统以太网的组网技术

传统以太网的核心技术是 CSMA/CD，即带有冲突检测的载波监听多路访问方法。它的组网方式非常灵活，既可以使用粗、细同轴电缆组成总线型网络，也可以使用双绞线组成星形网络，还可以将同轴电缆的总线型网络和双绞线的星形网络混合连接起来。下面介绍几种以太网的组网方法。

1）粗缆以太网

粗缆以太网（10Base-5 Ethernet）使用粗同轴电缆，单段最大段长度为 500m，当用户结点间的距离超过 500m 时,可通过几个中继器将几个网段连接在一起,但中继器的数量最多为 4 个,网段的数量最多为 5 段,因此网络最大长度为 2500m,粗缆以太网示意图如图 4.7 所示。建立一个粗缆以太网需要一系列硬件设备,基本设备有网络适配器、外部收发器、收发器电缆、DIX 接口中继器等。

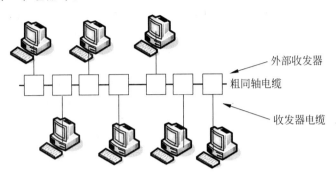

图 4.7   粗缆以太网示意图

2）细缆以太网

细缆以太网(10Base-2 Ethernet)使用细同轴电缆,如果不使用中继器,最大细缆的段长度不能超过 185m。如果实际需要的细缆长度超过 185m,则需要使用支持 BNC 接口的中继器。和粗缆以太网一样,中继器的数量最多不能超过 4 个,网段最多为 5 段,因此网络的最大长度为 925m。细缆以太网示意图如图 4.8 所示。建立一个细缆以太网需要一系列的硬件设备,基本设备有带有 BNC 接口的网卡、BNC 连接器插头、BNC T 型连接器、BNC 终端器等。

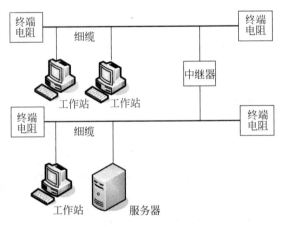

图 4.8   细缆以太网示意图

3）双绞线以太网

采用非屏蔽双绞线的 10Base-T Ethernet 也称为双绞线以太网,T 表示拓扑结构为星形,组网的关键设备是集线器。当使用非屏蔽双绞线进行网络连接时,最大的电缆长度为 100m,即 Hub 到各个结点的距离或 Hub 与 Hub 之间的距离不超过 100m,双绞线以太网示意图如图 4.9 所示。组建一个双绞线以太网需要一系列硬件设备,基本的硬件设备有带有 RJ-45 插头的以太网网卡、集线器、双绞线等。

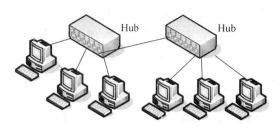

图 4.9 双绞线以太网示意图

4.5.2 交换式以太网

1. 交换式以太网的产生

近年来,随着电视会议、远程教育、远程诊断等多媒体应用的不断发展,人们对网络带宽的要求越来越高,传统的共享式局域网已经越来越不能满足多媒体应用对网络带宽的要求。

所谓共享式局域网,是指网络建立在共享介质的基础上,网络中的所有结点竞争和共享网络带宽。随着用户数的增多,每个用户分到的网络带宽必然会减少,并且每个结点只有占领了整个网络传输信道后才能与其他结点进行通信,而在任何时候最多只允许一个结点占用通道,其他结点等待。面对这样的问题,可以使用网关、网桥、路由器等网络互联设备将网络进行分隔,以达到隔离网络、减小流量、降低网络上的冲突和提高网络带宽的目的。但是过多的网段微化会带来设备投资的增加和管理上的难度,而且也不能从根本上解决网络带宽。于是人们提出将共享式局域网改为交换式局域网,这就促进了交换式以太网的诞生。

2. 交换式以太网的结构和特点

交换式以太网的核心设备是以太网交换机(Ethernet Switch)。以太网交换机有多个端口,每个端口可以单独与一个结点连接,并且每个端口都能为与之相连的结点提供专用的带宽,这样每个结点就可以独占通道,独享带宽。

交换式以太网主要有以下几个特点。

(1)独占通道,独享带宽。例如,一台端口速率为100Mbps的以太网交换机连接有10台计算机,这样每台计算机都有一条100Mbps的传输通道,都占有100Mbps带宽,那么网络总带宽通常为各个端口的带宽之和,即1000Mbps。由此可知,在交换式以太网中,随着网络用户的增多,网络带宽不仅不会减少,反而增加。

(2)多对结点间可以同时进行数据通信。在传统的共享式局域网中,数据的传输是串行的,在同一时刻最多只允许一个结点占用通道进行通信。交换式以太网则允许接入的多个结点同时建立多条通信链路,同时进行数据通信,所以交换式以太网极大地提高了网络的利用率。

(3)可以灵活地配置端口的速度。在传统的共享式局域网中,不能在同一个局域网中连接不同速度的结点。在交换式以太网中,由于结点独占通道,独享带宽,用户可以按需配置端口的速率。在交换机上不仅可以配置10Mbps、100Mbps的端口,还可以配置10Mbps、100Mbps的自适应端口来连接不同速率的结点。

(4)便于管理和调整网络负载的分布。交换式以太网可以构造虚拟局域网,即逻辑工作组,以软件方式实现逻辑工作组的划分和管理。同一个逻辑工作组的成员不一定要在同一个网段上,既可以连接到同一个局域网交换机上,也可以连接到不同的局域网交换机上,

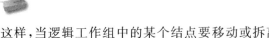

只要这些交换机是互联的即可。这样,当逻辑工作组中的某个结点要移动或拆离时,只需要简单地通过软件设定,而不需要改变其在网络中的物理位置。因此交换式以太网可以方便地对网络用户进行管理,进而合理地调整网络负载的分布,提高网络利用率。

3.以太网交换机

(1)以太网交换机的工作原理:当有一个帧到来时,它会检查其目的地址并对应自己的 MAC 地址表,如果存在目的地址,则转发;如果不存在则泛洪(广播),广播后如果没有主机的 MAC 地址与帧的目的 MAC 地址相同,则丢弃;若有主机相同,则会将主机的 MAC 自动添加到其 MAC 地址表中。

(2)以太网交换机的数据交换方式:有直接交换和存储转发两种。

① 直接交换:交换机只要收到数据帧,便立即获取该帧的目的地址,启动系统内部"端口号/MAC 地址映射表"转换成相应的输出端口,将该数据帧转发出去。由于不需要存储,因此这种交换方式速度较快,延迟很小。但是这种方式由于不检查数据帧的完整性和正确性,所以可靠性相对低。

② 存储转发:当数据帧到达以太网交换机时,交换机首先完整地接收该数据帧并存储下来,然后进行 CRC 校验,检查数据帧是否有损坏,这种数据交换方式比直接交换延迟大,但是具有数据帧的差错检测能力。

4.5.3 高速局域网

1.高速局域网的基本概念

1)高速局域网

一般将数据传输速率在 100Mbps 以上的局域网称为高速局域网。

2)改善网络性能的手段

当前提高网络性能的主要思路有以下两个。

(1)交换式:通常从多缆段所连接的核心设备(如集线器)入手,将共享式的设备变换为交换式。交换技术从根本上改善了介质的访问方式,废除了"竞争"的访问方式,采用了各个结点间的并发、多连接的交换链路。

(2)其他技术:在现代局域网中,通过软件和硬件结合,可以更大地提高网段的性能。例如,在交换式以太网中,引入虚拟局域网(VLAN)或 IP 子网技术,可以重新划分冲突域和广播域,能够极大地提高网段的传输性能,提高安全性和可管理性。

2.吉位以太网

局域网技术日新月异,经历了 10Mbps 传统共享以太网、100Mbps 快速以太网等多个发展阶段。随着信息技术的飞速发展,电子商务迅速普及,视频会议和远程多媒体教学等大容量通信业务的广泛应用,给网络带宽带来新的需求,原有的网络技术已经不能适应。因此,在 1998 年 6 月 IEEE 正式推出了 1000Mbps 以太网的解决方案。吉位以太网是现有 IEEE 802.3 标准的扩展,它采用的标准是 IEEE 802.3z,如图 4.10 所示。

1)吉位以太网的重点应用

吉位以太网遵循 802.3z 标准,该标准的重点是发展以光纤为传输介质的高速网络。该标准规定使用单模光纤的传输距离高达 3000m;采用多模光纤的连接距离为 550m;此外,还可以采用 5 类及超 5 类的 UTP 连接各个网络设备,但是两个采用 UTP 的网络设备的最大距离为 25m。

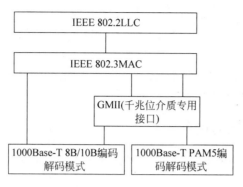

图 4.10 IEEE 802.3z 千兆位以太网协议结构

2）吉位以太网的典型应用结构

目前，主要是在主干网上采用千兆位以太网技术，在中小型网络上很少采用。这是由于两个方面的原因：第一，吉位以太网对传输介质的要求较高，即使在 100m 的距离也需要使用光纤，这样增加了组网的成本和技术难度；第二，在中小型网络中，使用技术成熟的 100Mbps 以太网可以满足当前数据传输的需要。

人们通常采用千兆位以太网组建校园或企业主干网络，这样可以将已有的 10Mbps 和 100Mbps 局域网集成或升级到 1000Mbps 以太网，达到了保护原有投资、节约资金的目的。另外，网络技术人员不用重新培训就可以维护和管理新的网络。其应用结构如下。

（1）企业级采用速率为 1000Mbps 的千兆以太网作为主干网。

（2）部门级采用速率为 100Mbps 的快速共享或交换式以太网。

（3）桌面采用速率为 10Mbps 的共享或交换式双绞线以太网。

3）吉位以太网的应用领域

（1）多媒体通信：例如，Web 通信、电视会议、高清晰度图像和有声影像等信息的传输。

（2）视频应用：例如，数字电视、高清晰度电视盒视频点播。

（3）电子商务：例如，虚拟现实、电子购物和电子商场等。

（4）教育和考试：例如，远程教学、可视化计算、CAD/CAM、数字图像处理等。

（5）数据仓库。

4.6 虚拟局域网

4.6.1 虚拟局域网的概念

虚拟局域网（Virtual Local Area Network，VLAN）是为解决以太网的广播问题和安全性而提出的，是一种通过将局域网内的设备逻辑地而不是物理地划分一个个网段从而实现虚拟工作组的技术。VLAN 技术允许网络管理者将一个或多个物理网段逻辑地划分成不同的 VLAN，每一个 VLAN 都包含一组有着相同需求的计算机站点，具有物理上局域网的功能和特点。但由于它是逻辑地而不是物理地划分，因此同一个 VLAN 内的各个站点可以被放置在不同的物理空间里。

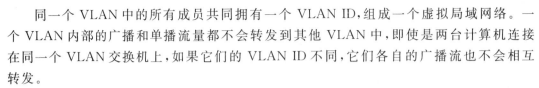

同一个 VLAN 中的所有成员共同拥有一个 VLAN ID,组成一个虚拟局域网络。一个 VLAN 内部的广播和单播流量都不会转发到其他 VLAN 中,即使是两台计算机连接在同一个 VLAN 交换机上,如果它们的 VLAN ID 不同,它们各自的广播流也不会相互转发。

VLAN 隔离了广播风暴,但同时也隔离了各个不同的 VLAN 之间的通信,所以不同的 VLAN 之间的通信需要路由来完成。

4.6.2　虚拟局域网的优点

VLAN 以逻辑结构划分网段,给局域网管理带来了方便,总体来说,VLAN 具有以下优点。

(1) 简化网络管理和维护,增加了网络连接的灵活性。

借助 VLAN 技术,能将不同地点、不同网络、不同用户组合在一起,形成一个虚拟的网络环境。VLAN 中的站点和服务器可以不受地理位置的限制,这为网络管理和维护带来很大的方便。在组建网络时,可以不必把一些相关的站点和服务器集中在一起,而可以分散在不同的地理区域,如不同部门、不同大楼等,只要将它们划分到同一个 VLAN,就可以方便地进行通信。

(2) 控制网络上的广播,提高网络性能。

在局域网中,大量的广播信息将带来网络带宽的消耗和网络延迟,导致网络传输效率的下降。VLAN 可以提供类似于防火墙的机制,防止交换网络的过量广播。通过划分 VLAN,可以将某个交换端口或用户赋予某一个特定的 VLAN 组中,该 VLAN 组可以在一个交换网中跨接多个交换机,在一个 VLAN 的广播不会送到 VLAN 外,即把广播信息限制在各个 VLAN 内部,从而大大减少网络中的广播流量,消除广播信息泛滥而造成的网络拥塞,从而提高网络性能。

(3) 增加网络安全性。

传统的局域网中,任何一台计算机都可以截取同一个局域网中其他计算机传输的数据包,存在一定的安全隐患。因为一个 VLAN 就是一个单独的广播域,就相当于一个独立的局域网,VLAN 之间相互通信必须通过路由器来转发数据包,从而确保了网络的安全保密性。

4.6.3　虚拟局域网的划分方法

每一个 VLAN 都包含一组有着相近用途的计算机站点,那么如何把这些站点划分到同一个 VLAN 中呢? VLAN 的划分方法主要有以下 5 种。

1. 基于端口划分 VLAN

基于端口的划分方法是把一个或多个交换机的几个端口划分为一个逻辑组,这是最简单、最有效,也是目前最为常用的划分方法。以这种方法划分 VLAN 时,VLAN 可以理解为交换机端口的集合,每一个端口只能属于某个 VLAN。被划分到同一个 VLAN 中的端口可以是在同一个交换机中,也可以来自不同的交换机。以交换机端口来划分网络成员,只要在交换机上进行相关的设置就可以了,适用于网络环境比较固定的情况。其不足之处是不够灵活,当一台计算机需要从一个端口移动到另一个新的端口,而新端口与旧端口不属于同一个 VLAN 时,要修改端口的 VLAN 设置,这样才能加入新的 VLAN 中。

2. 基于 MAC 地址划分 VLAN

MAC 地址就连接在网络中的每个设备网卡的物理地址,每个网卡都有独一无二的 MAC 地址。基于 MAC 地址划分 VLAN 方法就是对每个 MAC 地址的主机都配置它属于哪个 VLAN,用此种方式构成的 VLAN 就是一些 MAC 地址的集合,它解决了网络站点处理的移动问题。当某一个站点的物理位置变化时,只要其网卡不变,即 MAC 地址固定,它仍属于原来的 VLAN,无须网管对其重新配置。这种方法的缺点是初始化时,所有的用户都必须进行配置,如果有几百个甚至上千个用户的话,配置非常麻烦。这种划分的方法导致了交换机执行效率降低。另外,当用户的网卡更换时,它必须通知网络管理员对新的网卡进行配置。

3. 基于网络层划分 VLAN

基于网络层来划分 VLAN 方法有两种,一种是按网络层协议来划分,另一种是按网络层地址来划分。

基于网络层协议的划分是在使用多种网络层协议的情况下,可以根据所使用的协议来划分不同的 VLAN,它的每一个 VLAN 可能有不同的逻辑拓扑结构。同一协议的站点划分为一个 VLAN,交换机检查该站点的数据帧的类型字段,查看其协议类型,若已存在该协议的 VLAN,则将站点加入已存在的 VLAN;否则,创建一个新的 VLAN。这种方式构成的 VLAN 不但大大减少了人工配置 VLAN 的工作量,同时保证了用户自由地增加、移动和修改。

基于网络地址来划分 VLAN 最常见的是根据 TCP/IP 中的子网段地址来划分 VLAN。按此方法划分 VLAN 需要知道子网地址与 VLAN ID 的映射关系,交换设备根据子网地址将各主机的 MAC 地址与某一个 VLAN 联系起来。采用这种方法,VLAN 之间的数据转发不需要通过路由器。而且,这种方法不需要附加的帧标签来识别 VLAN,这样可以减少网络的通信量。但该方法效率比较低,因为检查数据包中网络地址的时间开销比检查帧中 MAC 地址时间开销要大。

4. 基于 IP 组播划分 VLAN

IP 组播实际上也是一种 VLAN 的定义,即认为一个组播组就是一个 VLAN。任何一个站点都有机会成为某一个组播组的成员,只要它对该组播组的广播确认信息给予肯定的回答。所有加入同一组播组的站点被视为同一个 VLAN 的成员,它们的这种成员身份具有临时性,根据实际需求可以保留一定的时间。因此,利用 IP 组播来划分 VLAN 具有很高的灵活性,各站点可以动态地加入某一个 VLAN 中。借助路由器,可以很容易地将 VLAN 扩展到 WAN 上。

4.7　无线局域网

4.7.1　无线局域网概述

1. 无线局域网的概念

一般来说,采用了无线传输介质,实现了与传统局域网类似功能的计算机网络就可以称为无线局域网(WLAN)。它使用的传输介质一般有无线电波、红外线及激光。相对于采用有线传输介质的传统局域网,无线局域网摆脱了线缆的束缚,解决了某些情况下布线困难的问题。

2.WLAN 的常见标准

WLAN 的常见标准有以下 3 种。

(1) IEEE 802.11a,使用 5GHz 频段,传输速度为 54Mbps,与 802.11b 不兼容。

(2) IEEE 802.11b,使用 2.4GHz 频段,传输速度为 11Mbps。

(3) IEEE 802.11g,使用 2.4GHz 频段,传输速度为 54Mbps,可向下兼容 802.11b。

目前,IEEE 802.11b、IEEE 802.11g 两种标准最常用。

3.WLAN 的常用设备

(1) 无线网卡:既然无线局域网中没有了网线,而改用电磁波方式在空气中发送和接收数据,那么起到信号接收作用的无线网卡显然是一个不可缺少的部件。目前,无线网卡主要分为以下 3 种类型。

① PCMCIA 无线网卡:如图 4.11 所示,仅适用于笔记本电脑,支持热插拔,能非常方便地实现移动式无线接入。

② PCI 接口无线网卡:如图 4.12 所示,适用于普通的台式计算机,但要占用主机的 PCI 插槽。

图 4.11　PCMCIA 无线网卡　　　　图 4.12　PCI 接口无线网卡

③ USB 接口无线网卡:如图 4.13 所示,适用于笔记本电脑和台式计算机,支持热插拔。不过,由于笔记本电脑一般都内置 PCMCIA 无线网卡,因此 USB 无线网卡通常用于台式计算机。

图 4.13　USB 接口无线网卡

(2) 无线接入点:有了无线信号的接收设备,自然还要有无线信号的发射源——无线接入点(Wireless Access Point,AP)才能构成一个完整的无线网络环境。AP 所起的作用就是给无线网卡提供网络信号。AP主要分不带路由功能的普通AP和带路由功能的AP两种。前者是最基本的AP,仅仅提供发射无线信号的功能;而带路由功能的AP可以实现为拨号接入Internet的ADSL等宽带上网方式提供自动拨号功能,简单来说,就是当客户机开机时,网络就可自动接通Internet,而无须再手动拨号,并且带路由功能的AP还具备相对完善的安全防护功能。

4.7.2　无线局域网的拓扑结构

无线局域网的拓扑结构分为点-点模式和基本模式两种,即无中心的对等模式(Peer to Peer)拓扑和有中心的基本模式(Hub-based)拓扑。

(1)点-点模式(无中心):是指无线网卡和无线网卡之间的通信方式。只要PC插上无线网卡,即可与另一台具有无线网卡的PC连接,对于小型的无线网络来说,它是一种方便的连接方式,最多可连接256台PC。

(2)基本模式(有中心模式):是指无线网络规模扩充或无线和有线网络并存时的通信方式,这是802.11b最常用的方式。此时,插上无线网卡的PC需要由接入点与另一台PC连接。接入点负责频段管理及漫游等指挥工作,一个接入点最多可连接1024台PC。当无线网络结点扩充时,网络存取速度会随着范围扩大和结点的增加而变慢,此时添加接入点可以有效控制和管理带宽与频段。无线网络需要与有线网络互联,或无线网络结点需要连接和存取有线网的资源和服务器时,接入点可以作为无线网和有线网之间的桥梁。

4.7.3　无线局域网的组建

简单地讲,无线局域网的组建需要以下两个步骤完成。

(1)将无线AP通过网线与网络接口连接,如LAN或ADSL宽带网络接口等。

(2)为配置了无线网卡的笔记本电脑提供无线网络信号,当搜索到该无线网络并连接之后,搭载无线网卡的笔记本电脑可以在有效的信号覆盖范围内登录局域网或Internet。WLAN组网示意图如图4.14所示。

由于目前高速无线网还无法像手机信号那样进行普及性的覆盖,只属于一种小范围的发射行为,如一个学校、一个家庭、一个公司等。因此用户只能在信号的有效覆盖范围内实现无线上网,实现从信号发射端到计算机的无线连接。

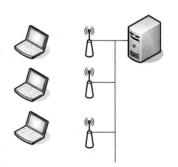

图4.14　WLAN组网示意图

需要特别指出的是,在组建有线局域网时,通常是用网线直接连接到计算机和网络端口或者用网线将多台计算机连接在与网络端口相连的Hub/Switch上。而在无线局域网中,网线实际连接的是AP和网络端口,计算机则是通过无线网卡接收AP发射的信号来上网的,AP实际所起的作用是将连接Hub/Switch与计算机之间的网线"虚化"成了无线信号。因此,在设备投资上,相对于传统的有线网络而言,无线局域网只是追加了无线网络设备的投资而已,其他费用并未增加。

习题 4

一、选择题

1. 在共享式以太网中,采用的介质访问控制方法是(　　　)。

　A. 令牌总线方法　　　B. 令牌环方法　　　C. 时间片方法　　　D. CSMA/CD

2. 交换式以太网的核心设备是(　　　)。

　A. 中继器　　　　　　B. 以太网交换机　　C. 集线器　　　　　D. 路由器

3. (　　　)在逻辑结构上属于总线型局域网,在物理结构上可以看成星形局域网。

　A. 令牌环网　　　　　B. 广域网　　　　　C. 因特网　　　　　D. 以太网

4. 在快速以太网中,支持 5 类 UTP 标准的是(　　　)。

　A. 100Base-T4　　　　　　　　　　B. 100Base-FX

　C. 100Base-TX　　　　　　　　　　D. 100Base-CX

5. IEEE 802.2 协议中 10Base-T 标准规定使用 5 类 UTP 时,从网卡到集线器的最大
距离为(　　　)。

　A. 100m　　　　　　B. 185m　　　　　　C. 300m　　　　　　D. 500m

二、填空题

1. 局域网可采用多种传输介质,如_____、_____和_____。

2. 组建局域网通常采用 3 种拓扑结构,分别是_____、_____和_____。

3. 粗缆以太网的单段最大长度为_____ m,网络的总长度最大为_____。

4. 局域网通常采用的传输方式是_____。

5. Ethernet 局域网是基带系统,采用_____编码。

三、简答题

1. 什么是局域网? 局域网的主要特点是什么?

2. 局域网由哪两大部分组成?

3. 什么是 CSMA/CD? 简述 CSMA/CD 的特点和工作原理?

4. 局域网的物理拓扑结构有哪几种方式? 分别有哪些特点?

5. 相对于共享以太网,交换式以太网的优势有哪些?

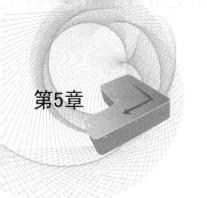

第5章

网络互联设备

随着计算机技术、计算机网络技术和通信技术的飞速发展，以及计算机网络的广泛应用，单一的网络环境已经不能满足社会对信息网络的要求，需要一个将多个计算机网络互联在一起的更大网络，以实现更广泛的资源共享和信息交流，这也充分证明了网络互联的重要性。网络互联的核心是网络之间的硬件连接和网间互联协议。本章将从介绍网络互联的基本概念入手，对网络互联设备的功能、类型以及工作原理进行了全面的探讨。

本章学习目标：

- 了解网络互联的基本概念。
- 掌握物理层的互联设备。
- 掌握数据链路层的互联设备。
- 掌握网络层的互联设备。
- 掌握网关。

5.1 网络互联概述

5.1.1 网络互联的概念

1. 网络的延伸

随着局域网范围扩展的需要，电缆线的长度需要增长，网络中的信号会随着距离的增长而衰减。但是，每种局域网的最大扩展是有限制的，如 10Base-T 中的 100m、10Base-2 中的 185m 等。如果实际网络的需要超过这个距离，就会通过各种网络连接设备来延伸网络。

2. 网络的分段

在组建局域网时，往往需要进行网络分段。所谓的网络分段，是将一个大的网络系统分解成几个小的局域网（即子网）然后再通过互联设备（交换机、网桥或路由器）将各个子网连接成一个整体网络。这就是网络的分段设计。

综上所述，将网络的扩展、连接称为网络互联。因此，网络互联就是不同网段、网络或子网之间通过网络的连接或互联设备（中继、网桥、路由器或网关等）实现各个网络段或子网间的互相连接，其目的在于实现各个网段或子网间的数据传输与交互。

5.1.2 网络互联设备概述

网络互联设备又称为网络连接器，它可以采用硬件和软件的方法对网络的差别进行处理。例如,把一种协议转换为另一种协议、把一种数据格式变成另一种数据格式、把一种速率转换成另一种速率等,以求两者的统一。在网络互联中,选择、配置和使用网络互联设备是实现网间正常连接的关键。下面将介绍各种网络互联设备。

1. 局域网连接或延伸时常用的网络互联设备

当局域网段的距离或一个网段上的结点数目到达了允许数值时,在以太网上就可能导致连接错误或冲突发生,解决这些问题的办法就是使用网络互联设备。在局域网中,互联、扩充结点容量和扩展网络距离的连接设备有中继器、集线器、网桥、交换机等。

2. 局域网远程连接时常用的网络互联设备

在远程计算机、远程局域网、广域网以及 Internet 等网络之间进行远程互联时常用的网络互联设备有调制解调器、桥式路由器、路由器和网关等。

5.2　物理层的互联设备

5.2.1　物理层互联设备和部件概述

物理层的互联设备主要有收发器、中继器、集线器以及接入点 AP;网络部件主要有传输介质、介质连接器、各类转换部件等,它们都工作在 OSI 模型的物理层。

1. 理论作用

具有信号的接收、放大、整形、向所有端口转发数据的作用。

2. 实际应用

物理层的互联设备在网络中的作用是增长传输距离、增加网络结点数目、实现不同介质网络的连接以及组网。例如,当局域网中的结点相距过远时,信号的衰减会导致信号设备无法识别,此时就应加装中继器、收发器,以加强信号。

3. 冲突域和广播域

物理层设备互联的网络各个结点都处于同一个冲突域。另外,这层设备不能隔离广播信息的广播,所以互联的网段都处于同一个广播域。例如,当一个 16 端口集线器上连接 10 个计算机结点时,其冲突域的数目为 1,广播域的个数也为 1。若想改善网络的性能,应使用其他层的网络设备来设法减小冲突域和广播域的范围,增加冲突域的个数。

4. 常见的设备和部件

物理层常见的设备有中继器、集线器以及其他类型的转接器。

5.2.2　中继器

中继器(Repeater)又称为转发器,它实现网络在物理层上的连接。由于线路损耗的存在,在线路上传输的信号功率将会随着距离的增加而逐步衰减,衰减到一定程度时,将导致信号失真。从而发生接收错误。因此,无论采用何种拓扑结构,网卡或者传输介质总有一个最大的传输距离。中继器就是为了解决这些问题而设计的。

1. 中继器的功能

中继器是最简单和最便宜的网络互联设备,中继器的外形就像一个小盒子,如图 5.1 所示。它可以连接两个或多个网络的电缆段,起到放大、整形并且重新产生电缆上的数字信号的作用,并按原来的方向重新发送该再生信号。

中继器既可以用来扩展网络距离,也可以用来连接两个或多个使用不同传输介质的局域网。在以太网中,中继器用于连接 CSMA/CD 访问控制模式的网络,当局域网网段的跨越距离过长,使得信号衰减,而导致接收设备无法识别时,就应加装中继器以加强信号。由此可见,第一,中继器具有接收、放大、整形和转发网络信息的作用,因此可以降低传输线路对线路的干扰影响,起到扩充网络规模的作用;第二,使用带有不同接口的中继器,可以连接两个使用不同的传输介质、不同类型的以太网段。例如,使用中继器可以连接使用双绞线和使用细缆的以太网。

图 5.1　中继器

2．中继器的使用规则

大多数网络都对用来连接网段的中继器的数目有所限制。在 10Mbps 以太网中,这个规则称为 5-4-3 规则。此规则规定,在以太网中最多允许有 5 个网段、使用 4 个中继器,而这些网段中只有 3 个是可以连接计算机的网段。按此规则,如果使用的中继器个数超过 4 个,即网段数目大于 5 个将会影响以太网的冲突检测,并导致其他问题。

3．中继器的特点

(1) 中继器的优点:中继器安装简单,可以轻易地扩展网络的长度、使用方便、价格相对低廉,它是最便宜的扩展网络距离的设备;它不仅起到扩展网络距离的作用,还能起到将不同的传输介质连接在一起。

(2) 中断器的缺点如下。

① 中继器用于局域网之间的有条件连接。一般情况下,第 2～7 层使用相同或兼容的协议,它可以连接两个使用不同物理传输介质,但使用相同的介质访问控制方法的网络。

② 中继器不能提供网段之间的隔离功能,因此通过中继器连接起来的网络在逻辑上是同一个网络。也就是说,中继器不能进行通信分段,多个网络连接后,将增加网络的信息量,容易发生阻塞。

③ 许多类型的网络对可以同时使用中继器扩展网段和网络距离的数目都有所限制。例如,在以太网中,应当按照 5-4-3 规则来设计网络。

④ 中继器不能控制广播风暴。由于中继器不分析任何来自数据帧的信息,因此不能对信号进行滤波和解释,只是完全地重复数据比特信号,并传送所有的信息。即使数据不可靠,中继器也会重复它。

5.2.3　集线器

集线器主要是共享式集线器,又称为多端口中继器。它工作 OSI 模型的物理层,其作用与中继器类似。集线器端口的数目可以从 4 个端口直到几百个端口不等。集线器的基本功能仍然是强化和转发信号。此外,集线器还具有组网、指示和隔离故障站点的功能。

1．集线器的分类

1) 无线集线器——AP

AP 相当于有线网络中的集线器,其外形如图 5.2 所示。AP 用来连接周边的无线网络终端,形成星状网络结构。

2)有线集线器的分类

集线器和交换机的外形十分相似,按外形可以分为独立式集线器、堆叠式集线器和模块式集线器3种,分别如图5.3～图5.5所示;按照速率可以分为10Mbps、100Mbps、1000Mbps。

图5.2   无线集线器

图5.3   独立式集线器

图5.4   堆叠式集线器

图5.5   模块式集线器

堆叠式集线器采用了集线器背板来支持多个中继网段。这种集线器的实质是多个接口卡槽位的机箱系统。此外,在市场上以太网的交换式集线器也被称为集线器,但是它与共享式集线器有着本质的不同,其实质就是具有内置网桥功能的多端口网桥,即后面要重点介绍的交换机。

2.集线器的特点

(1)集线器的优点如下。

①集线器可以扩充网络的规模,即延伸网络的距离和增加网络结点数目。

②集线器安装极为简便,几乎不需要任何配置。

③集线器可以连接多个物理层不同,但高层(2～7层)协议相同或兼容的网络。

(2)集线器的缺点如下。

①集线器限制了介质的极限距离,如100Base-T中的100m。

②集线器没有数据过滤功能,它将收到的数据发送到所有的端口,因此不能进行通信分段,使用中继器连接多个网络后,会增加网络的信息量,容易发生拥塞。

③集线器使用数量具有一定的限制,如以太网中遵循5-4-3规则。

④集线器互联网络中的多个结点共享网络带宽,一个结点发送信息时,所有端口都会收到这个信息,因此当结点数目过多时,冲突增加,网络性能急剧下降。

5.3 数据链路层的互联设备

数据链路层的互联设备通常具有物理层互联设备的功能,在网络中,它们除了被用来进行网络的扩展与增加结点外,还用来进行局域网与局域网之间的互相连接,并进行网络的分段,增加冲突域的数量,减少冲突域的范围。

5.3.1 数据链路层的互联设备概述

数据链路主要部件包括有线和无线网卡;主要互联设备有网桥、交换机等,它们都工作在 OSI 参考模型中的数据链路层。

1. 理论作用

在网络中,数据链路层互联设备负责接收和转发数据帧。数据链路层互联设备通常包含了物理层互联设备的功能,但是比物理层互联设备具有更高的智能。它们不但能读懂第 2 层"数据帧"头部的 MAC 地址信息;还能根据读出的端口和 MAC 地址信息自动建立起"转发表"(MAC 地址表);并依据转发表中的数据进行过滤和筛选,最终依所选的端口转发数据帧。这层互联设备允许不同的端口间并发通信。因此,可以增加冲突域的数量。

2. 实际作用

网桥和交换机都是一个软件和硬件的综合系统。但网桥出现的比较早,目前,在局域网中,有多端口网桥之称的"交换机"已经基本取代了网桥和传统的集线器。局域网交换机的引入,使得端口的各站点可以独享带宽,减弱了冲突,减少了出错和重发,提高了传输效率。

交换机在实际中的作用主要有 3 点:第一,组网,用于连接各种计算机和结点设备;第二,通过学习、过滤功能来自动维护交换机的"转发表";第三,依据自动生成的"转发表"转发数据帧。

3. 冲突域和广播域

这层互联设备经常用于互联使用相同网络号的 IP 子网,交换机和网桥都是端口冲突和传播所有的广播信息的设备。因此,网桥和第 2 层交换机互联的网络处于多个冲突域和同一个广播域。例如,当一个 24 口交换机连接有 8 个计算机时,其冲突域为 8 个,而广播域只有一个。

5.3.2 网桥的概念和工作原理

1. 网桥的概念

网桥(Bridge)将两个相似的网络连接起来,并对网络数据的流通进行管理。它工作于数据链路层,不但能扩展网络的距离和范围,而且可提高网络的性能、可靠性和安全性。

2. 网桥的工作原理

网桥工作在 OSI 模型的数据链路层,有时称为"二层设备",这一点是与中继器和集线器完全不一样的,中继器和集线器工作于物理层,处理的信息单元是比特流,而网桥处理的信息单元是数据链路层的数据帧。

网桥的工作原理如下。

（1）当一个端口收到数据帧后,网桥检查该帧的目的地址,然后查找地址表,确定与该地址对应的端口。如果收到帧的端口正是帧目的地址所在的端口,那么网桥就会丢失这个帧。因为可以认定通过正常的 LAN 传输机制,目标机已经接收帧了。例如,如图 5.6 所示网桥 1 号端口收到了一个从计算机 A 发往计算机 B 的帧。由于地址表显示计算机 B 在端口 1 上,并且这一帧正是端口 1 接收的,因此网桥会把这个帧丢弃。如果从计算机 A 接着向计算机 C 发送一帧,网桥会从端口 1 接收这一帧,并在地址表中查看目标站计算机 C。地址表中表明目的地址是在端口 2 上。为了使目标站正确地收到该帧,网桥必须把这一帧转发到端口 2。

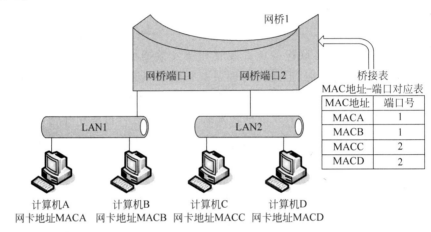

图 5.6   网桥的工作原理

（2）如果网桥当前还不知道要发送帧的目的地址,网桥在地址表中找不到该目的地址和端口,它便会向除接收帧外的所有端口转发此帧,这称为扩散(Flooding)或泛洪。扩散使网桥可以与未知的站通信。除了不必要地占用了输出端口的 LAN 带宽外,帧扩散并没有坏处。如果站真的存在,扩散能保证通信正常进行。与此类似,如果一个站向组播地址发送帧,网桥会向除接收此帧的端口以外的所有端口转发它。这是因为网桥不确定哪些站正在监听某个组播地址,所以它不应该把帧的转发限制到一个特定的输出端口上。

（3）通过记录接收帧的源地址,网桥可以动态地建立地址表。当网桥接收到一个帧后,它在表中查找与发送站对应的项。如果找到了,就会更新地址表中与该站相对应的端口,以反映在该端口上接收到了最新的帧。这使得网桥可以正确地映射从一个 LAN 网段转移到另一个网段的站。如果没有找到登记项,网桥会根据新发现的地址和接收它的端口地址新建一个新的地址表项。经过一段时间后,随着站不断地发送帧,网桥就会知道所有活动站的地址-端口对应关系。

因此,网桥有如下特点。

① 在混杂模式下工作。

② 有一个将全局唯一地址映射到网桥端口的地址表。

③ 根据所接收帧的目的地址做出转发决定。

④ 根据所接收帧的源地址建立和更新地址表。

⑤ 当遇到未知的目的地址时,向每个端口转发该帧。

5.3.3 交换机的产生和工作原理

1. 交换机的产生

20 世纪 90 年代初,随着计算机性能的提高及通信的骤增,传统的局域网已经越来越超过了自身的负荷,交换式以太网技术应运而生,大大提高了局域网的性能。与基于网桥和集线器的共享媒体的局域网拓扑结构相比,基于交换机的交换式以太网能显著地增加带宽。交换技术的加入,就可以建立地理位置相对分散的网络,使局域网交换机的每个端口可平行、安全、同时地互相传输信息,而且使局域网可以高度扩充。

交换机的英文名称为 Switch,其外形和集线器类似。它是在网桥的基础上发展起来的,是集线器的升级换代产品。与集线器不同,交换机之所以能够直接对目的结点发送数据包,而不是像集线器一样以广播方式对所有结点发送数据包,其中最关键的技术就是交换机可以识别连在网络上的结点的网卡 MAC 地址,并把它们放到一个 MAC 地址表中。

2. 交换机的工作原理

以太网交换机的工作原理和网桥的工作原理基本一致,它检测从以太网端口来的数据包的源和目的地的 MAC 地址,然后与系统内部的动态查找表进行比较,若数据包的 MAC 层地址不在查找表中,则将该地址加入查找表,并将数据包发送给相应的端口,在这一点上交换机与网桥的工作方式基本一致,如图 5.7 所示。

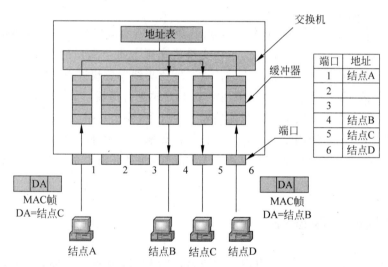

图 5.7 交换机的工作原理

5.3.4 交换机、网桥和集线器的区别

1. 交换机和网桥的区别

(1) 交换机工作时,实际上是许多组端口间的通道同时工作。所以,交换机的功能体现出的不仅仅是一个网桥的功能,而是多个网桥功能的集合。网桥一般分有两个端口,而交换机具有高密度的端口。

(2) 分段能力的区别。由于交换机能够支持多个端口,因此可以把网络系统划分成更多的物理网段,这样使得整个网络系统具有更高的带宽。而网桥仅仅支持两个端口,所以网桥划分的物理网段是相当有限的。

(3) 传输速率的区别。交换机与网桥数据信息的传输速率相比,交换机要快于网桥。

(4) 数据转发方式的区别。在发送数据前,网桥通常要接收到完整的数据帧并执行帧检验序列 FCS 后才开始转发该数据帧。而交换机根据不同的交换方式,如存储转发、直通等不同的帧转发方式,可做帧校验,也可以不做帧校验。

(5) 学习 MAC 地址上的不同。网桥是一种被动学习,也就是网络中的结点如果不通信,网桥就学习不到 MAC 地址,而交换机的学习更加主动一些,当交换机刚刚启动时,它内部的 MAC 地址表是空的,交换机会向所有的端口发送广播帧,而所有存活结点收到广播帧后进行回应,交换机这时就可以从回应帧中学习到 MAC 地址,并建立起 MAC 地址与交换机端口的对应关系。

2. 交换机和集线器的区别

(1) 在 OSI 参考模型中它们工作的层次不同。集线器是同时工作在第 1 层(物理层)和第 2 层(数据链路层),而交换机至少工作在第 2 层,更高级的交换机可以工作在第 3 层(网络层)和第 4 层(传输层)。

(2) 数据传输方式的不同。集线器的数据传输方式是广播方式,而交换机的数据传输是有目的的,数据只对目的结点发送,只是在自己的 MAC 地址表中找不到的情况下第一次采用广播的方式发送,然后因交换机具有 MAC 地址学习功能,第二次以后就不再是广播发送了,而是有目的地发送。

(3) 带宽占用方式不同。在带宽占用方面,集线器所有端口是共享集线器的总带宽,而交换机的每个端口都具有自己的带宽,这样交换机实际上每个端口的带宽比集线器端口的可用带宽要高许多,也就决定了交换机的传输速度比集线器要快许多。

(4) 传输模式不同。集线器只能采用半双工方式进行传输,因为集线器是共享传输介质的,这样在上行通道上集线器一次只能传输一个任务,要么是接收数据,要么是发送数据。而交换机规则不同,它是采用全双工方式进行数据传输,因此在同一个时刻可以同时进行数据的接收和发送,这不但令数据的传输速度大大加快,而且在整个系统的吞吐量方面交换机要比集线器快许多倍。

5.4   网络层的互联设备

网络层的互联设备通常具有物理层、数据链路层互联设备的功能,在网络中,它们除了完成网络的扩展与增加结点以及局域网之间的物理连接外,主要用于网络的分段、隔离广播信息、增加广播域的数量、减少广播域的范围。本节将重点介绍网络层互联设备中的路由器。

5.4.1   网络层的互联设备概述

网络层的互联设备主要有第三层交换机和路由器,它们都工作在 OSI 模型的网络层。在 TCP/IP 网络中,它们的主要任务是负责不同 IP 子网之间的数据包的转发。

1. 理论作用

在网络中,网络层的互联设备负责接收和转发数据分组,它们通常包含了物理层和数据链路层互联设备的功能,但是它比数据链路层互联设备具有更高的智能。它们不但能读懂第3层"数据帧"头部的 IP 地址信息,还能根据手动或自动建立起的"路由表"选择最佳路径,并进行数据分组的路由。这层互联设备丢弃收到的广播信息,因此可以将广播信息隔离在端口连接的网段内部。

2. 实际作用

在网络中,路由器和第三层交换机都是一个软件和硬件综合系统;但前者的路径选择偏软,后者的路径选择偏硬。路由器主要负责 IP 数据包的路由选择和转发。因此,在实际中,路由器更多地应用在 WAN-WAN、LAN-WAN、LAN-WAN-LAN 等网络之间的互联,而交换机通常用做局域网内部的核心或骨干交换机,用来互联局域网内部的不同子网。第三层交换机在很多方面与第二层交换机相同,但是从本质上来讲,它们是带有路由功能的交换机,主要作用在局域网内部。总之,网络层的互联设备在实际中的作用如下。

(1)网络互联:支持各种广域网和局域网的接口,主要用于 LAN 与 WAN 的互联。

(2)网络管理:支持配置管理、性能管理、流量控制和容错处理等功能。

(3)其他作用:在实际中,这层互联设备能够提高子网的传输性能、安全性、可管理性及保密性能。

3. 冲突域和广播域

网络层的互联设备主要用于互联、使用不同网络编号的 IP 子网。第三层互联设备在局域网中会与下面的第二层互联设备连接,如交换机和网桥,因此互联的网络结点一般处于多冲突域。另外,第三层互联设备丢弃所有的广播信息,因此互联的网络分别处于不同的广播域。

例如,当一个 8 口路由器上连接 5 个子网时,其广播域为 5,冲突域的多少还要根据具体连接的子网的网络设备的类型来确定。

5.4.2 路由器的基本概念及其功能

1. 路由器的基本概念

路由器(Router)工作在 OSI 参考模型的网络层上,它是一种在网络中负责寻径和数据转发的设备。路由器是一个软件和硬件的综合系统。

1)路由器的定义

路由器是指用来连接两个以上复杂网络的、具有路由选择及协议转换功能的、可以进行有条件异种网络互联的、工作在 OSI 参考模型第三层的网络互联设备,其外形如图5.8所示。

图 5.8 路由器

2)路由的定义

简单来说,路由就是选择一条数据包传输路径的过程。在广域网中,从一点到另一点通常有多条路径,每条路径的长度、负荷和花费都是不同的,因此选择一条最佳路径无疑是远程网络中路由器最重要的功能之一。

3) 路由表

路由器通常用来连接两个及两个以上、不同网络号的子网,它的路由表中保存着所连接子网的状态信息。例如,网络上路由器的个数;相邻路由器的名字、网络地址以及与相邻路由器的距离清单等内容。路由器工作时,正是利用路由表进行路径选择,并确定数据包从当前位置到目的地址的最佳路径。路由器可以使用最少时间算法或最优路径算法来确定或调整信息传递的路径,当某一条网络路径发生故障或堵塞时,路由器还可以选择另一条路径,以确保信息的正常传输。常见的路由表有以下两类。

(1) 静态(Static)路由表:是指由系统管理员事先设置好的、固定不变的路径表。一般静态路由表是在系统安装时,根据网络的配置情况,由网络管理员预先设定的,它不会随未来网络结构的改变而改变。使用静态路由表的路由器称为静态路由器。

(2) 动态(Dynamic)路由表:是动态路由器使用的路由表。它是一种可以根据网络系统的运行情况,而自动调整的路径表。动态路由器根据路由选择协议提供的功能,自动学习和记忆网络运行情况,在需要时自动计算出数据传输的最佳路径。

2. 路由器的工作原理

由于路由器比网桥和交换机工作于 OSI 参考模型的更高一层,因此它除了具有它们的全部功能外,还可以根据当时网络上信息的拥挤程度,自动地选择传输效率比较高的路径。其工作原理就是收到数据包后,能够对其进行分析和判断,并利于复杂的路由算法在所互联的网络之间为源结点和目的结点的数据通信选择合适的路由,最终决定了从哪条路径或网络接口转发该数据包。此外,在多个异地局域网与局域网之间进行通信时,如果某条通信通道不能工作时,路由器还可以自行选择其他可用通道传递信息。

3. 路由器的基本功能

(1) 静态/动态路由选择功能:根据路由器的路由选择表的调整方式,可以实现路由选择表的搜索维护或自动维护功能。

(2) 转发数据分组:通过路由表和路由算法,路由器将数据分组正确转发到路由表中的下一站。

(3) 数据处理:路由器提供包括分组过滤、转发和防火墙功能。

(4) 隔离通信:路由器可以用来隔离各个子网的流量,避免广播通信扩散到整个网络中。

(5) 网络管理:路由器可以提供配置管理、性能管理、容错技术和流量控制等多种网管功能。

(6) 路径选择:路由器可实现多个远程局域网间的互联。在路由器互联的多个远程网络中,路由器可以进行路径选择。

4. 路由器在实际网络连接中的作用

1) 延伸距离

目前,由于局域网的距离很少超过 20km,因此在局域网的建设中,常使用 5 类双绞线或光纤作为传输介质。其中双绞线的最大传输距离为 100m,光纤的传输距离则比较远。但是,如果一个公司需要连接两个相距遥远的局域网,例如,一个在南京,而另一个在广州,那么公司通常不会采取自己铺设专用线路(双绞线或光纤)的方法,因为这将需要一笔巨额的投资。通常采用的方法是租用电信局的线路来实现不同地域局域网的相互连接,这样投资和运行的费用都不太高。

2）将局域网连接到 Internet

由于电信局的线路是利用广域网技术来进行传输的,因此运行在局域网技术的数据若想通过电信局的线路进行传输,就必须进行相应的数据格式转换,这时就需要使用路由器来转换局域网和广域网之间的数据格式。同理,当某个公司租用电信局的专线(ISDN、DDN、ADSL)接入 Internet 时,也需要配备路由器进行相应数据格式的转换。对于普通用户而言,只知道路由器是转换广域网和局域网数据格式的专用设备即可。但对于网络组建和维护的专业人员来讲,就需要进一步了解路由器的路由选择功能。

3）远程局域网间的互联

所谓路由器的路由选择功能,是指它可以在互联的多个网络中,从众多可能的多条路径中寻找一条最佳网络路径提供给用户通信。这个最佳路径可能是当前通信量最少的一条。换句话来讲,在网络的远程连接中,通常有多个不同的线路都可以到达同一个目的地,路由器可以人工或智能地选择其中的一条最佳路径,并从该线路转发和传递数据。路由器互联远程局域网示意图如图 5.9 所示。

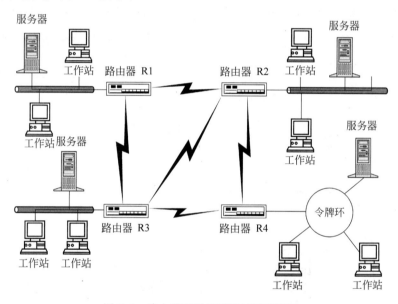

图 5.9　路由器互联远程局域网示意图

总之,路由器在网络连接中基本作用就是数据格式的转换、路由选择和数据转发,其主要任务是将通信以最佳的方式引导到目的地网络。因特网常常有多个通道,路由器能够确保各个通道得到最有效的作用。

5.5　网关

高层的互联设备通常被认为是网关(Gateway),它的主要作用是对使用不同传输协议的网络段中的数据进行相互翻译和转换。例如,一个校园网的内部局域网就常常需要通过邮件网关发送电子邮件到 Internet。

网关就是将两个或多个在高层使用不同协议的网络段连接在一起的软硬件。网关工作在 OSI 参考模型的高三层,即会话层、表示层和应用层。网关是比路由器和网桥都要复杂的网间互联设备。由于网关具有协议的翻译和转换功能,因此又被称为网间协议转换器。

1. 网关的定义

网关通常是指用来连接使用不同协议网络的软件,而不是指它的物理设备。软件网关一般是指安装了网关软件的计算机、服务器等。例如,使用了代理服务器软件的服务器就是一种网关,使用了防火墙软件的计算机也是一种网关。另外,复杂的硬件高端网关可能是硬件和软件集成在一起的复杂设备。

2. 理论作用

网关是一种复杂的网络连接设备,它可以支持不同协议之间的转换,实现使用不同协议网络之间的互联。网关具有对不兼容的高层协议进行转换的能力,为了实现异构设备之间的通信,网关需要对不同的会话层、表示层和应用层协议进行翻译和转换。

3. 网关的应用

(1) 实际作用:由于网关具有能够连接多个高层协议完全不同的局域网的作用,因此网关也可以用来连接局域网和广域网。例如,在局域网与大型机互联、LAN-WAN 互联以及 LAN-Internet 互联时,都可以选择网关作为网络互联设备。其连接示意图如图 5.10 所示。

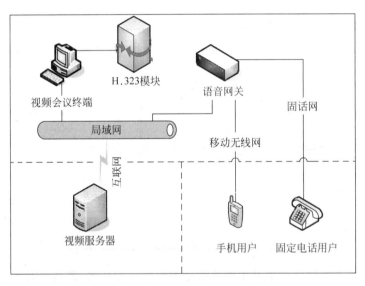

图 5.10   网关连接示意图

(2) 互联条件:用中继器、网桥、交换机或者路由器连接网络时,对连接双方的高层协议都有所规定,即相同时才能连接。而网关则容许使用不同的高层协议,通过它能够为互联的网络双方高层提供协议的转换功能。在两个网络通过网关进行高层互联时,大多使用工作在应用层的网关,这种网关称为应用网关。应用网关实现两个网络的互联时,允许互联网的应用层及以下各层的协议不同或相同。

4. 网关的应用类型

网关一般是一种软硬件结合的产品。目前,网关已成为网络上每个用户都能访问大型主机的通用和首选工具,为了方便用户组建自己的 Intranet,用户应当熟悉市场上常用应用网关的类型。常用的应用网关有以下几种。

(1) 邮件网关:可以向网络用户提供邮件服务,如 IcomMail 就是一种反垃圾邮件的网关。

(2) 支付网关:提供各种银行卡的支付服务。

(3) CGI 通用网关接口:位于 Web 服务器和外部应用程序之间,实现相互的转换服务。

(4) VoIP 语音网关:是英文 Voice over IP 的简写,通过它可以利用企业现有的网络实现通过 Internet 拨打国际国内长途电话和实时传真的业务。

(5) 安全网关:用于保护局域网的一种网关设备,它配置于路由器内侧,可以与路由器配合使用,以便提供安全地接入广域网的功能。

(6) 综合网关:例如,阿姆瑞斯特综合网关(Extended Unified Threat Management)是将防火墙、VPN、入侵检测、防病毒、内容过滤和应用控制等功能结合于一体,提供从物理层到应用层 7 层安全防护的产品。它的内部集成了专用的 ASIC 加速芯片,突破了传统安全设备在进行内容处理方面与性能的矛盾,保证了网络的安全性、高效性。

(7) 其他流行网关:WAP(无线通信协议)网关、计费网关、媒体网关、网络层/应用层防火墙和短信网关等。网络用户可以根据自身的需要选择和设置各种网关。

总之,当所连接的网络类型、使用的协议差别很大时,可以使用网关进行协议转换。因此在两种完全不同的网络环境之间进行通信时,最适合用网关。但是,由于网关提供一个协议到另一个协议的转换功能,它的效率比较低,因此网关的管理比网桥、路由器更为复杂。一般的网关用于提供某种特殊用途的连接,而不是在不同网络之间一般性的通信连接。

习题 5

一、选择题

1. 传统交换机工作在 OSI 参考模型的(　　)。

　　A. 物理层　　　　　　B. 数据链路层　　　　C. 网络层　　　　　　D. 传输层

2. 在下面设备中,(　　)不是工作在数据链路层。

　　A. 网桥　　　　　　　B. 集线器　　　　　　C. 网卡　　　　　　　D. 交换机

3. 在计算机网络中,能将异种网络互联起来,实现不同网络协议相互转换的网络互联设备是(　　)。

　　A. 集线器　　　　　　B. 路由器　　　　　　C. 网关　　　　　　　D. 网桥

4. 当需要将一个局域网接入 Internet 时,选用(　　)。

　　A. 中继器或集线器　B. 网桥　　　　　　　C. 路由器　　　　　　D. 网关

5. (　　)是可以在两个或两个以上的局域网之间选择最佳路由的网络连接设备。

　　A. 中继器或集线器　B. 网桥　　　　　　　C. 路由器　　　　　　D. 网关

二、填空题

1. 在中继器系统中,中继器处于_____层。

2. 网络互联的形式有局域网-局域网、局域网-广域网、_____和_____。

3. 高层互联是指_____层及其上各层协议不同的网络之间的互联。

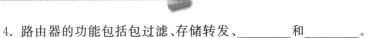

4．路由器的功能包括包过滤、存储转发、_____和_____。

5．网桥的功能就是在互联局域网之间存储、转发帧和实现_____转换。

三、简答题

1．什么是网络互联？网络互联有哪几种形式？

2．网络互联的常用设备有哪几种？分别工作在 OSI 参考模型的哪一层？

3．什么是中继器？简述中继器的功能和主要特点。

4．什么是网关？网关的主要功能有哪些？

5．交换机和集线器的主要区别有哪些？

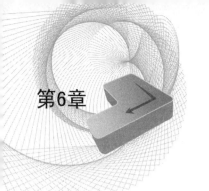

第6章

网络操作系统

本章将介绍网络操作系统的分类和功能,以及典型的网络操作系统。通过本章内容的学习,要求读者可以掌握网络操作系统的功能,常用网络操作系统的特点以及各自的应用场合。

本章学习目标：

- 掌握网络操作系统的功能。
- 了解 UNIX 和 Linux 操作系统的特点。
- 了解 NetWare 操作系统的特点和功能。
- 了解 Windows NT 操作系统的基本概念和特点。
- 了解各种网络操作系统的应用场合以及网络操作系统的选择问题。

6.1 网络操作系统概述

随着网络技术的应用,网络操作系统成为操作系统领域中被普遍关注的焦点。网络操作系统(Network Operating System,NOS)就是利用局域网底层提供的数据传输功能,为高层网络用户提供资源共享等网络服务的系统软件。换句话说,网络操作系统就是管理网络资源,为网络用户提供服务的操作系统。例如,Linux、Windows NT 和 Windows 2000 等都是网络操作系统。网络操作系统是网络用户与计算机网络之间的接口。它既具有单机操作系统的功能,也具有对整个网络资源进行协调管理、实现计算机之间高效可靠通信、提供各种网络服务和为网络上的用户提供便利操作与管理平台等功能。另外,网络操作系统还必须兼顾网络协议,为协议的实现创造条件和提供支持,是网络各层协议得以实现的"宿主"。它还着重优化与网络有关的特性,如数据共享、打印机共享等。当然,有关网络的安全保密和容错能力也是网络操作系统需要考虑的。所以网络操作系统在计算机网络系统中占有极其重要的地位,它使计算机变成了一个控制中心,管理客户端计算机在使用网络资源时发出的请求。

6.1.1 网络操作系统的分类

1. 集中模式

集中模式的网络操作系统是由分时操作系统加上网络功能演变的。系统的基本单元是由一台主机和若干台与主机相连的终端构成的,信息的处理和控制是集中的。UNIX 就是这类系统的典型代表。

2. 客户机/服务器模式

这种模式是最流行的网络工作模式。服务器是网络的控制中心,并向客户提供服务。客户机是用于本地处理和访问服务器的站点。

3. 对等模式

采用这种模式的站点都是对等的,既可以作为客户访问其他站点,又可以作为服务器向其他站点提供服务。这种模式具有分布处理和分布控制的功能。

6.1.2 网络操作系统的功能

众所周知,不同的网络操作系统具有不同的特点,但它们提供的网络服务功能却有相同点。网络操作系统一般都具有以下功能。

1. 较强的系统服务

随着网络技术的飞速发展,仅有早期网络操作系统的文件服务和打印服务已经远远不能满足网络多元化的需求,还应该提供数据库服务、通信服务等。文件服务器以集中方式管理共享文件,网络工作站可以根据所规定的权限对文件进行读写以及其他操作,而且为网络用户的文件安全与保密提供了必需的控制方法。文件服务现在仍然是最重要与最基本的网络服务功能。打印服务可以通过设置专门的打印服务器完成,或者由工作站或文件服务器来实现,网络用户可以远程共享网络打印机,实现各种打印请求。网络数据库服务也变得越来越重要:选择适当的网络数据库软件,依照客户机/服务器(Client/Server)工作模式,开发出客户端与服务器端数据库应用程序,这样客户端就可以用结构化查询语言(SQL)向数据库服务器发送查询请求,服务器进行查询后将查询结果传送到客户端。

2. 丰富的应用程序

评估一个网络操作系统时,应该考虑有多少具有附加价值的软件可以使用。通常这些应用软件包括数据库、电子邮件系统、系统备份软件等。现在还有一项很重要的就是与Internet/Intranet相关的软件或系统服务,如Web Server、FTP Server等。

3. 网络管理服务

网络是一个开放式环境,在此环境下网络管理尤为重要,尤其是信息的安全保密问题。网络操作系统必须提供功能强大,又有良好用户界面的安全保密系统。另外,网络操作系统还必须提供系统的容错能力,这对于一般单机用户来说不那么重要,但对于网络操作系统绝对是必要的。网络上的服务器故障直接影响网上的所有工作站,因此网络操作系统应提供一定程度的容错能力,当有不正常情况发生时,可以自行解决,以保持稳定的工作状态。此外,还应提供网络性能分析、状态监控等管理功能。

4. 对用户端的支持

网络服务器的对象是网络上各式各样的用户,他们可能有各种操作系统或环境。所以一个好的网络操作系统,必须要尽可能支持各种各样的用户环境。如Windows 95/98、OS/2、Windows NT、Windows 2000等。

5. 分布式服务

网络操作系统为支持分布式服务功能,提出了一种新的网络资源管理机制,即分布式目录服务。分布式目录服务将分布在网络中不同地理位置的资源组织在一个全局性的、可复制的分布数据库中,网络中的多个服务器都有该数据库的副本。用户在一个工作站上注册,便可与多个服务器连接。对于用户来说,网络系统中分布在不同位置的资源都是透明的,这样就可以用简单方法去访问一个大型互联局域网系统。

6. 网络安全性和访问控制

网络操作系统提供完备的安全和访问控制措施,以控制用户对网络资源的访问。用户能够根据网络操作系统所提供的安全性措施来建立自己的安全性体系,对用户数据和其他资源实施保护。

7. 支持 Internet 和 Intranet

随着 Internet 的普及和 Intranet 的应用,网络操作系统开发商为保持其行业竞争地位,纷纷在其网络操作系统中增加 Internet 和 Intranet 服务功能,如支持 TCP/IP 协议、支持域名服务和 WWW 服务等。

6.1.3 网络操作系统的构成

目前,大多数局域网上配置的网络操作系统的工作模式是客户机/服务器模式,把网络操作系统的核心配置在网络服务器上,但在每个工作站也必须配置工作站网络软件。这样,网络操作系统就由以下四部分组成。

1. 工作站网络软件

要想实现客户和服务器的交互,使工作站上的用户能访问文件服务器上的文件系统和共享资源,就需要在工作站上配置网络软件。为此,在工作站上配置了重定向程序(Redirector)和网络基本输入输出系统(NetBIOS)。

1) 重定向程序(Redirector)

在早期,为使用户能以相同的方式访问本地 DOS 系统和文件服务器,在工作站上配置了 DOS/网络请求解释程序。其基本任务是对工作站所发出的请求进行正确的导向。DOS/网络请求解释程序在接收工作站发来的请求后,先判别该请求是本地请求还是服务器请求。若是前者,便直接将该请求转给本地操作系统,并按常规方式进行处理;否则,则应把本次请求中所提供的命令及参数按照某种客户机/服务器协议形成一个请求包,按照传输协议,通过网络适配器将该包送往文件服务器。虽然每个局域网上所配置的 DOS/网络请求解释程序的功能都大体相同,但具体实现却各不相同。后来,1984 年 IBM 公司在推出 IBM PC Network 宽带网的同时宣布了 IBM PC 范畴的重定向程序(Redirector),旨在使 Redirector 成为 IBM PC LAN 上的 DOS/网络请求解释程序的标准,它包括对工作站的请求进行导向和形成请求包。Redirector 很快便被各大计算机公司所接受,此后所推出的 LAN 中大都采用了它,这样,Redirector 便成了一个事实上的工业标准。

2) 网络基本输入输出系统(NetBIOS)

在客户机/服务器模式中,为使客户能与服务器进行交互,就必须在工作站的网络应用软件和 LAN 硬件之间配置传输协议软件,用于将工作站形成的对服务器的请求包传送给服务器,以及将服务器的响应包返回给工作站。在早期,不同的 LAN 都是各自配置传输协议软件的,它们各不相同。在 1984 年的 IBM 公司宣布 Redirector 的同时,又宣布了 NetBIOS,旨在使 NetBIOS 成为 IBM PC LAN 上的标准传输协议软件。

NetBIOS 是网络应用程序与 LAN 硬件之间的界面程序,它可使网络应用程序以显示

命令方式访问 LAN 设施,以实现工作站与服务器之间的通信。可见,在本质上,NetBIOS 也是一种传输协议软件,为使它能应用于各种 LAN 环境,由它所提供的、供应用程序使用的一组命令应与硬件无关。例如,用于原始 IBM PC Network 网络中的一组 NetBIOS 命令,也可用于以太网、ARC Net 及令牌环上,这些命令在很大程度上也与软件无关。由于 NetBIOS 具有与硬件、软件无关的特性,因此它具有较好的可移植性。

2. 网络环境软件

在服务器上配置网络环境软件包括多任务软件、传输协议软件以及多用户文件系统。多任务软件可以使多任务高度并发执行,为它们提供良好的环境。传输协议软件可以对工作站与服务器之间的报文传送进行管理,目前,不同局域网所采用的传输协议软件并不相同,用得最多的是 TCP/IP 协议软件。多用户文件系统采用增加高速缓冲区、电梯调度算法等各种方法来提高访问文件的速度和保证文件的安全性。

3. 网站服务软件

一个局域网是否受用户欢迎,在很大程度上取决于网络操作系统所提供的网络服务。随着网络操作系统的日益完善,它所提供的网络服务也更加丰富。例如,名字服务,当某一用户要访问某一对象(如文件)时,只需给出该对象的名字而不需知道它的物理位置。这一点对于大型局域网非常重要。现在大多数网络操作系统都提供了名字服务。另外,还有多用户文件服务、打印服务及电子邮件服务等。其中多用户文件服务允许多个用户共享文件和目录,而且为了保证数据安全性,还采取了有效的"存取控制"方式。

4. 网络管理软件

网络管理软件主要包括安全性管理、容错技术、备份和性能检测。

安全性管理通过对不同用户赋予不同的访问权限以及规定文件与目录的存取权限这一方式,来实现对数据的保护。它是网络操作系统必须提供的基本管理功能。现在,局域网一般设置四级访问控制来进行安全性管理:①系统级控制,用于控制用户的入网;②用户级控制,对不同的用户赋予不同的访问权限;③目录级控制,为各目录规定访问权限;④文件级控制,通过对文件属性的设置来控制对文件的访问。

容错技术的引入是为了保证数据不要因为系统故障而丢失或出错,网络操作系统将容错功能分成第一级容错、第二级容错和第三级容错。

备份一般通过硬盘、U 盘、软盘等来实现,一般有脱机备份与联机备份两种备份方式。

性能检测可以及时了解网络的运行情况,并发现故障,这有助于网络管理员及时采取措施来排除故障和提高网络的运行效率。性能检测的范围包括服务器性能、硬盘性能、网络中的分组流量以及网络接口卡的操作等。

6.2 典型的网络操作系统

6.2.1 UNIX

1. UNIX 的概述

1970 年,在美国电报电话公司(AT&T)的贝尔(Bell)实验室里研制出了一种新的计算机操作系统,这就是 UNIX。UNIX 是一种分时操作系统,主要用在大型机、超级小型机、精简指令集计算机和高档微机上。它在整个 20 世纪 70 年代得到了广泛的普及和发展。在 20 世纪 80 年代,由于世界上各大公司纷纷开发并形成自己的 UNIX 版本,加之受到了 NetWare 的极大冲击,UNIX 曾一度衰败。20 世纪 90 年代,开发和使用 UNIX 的各大公司 再次加强了合作,并加强了 UNIX 系统网络功能的深入研究,不断推出了功能更强大的新 版本,并以此拓展全球网络市场。20 世纪 90 年代中期,UNIX 作为一种成熟、可靠、功能强 大的操作系统平台,特别是对 TCP/IP 的支持以及大量的应用系统,使得它继续拥有相当规 模的市场。

UNIX 系统的再次成功取决于它将 TCP/IP 协议运行于 UNIX 操作系统上,使之成为 UNIX 操作系统的核心,从而构成了 UNIX 网络操作系统。UNIX 操作系统在各种计算机 上都得到了广泛的应用,它已成为最流行的网络操作系统之一和事实上标准的网络操作系 统。UNIX 系统服务器可以与 Windows 及 DOS 工作站通过 TCP/IP 协议连接成网络。

2. UNIX 的特点

UNIX 操作系统是一种非常流行的多任务、多用户操作系统,应用非常广泛。UNIX 的 主要特点如下。

(1) 多任务(Multi-tasking)。UNIX 是一个多任务操作系统,在它内部允许有多个任务 同时运行。而 DOS 操作系统是单任务的操作系统,不能同时运行多个任务。早期的 UNIX 操作系统的多任务是靠分时(Time Sharing)机构实现的,现在有些 UNIX 除了具有分时机 制外,还加入了实时(Real-time)多任务能力,用于实时控制、数据采集等实时性要求较高的 场合。

(2) 多用户(Multi-users)。UNIX 是一个多用户操作系统,它允许多个用户同时使用。 在 UNIX 中,每位用户运行自己的或公用的程序,好像拥有一台单独的机器。DOS 操作系 统是单用户的操作系统,只允许一个用户使用。

(3) 并行处理能力。UNIX 支持多处理器系统,允许多个处理器协调并行运行。

(4) 管道。UNIX 允许一个程序的输出作为另外一个程序输入,多个程序串起来好像 一条管道。通过各个简单任务的组合,就可以完成更大、更复杂的任务,并极大提高了操作 的方便性。后来 DOS 操作系统也借鉴并提供了这种机制。

(5) 功能强大的 Shell。UNIX 的命令解释器由 Shell 实现。UNIX 提供了 3 种功能强 大的 Shell,每种 Shell 本身就是一种解释型高级语言,通过用户编程就可以创造无数命令, 使用方便。

(6) 安全保护机制。UNIX 提供了非常强大的安全保护机制,防止系统及其数据未经 许可而被非法访问。

(7) 稳定性好。在目前使用的操作系统中,UNIX 是比较稳定的。UNIX 具有非常强 大的错误处理能力,能保护系统的正常运行。

(8) 用户界面。传统的 UNIX 用户界面采用命令行方式,命令较难记忆,很难普及到非 计算机专业人员。这也是长期以来 UNIX 遭受指责的主要原因,但现在大多数的 UNIX 都 加入了图形界面,可操作性大大增强。

(9) 强大的网络支持。UNIX 具有很强的联网功能,目前流行的 TCP/IP 协议就是 UNIX 的默认网络协议,正是因为 UNIX 和 TCP/IP 的完美结合,促进了 UNIX、TCP/IP 以 及 Internet 的推广和普及。目前 UNIX 一直是 Internet 上各种服务器的首选操作系统。

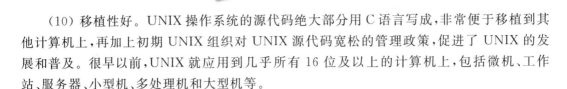

（10）移植性好。UNIX 操作系统的源代码绝大部分用 C 语言写成，非常便于移植到其他计算机上，再加上初期 UNIX 组织对 UNIX 源代码宽松的管理政策，促进了 UNIX 的发展和普及。很早以前，UNIX 就应用到几乎所有 16 位及以上的计算机上，包括微机、工作站、服务器、小型机、多处理机和大型机等。

6.2.2　NetWare

1. NetWare 简介

NetWare 是 Novell 公司推出的网络操作系统。NetWare 最重要的特征是基于基本模块设计思想的开放式系统结构。NetWare 是一个开放的网络服务器平台，用户可以方便地对其进行扩充。NetWare 系统对不同的工作平台（如 DOS、OS/2、Macintosh 等）、不同的网络协议环境（如 TCP/IP 以及各种工作站操作系统）提供了一致的服务。该系统内可以增加自选的扩充服务（如替补备份、数据库、电子邮件以及记账等），这些服务可以取自 NetWare 本身，也可取自第三方开发者。

目前常用的 NetWare 版本有 3.11、3.12 和 4.10、4.11、5.0 等中英文版本，而主流的是 NetWare 5 版本，支持所有的重要台式操作系统（DOS、Windows、OS/2、UNIX 和 Macintosh）以及 IBM SAA 环境，为需要在多厂商产品环境下进行复杂的网络计算的企事业单位提供了高性能的综合平台。NetWare 是具有多任务、多用户的网络操作系统，它的较高版本提供系统容错能力（SFT）。NetWare 使用开放协议技术（OPT），各种协议的结合使不同类型的工作站可与公共服务器通信。这种技术满足了广大用户在不同种类网络间实现互相通信的需要，实现了各种不同网络的无缝通信，即把各种网络协议紧密地连接起来，可以方便地与各种小型机、中大型机连接通信。NetWare 可以不用专用服务器，任何一台 PC 均可作为服务器。NetWare 服务器对无盘工作站和游戏的支持较好，常用于教学网和游戏厅。

2. NetWare 的特点

NetWare 是目前局域网市场上居于主导地位的网络操作系统，它的推出时间比较早，运行稳定。在一个 NetWare 网络中允许有多个服务器，用一般的 PC 即可作为服务器。NetWare 可同时支持多种拓扑结构，具有较强的容错能力。

NetWare 的特点主要表现在以下几个方面。

（1）强大的文件及打印服务能力。NetWare 以其强大的文件及打印服务能力而久负盛名。NetWare 能够通过文件及目录高速缓存，将那些读取频率较高的数据预先读入内存，进而实现高速文件处理，在 NetWare 中，还可以将打印服务器软件装入像文件服务器这样的硬件当中，以方便地实现打印机资源共享。

（2）良好的兼容性及系统容错能力。较高版本的 NetWare（如 NetWare4.x、NetWare5.x）不仅能与不同类型的计算机兼容，而且还能与不同类型的操作系统兼容。另外，它所具备的 SFT（系统差错容限）和 TTS（事务跟踪系统）技术能够在系统出错时及时进行自我修复，大大降低了因重要文件和数据的丢失所带来的不必要的损失。

（3）比较完备的安全措施。NetWare 对入网用户进行注册登记。并采用四级安全控制原则以管理不同级别的用户对网络资源的使用。在 NetWare4.x/5.x 中，还采用了名为 NDS（Net Directory Service，网络目录服务）的技术，使用户无须了解打印机或文件位于哪个服务器中,就能使用该打印机或文件。

不足之处:NetWare 存在工作站资源无法直接共享、安装及管理维护比对等网复杂,多用户需要同时获取文件及数据时会导致网络效率降低,以及服务器的运算能力没有得到发挥等缺点。

3. NetWare 的组成

NetWare 系统实现了网络层以上(包括网络层)的高层协议功能。具体来说,NetWare 系统是由一系列系统程序(文件)组成的集合。其软件包括网络系统操作、网络服务软件、网络通信软件及工作站重定向软件等。其中,网络服务软件是运行在网络文件服务器上的系统服务程序,提供网络服务的基本功能;而网络通信软件提供服务器与工作站之间的系统联系,建立网络各结点与服务器之间的通信。

NetWare 是以文件服务为中心的,包括文件服务内核工作站内核和底层通信协议。文件服务内核实现了 NetWare 核心协议 NCP。NetWare 内核实现了内核进程管理、安全保密管理、文件系统管理、服务器与工作站的连接管理、网络监控和硬盘管理功能。

6.2.3 Windows NT/2000

1. Windows NT 的发展与功能

Windows NT 是 Microsoft 公司在 LAN Manager 网络操作系统基础上于 1993 年推出的具有高性能的网络操作系统(Windows NT 3.1);1994 年 9 月经过改进的 Windows NT 3.5 面世,这是 NT 网络技术较成熟的版本;1996 年,与 Windows 95 有相同用户界面的 Windows NT 4.0 推出。凭借强劲的网络性能和 Microsoft 强大的市场营销能力,使 Windows NT 的发展势头更加迅猛,成为有史以来市场占有率增长最快的网络操作系统。

Windows NT 是一种 32 位多用户、多任务的网络操作系统,也是一种面向分布式图形应用程序的完整的平台系统。Windows NT 既可作为局域网的服务器系统,为局域网上的客户机提供多种服务,又可作为局域网上的客户系统,访问网上任何服务器。Windows NT 为网络管理提供了完善的解决方案、具备担负大型项目需求的能力、提供了健全的安全保护能力和具有独特的支持多平台的优势等。

Windows NT 作为功能强大的网络操作系统,既适合于大型业务机构的实时、分时数据处理,又能为工作组、商业和企业的不同机构提供一种优化的文件和打印服务的网络环境;其客户机/服务器平台还可以集成各种新技术,通过该平台为信息存取提供优越的环境。

2. Windows NT 的基本概念

为了更好地理解和使用 Windows NT 系统,先了解 Windows NT 涉及的一些基本概念。

1) 域(Domain)

域是一个共享公共目录数据库的计算机及用户的集合。域也是 Windows NT 目录服务的管理单元,一个域必须有一台运行 Windows NT Server 并被配置为主域控制器的计算机。为了安全起见,还可以设置一台备份域控制器,平时它可分担主控制器的负荷,一旦主域控制器出现故障,备份域控制器自动"升格"为主域控制器,从而可保证整个域仍能正常工作。

2）工作组（Workgroup）

工作组是一组由网络连接在一起的计算机群，但它们的资源与管理是分散在网络的各台计算机上的，与域的集中式管理不同。每台运行 Windows NT 的计算机都有自己的目录数据库。工作组中的每台计算机既可以是工作站，也可以是服务器。同时它们也分别管理自己的账号，只要经过适当的权限设置，每台计算机就可访问其他计算机的资源，也可以提供资源给其他计算机使用。

3）用户账号和权限

每个要登录 Windows NT 的用户都要有一个用户账号，该账号是由系统管理员授予的。用户账号中包括用户的名称、密码、用户权力、访问权限等数据。在域系统中，用户存取数据和使用共享资源必须依据所拥有的权限，这样系统的安全性才能得到保证。

4）目录数据库

目录数据库是整个网络系统中不可缺少的重要组成部分，用来存放域中所有的安全数据和用户账号信息。用户登录时，用它来核对、检验用户输入的数据是否符合其相应的身份和使用权限。该数据库被存放在主域控制器，在备份域控制器中也有它的备份。

5）组（Group）

在域系统中，每个用户都要拥有自己的用户账号。在增加新账号后还要为其设置权力和访问权限，然后该用户才能入网并访问有关资源。在用户众多的网络中，增加"组"的编制，利用组的方式，将具有相同性质的用户划归到一个组下，将对这些用户的操作变为只对这一个组的操作即可，这样可大大简化用户权限的分配和管理等工作。

6）委托关系（Trust Relationships）

委托关系也称为信任关系，是用来建立域与域之间的连接关系的。它可以执行对经过委托的域内用户的登录审核工作。域之间经过委托后，用户只要在某一个域内有一个用户账号，就可以访问 Windows NT 网络中其他经过委托的域内资源了。委托关系分为单向和双向两种。若 A 域信任委托 B 域，则 B 域的用户可以访问 A 域的资源，而 A 域的用户则不能访问 B 域的资源，这就是单向委托；若 A 域的用户也想访问 B 域的资源，那么必须再建立 B 域信任 A 域的委托关系，这就是双向委托。

3．Windows NT 的特点

Windows NT 保留了 Windows 操作系统的功能和特色，能在桌面及各种窗口方式下对系统进行操作和管理，它将网络与单机管理方式相互兼容，使得用户结点能在网络方式下工作，又能在单机状态下工作。

（1）Windows NT 将网络与通信的操作引入到桌面状态下进行管理，使之在桌面窗口下实现网络与通信的操作。

（2）Windows NT 是一个通用的网络操作系统，它既能满足文件和打印需求，又能满足应用服务器的需要。

（3）Windows NT 采用域层次结构管理用户和网络资源，通过域委托来实现各个域之间的交互。但这种委托关系也给系统带来了复杂性。

（4）Windows NT 在操作系统核心内置了容错技术，可以在应用软件和系统硬件故障时，保证系统能正常可靠地工作。

（5）Windows NT 提供了相当多的易于实施的网络管理及网络安全功能，如创建用户组和用户,用户入网安全限制、进行各种 CPU 和内存的测试与分析等。

(6) Windows NT 在企业网的集成方面具有一定特色。它提供了内置的 NetWare 集成,NT 服务器可以作为客户机去访问 NetWare 服务器,而且 NT 服务器的 NetWare 网关选项能使 NT 的客户机访问 NetWare 的网络资源。

(7) Windows NT 包含用于建立和管理 Internet 服务的软件,如文件传输协议(FTP)、Gopher、Web 开发工具、域名服务(DNS)和动态配置协议(DHCP)等。

(8) Windows NT Server 开放的网络体系结构支持网络驱动器接口规范(NDIS)和传输驱动器接口规范,使得任何一台工作站都可以使用支持 NDIS 的协议驱动程序和支持 NDIS 的网卡驱动程序的任意组合。Windows NT 提供的所有网卡驱动程序和协议都支持 NDIS。

4. Windows NT 网络的组成

Windows NT 网络的硬件组成与 Novell 网络的组成基本相同。Windows NT 网络中常采用多台服务器为客户提供服务。根据各结点功能的不同,Windows NT 网络结点可分为主域控制器、备份域控制器、其他服务器和工作站四类。

1) 主域控制器(PDC)

主域控制器是一台运行 Windows NT Server 的服务器。每个域中必须要有一台主域控制器,负责进行账号的维护和管理。主域控制器中包含一个目录数据库,库中存放域上所有的用户账号、组及安全设置等数据,账号的新增与修改都在主域控制器上进行。

2) 备份域控制器(BDC)

备份域控制器也是一台运行 Windows NT Server 的服务器。主域控制器定期地将目录数据库中的数据复制到备份域控制器。除主域控制器外,备份域控制器也负责审核登录者的身份。备份域控制器可分担主域控制器的负荷,并当主域控制器因故障或其他原因无法工作时,备份域控制器可代替主域控制器工作,使整个域正常运行。

3) 其他服务器

Windows NT 域中还有文件服务器、打印服务器、数据库服务器、Web 服务器和群件服务器(群件是一群关系比较密切的用户之间分发邮件、公告、文件或工作流的一种应用)。

4) 工作站

工作站在 Windows NT 中一般作为客户机使用,它们都有自己的本地账号数据库,当它们加入一个域时,其本地账号数据库将附加在域账号数据库中。

5. Windows NT 网络软件

Windows NT 网络软件主要包括 Windows NT Server 和 Windows NT Workstation 两种。这两种版本都是 32 位操作系统,网络功能也都很完善。前者主要用于网络上的服务器,包括文件服务器、打印服务器和 Windows NT 网络的主域控制器等;后者则主要服务于高档客户。从网络角度看,Windows NT Server 属于管理网络的主服务器软件,而 Windows NT Workstation 则用于管理特殊工作站或用户工作站。两者相比,服务器软件附带有较强的管理功能和较完善的 Internet 功能,如可以使用附带的因特网信息服务系统软件建立企业网的 Internet 信息服务器,而工作站软件只有较简单的单一 Web 服务功能。

在 Windows NT 之后,Microsoft 公司推出的 Windows 2000 在许多方面做了较大的改进,在安全性、可操作性等方面都有了质的飞跃。目前,该系列操作系统有 Windows 2000 Datacenter Server、Windows 2000 Advanced Server、Windows 2000 Server 和 Windows

2000 Professional。

Windows 2000 系列操作平台继承了 Windows NT 的高性能,融入了 Windows 9x 易操作的特点,又发展了一些新的特性。Windows 2000 使用了活动目录、分布式文件系统、智能镜像技术、管理咨询等新技术;Windows 2000 具备了强大的网络功能,可作为各种网络的操作平台,尤其是 Windows 2000 强化的网络通信、提供了强大的 Internet 功能,为搭建电子商务解决方案提供了可靠的、高性能的基础平台。

6.2.4　Windows Server 2003

1. Windows Server 2003 简介

Windows Server 2003 是微软公司继 Windows XP 后发布的又一个新产品,起初的名称是 Windows .NET Server 2003。2003 年 1 月 9 日正式改名为 Windows Server 2003。它除了继承 Windows 2000 家族的所有版本以外,还添加了一个新的 Windows 2003 Web Edition 版,这个版本专门针对 Web 服务进行优化,并且与.NET 技术紧密结合,提供了快速开发、部署 Web 服务和应用程序的平台。此外,Windows Server 2003 还增加了对 Intel Itanium(安腾)64 位计算机的支持。

2. Windows Server 2003 的特点

微软对 Windows 2000 的几个重要组件进行了更改,改动最大的体现在 AD、WMS、Application Services 以及系统通信和网络等方面。

(1) 更加精致的 AD。在 Windows Server 2003 中,AD 的目标是做到更加精致。它包含了几个工具来简化 AD 部署。从 Windows 2000 的 AD 升级到 Windows Server 2003 是一个简单的升级。如果没有开启计划,Windows Server 2003 也可以用其包含的 ADMT2.0 (Active Directory Migration Tool)工具来简化整个过程。

另外,AD 还改进了众多的用户界面,包括拖动、多个对象的选择、编辑以及保存查询等。除此之外,还有一套基于 AD 的命令行工具可以使用。

(2) 更加人性化的 WMS(Windows Media Services)。WMS 是 Windows 多媒体技术用在 Internet 与 Intranet 中分发数字媒体内容的服务器端组件。WMS 在 Windows 2000 Server 中已经出现了,在 Windows Server 2003 中除了版本已经升级到 9.0 以外,其内部的各项服务也被重新设计和增强。它还彻底解决了用户在线播放视频的时间延迟现象,用户可以真正享受视频的持续播放,再也不用担心因为操作缓存而导致时间延迟了。

(3) 功能更加丰富的 Application Services。Windows Server 2003 Application Services 可以让系统如同一个多级的中间应用程序和服务架构,并且可运行不同的服务,包括 COM+,MSMQ(Microsoft Message Queue Services)以及一直被采用的 IIS。Application Services 包含了.NET Framework、ASP.NET、ADO.NET 以及其他一些相关技术。在 Windows Server 2003 上运行.NET Framework 1.1、SOAP1.2、COM+1.5 和 MSMQ3.0(支持 SOAP 消息)。

(4) 与时俱进的通信和网络技术。尽管微软早期的服务器产品提供了多种通信和网络技术,但随着 Internet 日新月异的发展,以前的一些版本逐步走向衰落。Windows Server 2003 能够保持着与 Internet 间的良好结合,可以支持当前大多数最新的通信和网络技术,包括 IPv6、ICS(Internet Connection Sharing)、IPSec、NAT 代理和 IP over FireWire 等。

6.2.5 Linux

1. Linux 操作系统的发展

Linux 最早是由芬兰的一位研究生 Linus B. Torvalds 于 1991 年为了在 Intel 的 x86 架构上提供自由免费的类 UNIX 而开发的操作系统。Linux 虽然与 UNIX 操作系统类似,但 Linux 不是 UNIX 的变形版本。从技术上讲,Linux 是一个内核。"内核"是指一个提供硬件抽象层、磁盘及文件系统控制、多任务等功能的系统软件。Torvalds 从开始编写内核代码时就效仿 UNIX,使得几乎所有的 UNIX 工具都可以运行在 Linux 上。因此,凡是熟悉 UNIX 的用户都能够很容易地掌握 Linux。

后来,Torvalds 将 Linux 的源代码完全公开并放在芬兰最大的 FTP 站点上。这样,世界各地的 Linux 爱好者和开发人员都可以通过 Internet 加入到 Linux 的系统开发中来,并将开发的研究成果通过 Internet 很快地散发到世界的各个角落。

2. Linux 操作系统的特点

1) 基本特征

作为一个操作系统,Linux 几乎满足当今 UNIX 操作系统的所有要求,因此它具有 UNIX 操作系统的基本特征。

(1) 符合 POSIX 1003.1 标准。POSIX 1003.1 标准定义了一个最小的 UNIX 操作系统接口,任何操作系统只有符合这一标准,才有可能运行 UNIX 程序。考虑到 UNIX 具有丰富的应用程序,当今绝大多数操作系统都把满足 POSIX 1003.1 标准作为实现目标,Linux 也不例外,它完全支持 POSIX 1003.1 标准。另外,为了使 UNIX System V 和 BSD 上的程序能直接在 Linux 上运行,Linux 还增加了部分 System V 和 BSD 的系统接口,使 Linux 成为一个完善的 UNIX 程序开发系统。

(2) 支持多用户访问和多任务编程。Linux 是一个多用户操作系统,它允许多个用户同时访问系统而不会造成用户之间的相互干扰。另外,Linux 还支持真正的多用户编程,一个用户可以创建多个进程,并使各个进程协同工作来完成用户的需求。

(3) 采用页式存储管理。页式存储管理使 Linux 能更有效地利用物理存储空间,页面的换入换出为用户提供了更大的存储空间。

(4) 支持动态链接。用户程序的执行往往离不开标准库的支持,一般的系统往往采用静态链接方式,即在装配阶段就已将用户程序和标准库链接好,这样当多个进程运行时,可能会出现库代码在内存中有多个副本而浪费存储空间的情况。Linux 支持动态链接方式,当运行时才进行库链接,如果所需要的库已被其他进程装入内存,则不必再装入,否则才从硬盘中将库调入。这样能保证内存中的库程序代码是唯一的。

(5) 支持多种文件系统。Linux 能支持多种文件系统。目前支持的文件系统有 EXT2、EXT、XIAFS、ISOFS、HPFS、MSDOS、UMSDOS、PROC、NFS、SYSV、MINIX、SMB、UFS、NCP、VFAT、AFFS。Linux 最常用的文件系统是 EXT2,它的文件名长度可达 255 字符,并且还有许多特有的功能,使它比常规的 UNIX 文件系统更加安全。

(6) 支持 TCP/IP、SLIP 和 PPP。在 Linux 中,用户可以使用所有的网络服务,如网络文件系统、远程登录等。SLIP 和 PPP 能支持串行线上的 TCP/IP 协议的使用,这意味着用户可用一个高速 Modem 通过电话线连入 Internet。

2）具有特色

除了上述基本特征外，Linux 还具有其独有的特色。

（1）支持硬盘的动态 Cache。这一功能与 MS-DOS 中的 Smartdrive 相似。所不同的是，Linux 能动态调整所用的 Cache 存储器的大小，以适合当前存储器的使用情况，当某一时刻没有更多的存储空间可用时，Cache 将减少，以增加空闲的存储空间，一旦存储空间不再紧张，Cache 的大小又将增加。

（2）支持不同格式的可执行文件。Linux 具有多种模拟器，这使它能运行不同格式的目标文件。其中，DOS 和 MS Windows 正在开发之中，iBCS2 模拟器能运行 SCO UNIX 的目标程序。

3．Linux 的主要组成部分

Linux 主要由存储管理、进程管理、文件系统、进程间通信等几部分组成，在许多算法及实现策略上，Linux 借鉴了 UNIX 的成功经验，但也不乏自己的特色。

（1）存储管理。Linux 采用页式存储管理机制，每个页面的大小随处理机芯片而异。例如，Intel 386 处理机页面大小可分为 4KB 和 2MB 两种，而 Alpha 处理机页面大小可分为 8KB、16KB、32KB 和 64KB。页面大小的选择对地址变换算法和页表结构会有一定的影响，如 Alpha 的虚地址和物理地址的有效长度随页面尺寸的变化而变化，这种变化必将在地址变换和页表项中有所反映。在 Linux 中，每一个进程都有一个比实际物理空间大得多的进程虚拟空间，为了建立虚拟空间和物理空间之间的映射，每个进程还保留一张页表，用于将本进程空间中的虚地址变换成物理地址。页表还对物理页的访问权限作出了规定，定义了哪些页可读写，哪些页是只读页，在进行虚实变换时，Linux 将根据页表中规定的访问权限来判定进程对物理地址的访问是否合法，从而达到存储保护的目的。Linux 存储空间分配遵循的是不到有实际需要的时候决不分配物理空间的原则。当一个程序加载执行时，Linux 只为它分配了虚空间，只有访问某一虚地址而发生了缺页中断时，才为它分配物理空间，这样就可能出现某些程序运行完成后，其中的一些页从来就没有装进过内存。这种存储分配策略带来的好处是显而易见的，因为它最大限度地利用了物理存储器。尽管 Linux 对物理存储器资源的使用十分谨慎，但还是经常出现物理存储器资源短缺的情况。

Linux 有一个名为 kswapd 的进程专门负责页面的换出，当系统中的空闲页面小于一定的数目时，kswapd 将按照一定的淘汰算法选出某些页面，或者直接丢弃（页面未作修改），或者将其写回硬盘（页面已被修改）。这种换出方式不同于较早版本 UNIX 的换出方式，它是将一个进程的所有页全部写回硬盘。相比之下，Linux 的效率更高。

（2）进程管理。在 Linux 中，进程是资源分配的基本单位，所有资源都是以进程为对象来进行分配的。在一个进程的生命期内，它会用到许多系统资源，会用 CPU 运行其指令，用存储器存储其指令和数据；它也会打开和使用文件系统中的文件，直接或间接用到系统中的物理设备。因此，Linux 设计了一系列的数据结构，它们能准确地描述进程的状态及其资源使用情况，以便能公平有效地使用系统资源。Linux 的调度算法能确保不出现某些进程过度占用系统资源而导致另一些进程无休止地等待的情况。进程的创建是一个十分复杂的过程，通常的做法需为子进程重新分配物理空间，并把父进程空间的内容全盘复制到子进程空间中，其开销非常大。为了降低进程创建的开销，Linux 采用了 Copy-on-write 技术，即不复制父进程的空间，而是复制父进程的页表，使父进程和子进程共享物理空间，并将这个共享空间的访问权限置为只读。当父进程和子进程的某一方进行写操作时,若 Linux 检测到一个非法操作,这时才将要写的页进行复制。这一做法免除了只读页的复制,从而降低了开销。Linux 目前尚未提供用户级线程,但提供了核心级线程,核心级线程的创建是在进程创建的基础上稍做修改,使创建的子进程与父进程共享虚存空间。从这一意义上讲,核心级线程更像一个共享进程组。

(3) 文件系统。Linux 最重要的特征之一就是支持多个不同的文件系统,前面已经看到,Linux 目前支持的文件系统多达十余种,随着时间的推移,这一数目还在不断增加。在 Linux 中,一个分离的文件系统不是通过设备标识(如驱动器号或驱动器名)来访问,而是把它合到一个单一的目录树结构中,通过目录来访问,这一点与 UNIX 十分相似。Linux 用安装命令将一个新的文件系统安装到系统单一目录树的某一目录下,一旦安装成功,该目录下的所有内容将被新安装的文件系统所覆盖,当文件系统被卸载后,安装目录下的文件将会被重新恢复。Linux 最初的文件系统是 Minix。该文件系统对文件限制过多,并且性能低下,如文件名长度不能超过 14 个字符、文件大小不能超过 64MB。为了解决这些问题,Linux 的开发者们设计了一个 Linux 专用的文件系统 EXT。EXT 对文件的要求放松了许多,但在性能上并没有大的改观,于是就有了后面的 EXT2 文件系统。EXT2 文件系统是一个非常成功的文件系统,它无论是在对文件的限制方面还是在性能方面都大大优于 EXT 文件系统,所以 EXT2 自从推出就一直是 Linux 最常用的文件系统。为了支持多种文件系统,Linux 用一个称为虚拟文件系统(VFS)的接口层将真正的文件系统同操作系统及系统服务分离开。VFS 掩盖了不同文件系统之间的差异,使所有文件系统在操作系统和用户程序看来都是等同的。VFS 允许用户同时透明地安装多个不同的文件系统。

(4) 进程间通信。Linux 提供了多种进程间的通信机制,其中,信号和管道是最基本的两种。除此以外,Linux 也提供 System V 的进程间通信机制,包括消息队列、信号灯及共享内存。为了支持不同机器之间的进程通信,Linux 还引入了 BSD 的 Socket 机制。

6.3　网络操作系统的选择

上面介绍的几种典型的网络操作系统中,UNIX 虽然功能较强,稳定性和安全性好,但只能兼容某些型号的工作站或专用机型,适用于金融、电信等系统的核心网络中。Linux 特性与 UNIX 操作系统非常相似,现在支持 Linux 的系统软件和应用程序越来越多,所以发展潜力相当大。NetWare 和 UNIX 对计算机系统的硬件要求不高,但大多数用户对它的操作不太熟悉。Windows NT/2000 的稳定性和安全性都不如 UNIX、NetWare 和 Linux,而且 Windows 2000 对系统要求较高,占用系统资源多;但是它最大的优点是用户界面好,操作较为容易。而且支持 Windows 2000 的应用程序和各种服务平台也最多。

这几种操作系统各具特色,具体使用时也涉及许多技术问题,如网络的拓扑结构、计算模型、网络服务器的支持、硬件资源的占用情况、容错能力、网络的管理和安全性等因素,所以选择操作系统时需要考虑以下几个方面。

1. 硬件的兼容性

硬件的兼容性是指能支持的网络硬件设备。例如,Windows NT 对硬件的支持不如 NetWare,但 Windows 2000 对网络硬件的支持相当好。

2．可靠性

相比而言，Windows NT/2000 可靠性比较低，其稳定性和安全性都不如 UNIX、NetWare。对于一些保密性要求不高的中小型网络，可以选择 Windows 2000，它使用简单，维护也较为容易。

3．安全性

网络的安全性是确保用户正常使用网络的前提，选择时应当考虑各种操作系统所提供的安全性能。例如，NetWare 5.0 和 Windows 2000 都可以给用户提供多级安全保证，如身份识别、登录验证、资源访问控制和跟踪审计等。

4．网络管理功能

NetWare 5.0 和 Windows 2000 都具有良好的菜单系统和强大的管理功能，还具有界面友好、使用方便的开发平台。

一般来说，对于安全性和稳定性要求较高的大型网络，应当选择 UNIX。由于 Windows 2000 具有 Windows 9x 的操作界面，简单易用，管理方便，功能也日益强大，几乎支持所有的大众化软件，并且支持多个处理器(CPU)，因此在系统稳定性和安全性要求不高的中小型网络(如办公网络、校园网和企业网等)中，它一直是人们的首选。

习题 6

一、选择题

1．下列不属于网络操作系统的是(　　　)。
  A．Windows 2000 Professional   B．Windows NT
  C．Linux   D．NetWare

2．对于安全性和稳定性要求较高的大型网络，应当选择(　　　)操作系统；对于系统稳定性和安全性要求不高的中小型网络，应当选择(　　　)操作系统。
  A．Windows 2000，Linux   B．UNIX，Windows 2000
  C．UNIX，Linux   D．NetWare，UNIX

二、填空题

1．操作系统是计算机软件系统中的重要组成部分，是_____与_____的接口。

2．网络操作系统分为_____、_____和_____ 3 种。

3．Windows NT 操作系统提供了两套软件包，分别是_____和_____。其中，_____是 Windows NT 操作系统的工作站版本。

三、简答题

1．什么是网络操作系统？

2．网络操作系统有哪些功能？

3．网络操作系统的基本特点有哪些？

4．典型的网络操作系统有哪几种？各有什么特点？

5．简述 UNIX 操作系统的主要技术特点。

6．简述 Linux 操作系统的主要技术特点。

7．在选择网络操作系统时应考虑哪些主要问题？

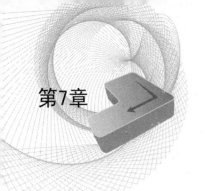

第7章

Internet常用服务

本章将介绍 Internet 的基本知识,包括 DHCP 服务、DNS 服务、E-mail 服务、FTP 服务等。通过本章内容的学习,要求读者掌握 IP 地址及域名的划分方法,理解 Internet 提供的各种服务等内容与原理。

本章学习目标:

- 了解 Internet 的基本概念。
- 掌握 IP 地址的意义和分类。
- 了解子网掩码的概念以及子网的划分。
- 掌握 Internet 的接入方式。
- 熟练使用 Internet 常用的各项服务。

7.1 Internet 的基础知识

1. Internet 的基本概念

1) Internet 的定义

Internet 是一个由世界上许多不同类型、不同规模的计算机网络组成的,在统一的传输控制协议/网际互联协议(TCP/IP)支持下运行的全球性计算机互联网络。Internet 是一个信息和服务的资源宝库,是一个面向大众的网络世界。

2) Internet 提供的功能

(1) 丰富多彩的信息获取途径,如电子图书馆、搜索引擎、网络大学、电子书报、远程数据库等。

(2) 高效、新颖的通信手段,如电子邮件、网络会议、网上电话、网上传呼等。

(3) 实时网络联机服务,如远程会诊、远程教学、电子货币、网上购物等。

3) Internet 术语

(1) 万维网(World Wide Web,WWW),也称为环球网,是基于超文本的,方便用户在 Internet 上搜索和浏览信息的信息服务系统。

(2) 超文本(Hypertext),一种全局性的信息结构,它将文档中的不同部分通过关键字建立连接,使信息得以用交互方式搜索。

(3) 主页(Homepage),通过万维网进行信息查询时的起始信息页,即常说的网络站点的 WWW 首页。

(4) 浏览器(Browser),万维网服务的客户端浏览程序。

(5) 防火墙(Firewall),用于将 Internet 的子网和 Internet 的其他部分相隔离,以达到网络安全和信息安全的软件和硬件设施。

(6) Internet 服务提供商(Internet Service Provider,ISP),向用户提供 Internet 服务的公司和机构。

(7) 统一资源定位符(Uniform Resource Locator,URL)。

(8) 超文本传输控制协议(Hyper Text Transmission Protocol,HTTP),通过 Internet 来传递信息的一种协议。

2. Internet 的生产与发展

1) ARPANET 的诞生

Internet 起源于美国国防部高级研究局于 1968 年主持研制的用于支持军事研究的计算机实验网 ARPANET,建网的最初目的是帮助美国军方工作的研究人员利用计算机进行信息交换。ARPANET 是世界上第一个采用分组交换的网络,在这种通信方式下,把数据分割成若干大小相等的数据包来传送,不仅一条通信线路可供用户使用,即使在某条线路遭到破坏时,只要还有迂回线路可供使用,便可正常进行通信。在 ARPANET 的研制过程中建立了一种网络通信协议,称为 IP。IP 的产生,使异种网络互联的一系列理论与技术问题得以解决,并由此产生了网络共享、分散控制和网络通信协议分层等重要思想。

2) NSFNET 的建立

1985 年美国国家科学基金(NSF)为鼓励大学与研究机构共享他们非常昂贵的 4 台计算机主机,希望通过计算机网络把各大学与研究机构的计算机与这些巨型计算机连接起来,于是利用 ARPANET 发展起来的 TCP/IP 将全国的五大超级计算机中心用通信线路连接起来,建立了一个名为美国国家科学基础网(NSFNET)的广域网。它最初以 56kbps 的速率通过电话线进行通信,连接的范围包括所有的大学及国家经费资助的研究机构。1986 年 NSFNET 建设完成,正式取代了 ARPANET 而成为 Internet 的主干网。

3) 全球范围 Internet 的形成与发展

除了 ARPANET 和 NSFNET 外,美国宇航局和能源部的 NSINET、ESNET 也相继建成,欧洲、日本等国也积极发展本地网络,于是在此基础上互联就形成了现在的 Internet。近年来,Internet 规模迅速发展,已经覆盖了包括我国在内的 160 多个国家,连接的网络有数万个。人们通过 Internet 可以了解最新的新闻动态、旅游信息、气象信息和金融股票行情等,可以在家上网购物、预订火车和飞机票等。

3. Internet 地址

1) IP 地址

在 Internet 上的每一台主机(PC、服务器、路由器、网关等)都有一个唯一的地址以区别于其他主机,这一地址就是 IP 地址。Internet 上的主机地址采用的是分层结构,每个地址由网络地址和主机地址两部分组成,其中的网络地址在全球范围内有专门的组织机构进行统一的地址分配;而主机地址可由本地分配,无须全球一致。总之,在 Internet 上,IP 协议定义的主机地址屏蔽了所有局域网中物理地址的差异,使所有的 Internet 上的主机地址在网络层(IP 层)得到了统一。

2) IP 地址的组成

(1) IP 地址由网络地址和主机地址组成。

(2) 一般来说,在 Internet 上,通过路由器互联的两个网络就是两个不同的物理网络,其网络地址是不同的,而位于同一物理子网上的所有主机和网络设备的网络地址则是相同的。该网络地址在 Internet 上是唯一的。

(3) 在同一物理子网中,不同的主机和网络设备由主机地址来区别,其主机地址是唯一的。

3) IP 地址的表示

一个 IP 地址有 32 位二进制,分成 4 段(4B),每段 8 位(1B),每段取值范围 0~255,段与段之间用“.”分开。为方便用户识别,IP 地址直观地表示成以 4 个“.”分隔开的十进制数,其中每个整数对应一个段值。例如,10000111.1100010.00100100.00100110,用点分十进制来表示就是 135.194.36.38。

4) IP 地址的分类

IP 地址分成 A、B、C、D、E 5 类。其中 A、B 和 C 类地址是基本的 Internet 地址,是主类地址,D 和 E 类是次类地址,如表 7.1 所示。

表 7.1　IP 地址结构表

分类	0 1 2 3…7	8…15	16…23	24…31	网络地址范围	网络个数	网络主机数
A	0 网络标识	主机标识			1~126	126	16 777 214
B	1 0 网络标识		主机标识		128~191	16 384	65 534
C	1 1 0 网络标识			主机标识	192~223	2 097 152	254
D	1 1 1 0 用于多路发送				224~239		
E	1 1 1 1 备用				239~255		

(1) A 类地址:网址为 0~127,表示主机所在网络为大型网,其中 0 和 127 两个地址用于特殊目的,允许 126 个不同的 A 类网络,每个网络的主机地址多达 2^{24}(16 000 000)个。A 类地址范围为 1.X.Y.Z ~ 126.X.Y.Z。

(2) B 类地址:网址为 128~191,表示主机所在网络为中型网。前两个数字是网络号,第 3 个数字是子网号,第 4 个数字是主机号。允许 2^{14}(16 384)个不同的 B 类网络,每个网络的主机地址多达 $2^{16}-2$(65 534)个。B 类地址范围为 128.X.Y.Z~191.X.Y.Z。

(3) C 类地址:网址为 192~223,表示主机所在网络为小型网。前 3 个数字是网络号,第 4 个数字是主机号。允许 2^{21}(2 000 000)个不同的 C 类网络,每个网络的主机数为 2^8-2(254)个。C 类地址范围为 192.X.Y.Z~223.X.Y.Z。

4. 子网和子网掩码

1) 子网

将主机标识部分划分出一定的位数用做本网的各个子网,剩余的主机标识作为相应子网的主机标识部分,可以解决网络数不够的问题。

2) 子网掩码

子网掩码用来掩盖部分 IP 地址,这样 TCP/IP 就能区分网络 ID 和主机 ID。TCP/IP

主机利用子网掩码来决定目的主机是在本地网络还是在远程网络上。子网掩码是一个 32 位二进制的值,用于"屏蔽"IP 地址的一部分,它可以把一个 IP 地址分离出网络地址和主机地址。网络 ID 用二进制 1 表示,主机 ID 用二进制 0 表示。

3)子网掩码的确定及子网的划分

由于表示子网号和主机号的二进制数分别决定了子网的数目和每个子网中的主机个数,因此在确定子网掩码前必须清楚实际要使用的子网数和主机数目。下面通过一个例子进行简单的介绍。

例如,某一私营企业申请了一个 C 类网络,假设其 IP 地址为"210.68.26.0",该企业由 10 个子公司构成,每个子公司都需要自己独立的子网络。确定该网络的子网掩码一般分为以下几个步骤。

(1)确定是哪一类 IP 地址。该网络的 IP 地址为"210.68.26.0",说明是 C 类 IP 地址,网络号为"210.68.26"。

(2)根据现在所需的子网数以及将来可能扩充到子网数用二进制位来定义子网号。现在有 10 个子公司,需要 10 个子网,将来可能扩建到 14 个,所以将第 4 字节的前 4 位确定为子网号($2^4 - 2 = 14$)。前 4 位都置为"1",即第 4 字节为"11110000"。

(3)把对应初始网络的各个二进制位都置为"1",即前 3 个字节都置为"1",则子网掩码的二进制表示形式为"11111111.11111111.11111111.11110000"。

(4)将该子网掩码的二进制表示形式转化为十进制形式"255.255.255.240",即为该网络的子网掩码。

7.2 DHCP 服务

7.2.1 DHCP 服务的概念

DHCP 服务是指由服务器控制一段 IP 地址范围,客户机登录服务器时就可以自动获得服务器分配的 IP 地址和子网掩码。首先,DHCP 服务器必须是一台安装有 Windows 2000 Server/Advanced Server 系统的计算机;其次,担任 DHCP 服务器的计算机需要安装 TCP/IP 协议,并为其设置静态 IP 地址、子网掩码、默认网关等内容。默认情况下,DHCP 作为 Windows 2000 Server 的一个服务组件不会被系统自动安装,必须把它添加进来。

7.2.2 DHCP 简介

动态主机设置协议(Dynamic Host Configuration Protocol,DHCP)是一个局域网的网络协议。两台连接到互联网上的计算机相互之间通信,必须有各自的 IP 地址,但由于现在的 IP 地址资源有限,宽带接入运营商不能做到给每个报装宽带的用户都能分配一个固定的 IP 地址(所谓固定 IP,就是即使在用户不上网的时候,别人也不能用这个 IP 地址,这个资源一直被计算机所独占),所以要采用 DHCP 方式对上网的用户进行临时的地址分配。也就是用户的计算机连上网时,DHCP 服务器才从地址池里临时分配一个 IP 地址给用户,每次上网分配的 IP 地址可能会不一样,这跟当时 IP 地址资源有关。当用户下线的时候,DHCP 服务器可能就会把这个地址分配给之后上线的其他计算机。这样就可以有效节约 IP 地址,既保证了用户的通信,又提高 IP 地址的使用率。

在一个使用 TCP/IP 协议的网络中,每一台计算机都必须至少有一个 IP 地址,才能与其他计算机连接通信。为了便于统一规划和管理网络中的 IP 地址,DHCP 应运而生了。这种网络服务有利于对校园网络中的客户机 IP 地址进行有效管理,而不需要逐个手动指定 IP 地址。

7.2.3 DHCP 的工作原理

DHCP 的工作过程主要由四次广播构成。

1.客户机请求 IP 租约

客户机广播一个 DHCP discover 包请求 IP 地址,DHCP discover 包的原地址是 0.0.0.0(因为这时还没有 IP),目标地址是 255.255.255.255(不知道哪台 DHCP 服务器,所以广播),MAC 地址是自己的。

2.服务器响应

当 DHCP 服务器接收到客户机请求 IP 地址的信息时,就在自己的 IP 地址库中查找是否有合法的 IP 地址提供给客户机,如果有,就将此 IP 地址做上标记,广播一个 DHCP offer包,DHCP offer 包中包含以下内容。

(1) DHCP 客户机的 MAC 地址,用来正确标识客户机。

(2) DHCP 服务器提供的合法 IP 地址、子网掩码。

(3) 租约期限。

(4) 服务器标识。

3.客户机选择 IP 地址

客户机在接收到的第一个 DHCP offer 包中选择 IP,并将 DHCP request 包广播到所有DHCP 服务器(因为可能一个环境中有多台 DHCP 服务器),表明它接受提供的内容。

4.服务器确认 IP 租约

DHCP 租约过程中第 4 步也是最后一步为服务器确认 IP 地址租约,也称为 DHCPACK/DHCPNAK。

7.3 DNS 服务

7.3.1 DNS 的定义

DNS 是计算机域名系统(Domain Name System 或 Domain Name Service)的缩写,它是由解析器和域名服务器组成的。域名服务器是指保存有该网络中所有主机的域名和对应IP 地址,并具有将域名转换为 IP 地址功能的服务器。其中域名必须对应一个 IP 地址,而IP 地址不一定有域名。域名系统采用类似目录树的等级结构。域名服务器为客户机/服务器模式中的服务器方,它主要有主服务器和转发服务器两种形式。在 Internet 上域名与 IP地址之间是一对一(或者多对一)的,也可采用 DNS 轮循实现一对多,域名虽然便于人们记忆,但机器之间只认 IP 地址,将域名映射为 IP 地址的过程就称为"域名解析"。域名解析需要由专门的域名解析服务器来完成,DNS 就是进行域名解析的服务器。DNS 名称用于

Internet 等 TCP/IP 网络中,通过用户友好的名称查找计算机和服务。当用户在应用程序中输入 DNS 名称时,DNS 服务可以将此名称解析为与之相关的其他信息,如 IP 地址。因为用户在上网时输入的网址,是通过域名解析系统解析找到相对应的 IP 地址才能上网。其实,域名的最终指向是 IP。

7.3.2 域名系统

IP 地址是访问 Internet 网络上某一主机所必需的标识,它是一个用点分隔的 4 个十进制数,如 204.71.200.68 代表 Yahoo 的 WWW 服务器,但是这种枯燥的数字是很难记忆的,因此需要使用容易记忆的名字代表主机域名(Domain Name),如 www.yahoo.com 代表搜索引擎 Yahoo 上的 WWW 服务器的名字。Internet 使用域名系统 DNS 来实现主机名字与 IP 地址之间的转换。

如果要为 IP 地址取得英文名字,可以通过层次命名系统来实现,有以下两种方法给 Internet 上的站点命名。

1. 组织分层(Organizational Hierarchy)

组织分层也称为层次命名方法,组织分层的指导思想是这样的,首先将 Internet 网络上的站点按其所属机构的性质粗略地分为几类,形成第 1 级域名,如 com(商业组织)、edu(教育部门)、gov(政府机构)、int(国际性组织)、mil(军事组织或机构)、net(网络服务或管理机构)、org(非营利慈善组织及其他机构)。

在第 1 级域名的基础上,再依据该机构本身的名字,如美国国际商用机器公司,则用其公司缩写 IBM 形成第 2 级域名。域名组织分层结构如图 7.1 所示。

第 3 级域名通常是该站点内某台主机或子域的名字,至于是否还需要有第 4 级,甚至第 5 级域名,则视具体情况而定。

一个站点的第 1 级、第 2 级域名是 Internet 域名管理机构提供的。如同 IP 地址一样,在 Internet 上,域名也必须是唯一的。一个 Internet 上的站点,当它从 Internet 管理机构获得第 1 级、第 2 级域名之后,至于如何定义其站点内每台主机的第 3 级、第 4 级甚至

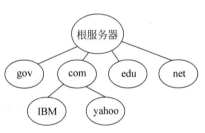

图 7.1 域名组织分层结构

第 5 级的域名,则由该站点自己去决定。若某主机的域名共有四级,则其排列格式如下:

第 4 级域名.第 3 级域名.第 2 级域名.第 1 级域名

例如,www.yahoo.com,表示雅虎公司的 WWW 服务器,也就是说域名是按级别从左至右排列的。

2. 地理分层(Geographical Hierarchy)

按照站点所在地的国名的英文名字的两个字母缩写来分配第 1 级域名的方法称为地理分层。由于 Internet 已遍及全世界,因此地理分层是一种更好的域名命名方法。然后在此基础上,再按上述组织分层方式命名。例如,www.pku.edu.cn 就是中国北京大学 WWW 服务器的域名,cn 是中国的缩写。表 7.2 是一级域名的国家代码。

显然,用户在使用域名而不是 IP 地址请求 E-mail 或 WWW 等服务时,需要将域名转换为 IP 地址。在 TCP/IP 体系中有两种实现这种转换的方式。

表7.2 一级域名的国家代码

国家名称	国家域名	国家名称	国家域名
美国	us	西班牙	es
中国	cn	意大利	it
英国	uk	日本	jp
法国	fr	俄罗斯	ru

对于较小的网络,可以使用 TCP/IP 体系提供的 hosts 文件实现从域名到 IP 地址的转换,文件 hosts 上有许多域名到 IP 地址的映射供主叫主机使用。对于较大的网络,则在网络的一个或几个地方设置装有域名系统的域名服务器 DNS,主叫主机中的名字转换软件 resolver 会自动找到网上的域名服务器 DNS,利用 DNS 上的 IP 地址映射表实现转换。

7.4 WWW 服务

1. WWW 概述

WWW(World Wide Web)简称 3W,也称为万维网,它拥有图形用户界面,使用超文本结构链接。WWW 系统有时也称为 Web 系统,是目前 Internet 上最方便、最受用户欢迎的信息服务类型。它是一种基于超文本(Hypertext)方式的信息查询工具,它的影响力已远远超出了计算机领域,已进入广告、新闻、销售、电子商务与信息服务等各个行业。Internet 的很多其他功能,如 E-mail、FTP、Usenet、BBS、WAIS 等,都可通过 WWW 方便地实现。WWW 的出现使 Internet 从仅有少数计算机专家使用变为普通大众也能利用的信息资源,它是 Internet 发展中的一个非常重要的里程碑。

超文本文件由超文本标注语言(Hypertext Markup Language,HTML)格式写成,这种语言是欧洲粒子物理实验室(CERN)提出的 WWW 描述语言。WWW 文本不仅含有文本和图像,还含有作为超链接的词、词组、句子、图像和图标等。这些超链接通过颜色和字体的改变与普通文本区别开来,它含有指向其他 Internet 信息的 URL 地址。将鼠标移到超链接上单击,Web 就会根据超链接所指向的 URL 地址跳到不同站点、不同文件。链接同样可以指向声音、影像等多媒体,超文本与多媒体一起构成了超媒体(Hypermedia),因而 WWW 是一个分布式的超媒体系统。

WWW 由浏览器(Browser)、Web 服务器(Web Server)和超文本传送协议(HTTP Protocol)3 部分组成。浏览器向 Web 服务器发出请求,Web 服务器向浏览器返回其所需的万维网文档,然后浏览器解释该文档并按照一定的格式将其显示在屏幕上。浏览器与 Web 服务器使用 HTTP 协议进行互相通信。为了制定用户所要求的万维网文档,浏览器发出的请求采用 URL 形式描述。

2. 统一资源定位符(URL)

HTML 的超链接使用统一资源定位器(Uniform Resource Locators,URL)来定位信息资源所在位置。URL 描述了浏览器检索资源所用的协议、资源所在计算机的主机名,以及资源的路径与文件名。Web 中的每一页以及每页中的每个元素(图形、文字或是帧)也都有自己唯一的地址。

标准的 URL 如下:

http://www.wuse.edu.cn/index.html

访问类型　访问的主机　访问的文件

这个例子表示的是:用户要连接到名为 www. wuse. edu. cn 的主机上,采用 http 方式读取名为 index. html 的超文本文件。URL 通过访问类型来表示访问方式或使用的协议,如 ftp://ftp. wuse. edu. cn/software/readme. txt,表示要通过 FTP 连接来获得一个名为 readme. txt 的文本文件。

URL 是在一个计算机网络中用来标识、定位某个主页地址的文本。简单地说,URL 提供主页的定位信息,用户可以看到浏览器在定位区内显示 URL。用户一般不需要了解某一主页的 URL,因为有关的定位信息已经包括在加亮条的链接信息之中,当用户选择某一加亮条时,浏览器就已经知道了它的 URL。同时,浏览器让用户直接输入 URL,以便对 WWW 进行访问的功能。

Internet 采用超文本和超媒体的信息组织方式将信息的链接扩展到整个 Internet 上。目前,用户利用 WWW 不仅能访问到 Web Server 的信息,而且可以访问到 Gopher、WAIS、FTP、E-mail 等网络服务。因此,它已经成为 Internet 上应用最广和最有前途的访问工具,并在商业领域发挥越来越重要的作用。

3. 超文本传输协议(HTTP)

超文本传输协议(Hyper Transfer Protocol,HTTP)是 Web 客户机与 Web 服务器之间的应用层传输协议。HTTP 是用于分布式协作超文本信息系统的、通用的、面向对象的协议,它可以用于域名服务或分布式面向对象系统。HTTP 协议是基于 TCP/IP 上的协议。HTTP 会话过程包括连接(Connection)、请求(Request)、应答(Response)、关闭(Close)4 个步骤。当用户通过 URL 请求一个 Web 页面时,在域名服务器的帮助下获得要访问主机的 IP 地址,浏览器与 Web 服务器建立 TCP 连接,使用默认端口 80。浏览器通过 TCP 连接发出一个 HTTP 请求消息给 Web 服务器,该 HTTP 请求消息包含了所要的页面信息。Web 服务器收到请求后,将请求的页面包含在一个 HTTP 响应消息中,并向浏览器返回该响应消息。浏览器收到该响应消息后释放 TCP 连接,并解析该超文本文件显示在指定窗口中。

7.5　电子邮件服务

1. 电子邮件概述

电子邮件(Electronic Mail)简称 E-mail,它是一种通过 Internet 与其他用户进行联系的快速、简便、价廉的现代化通信手段。电子邮件最早出现在 ARPANET 中,是传统邮件的电子化。它建立在 TCP/IP 的基础上,将数据从一台计算机经过 Internet 传送到另一台计算机。电子邮件可以将文字、图像、语音等多种类型的信息集成在一个邮件中传送,因此它已经成为多媒体信息传送的重要手段。

一个电子邮件系统主要由用户代理(User Agent)、邮件服务器和电子邮件使用的协议三部分组成,如图 7.2 所示。

用户代理是用户和电子邮件系统的接口,也称为邮件客户端软件,它让用户通过一个友

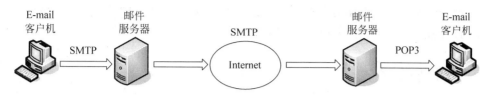

图 7.2 电子邮件系统

好的接口来发送和接收邮件,如 UNIX 平台上的 Mail、Netscape Navigator,Windows 平台上的 Outlook Express、Foxmail 等。用户代理应具有编辑、发送、接收、阅读、打印、删除邮件的功能。

邮件服务器是电子邮件系统的核心构件,其功能是发送和接收邮件,还要向发信人报告邮件传送的情况。邮件服务器需要使用两个不同的协议:简单邮件传输协议(Simple Message Transfer Protocol,SMTP)用于发送邮件,邮局协议 POP3 用于接收邮件,SMTP 协议可以保证不同类型的计算机之间电子邮件的传送,采用客户机/服务器结构,通过建立 SMTP 客户机与远程主机上的 SMTP 服务器间的连接来传送电子邮件。POP3 协议主要用于 PC 从邮件服务器中取回等待电子邮件。当报文在 Internet 中传输时,各个主机使用了标准 TCP/IP 邮件协议,但当报文从邮件服务器发往用户的 PC 时,使用的是 POP 协议。基于 POP 的用户代理具有某些优点:首先,邮件被直接发送到用户的计算机上,可以少占服务器的磁盘空间;其次,用户可以完全控制自己的电子邮件,可以把邮件作为一般文件进行存储;最后,可以利用用户计算机的特点,使用图形界面收发邮件软件,操作方便。

由于电子邮件采用存储转发的方式,因此用户可以不受时间、地点的限制来收发邮件。传统的电子邮件只能传送文字,目前开发的多用途 Internet 电子邮件系统已经将语音、图像结合到电子邮件中,使之成为多媒体信息传输的重要手段。

2. 电子邮件的格式

1) E-mail 的组成

E-mail 由邮件头和邮件体组成。邮件头由收信人电子邮箱地址、发信人电子邮箱地址和信件标题构成。

当用户联机登录到自己的电子邮箱后,就可以运行 E-mail 软件来收发电子邮件了。一般来说,Internet 上的用户是不能直接接收电子邮件的。由于个人计算机常常关闭或未与 Internet 连接,故电子邮件的接收和发送实际上是由 ISP 的邮件服务器来完成的。该服务器每日 24 小时不停地运行,用户可以随时发送邮件而无须考虑收件人的计算机是否开启。

2) 电子邮件的地址格式

要发送电子邮件,必须知道收件人的 E-mail 地址(电子邮件地址),即收件人的电子邮件信箱所在。这个地址是由 ISP 向用户提供的,或者是 Internet 上的其他某些站点向用户免费提供的,但是不同于传统的信箱,而是一个"虚拟信箱",即 ISP 邮件服务器硬盘上的一个存储空间。在日益发展的信息社会,E-mail 地址的作用越来越重要,并逐渐成为一个人的电子身份。

E-mail 标准地址格式如下:

用户名@电子邮件服务器域名

例如,yekunquan@163.com,其中,用户名由英文字符组成,不分大小写,用于鉴别用户身份，又称为注册名；@的含义和读音与英文介词 at 相同，是"位于"之意；电子邮件服务器域名是用户的电子邮件信箱所在电子邮件服务器的域名。

7.6　文件传输服务

1. 文件传输的概念

文件传输协议(File Transfer Protocol，FTP)，用于管理计算机之间的文件传送。一般来说，用户联网的首要目的就是实现信息共享，文件传输是信息共享非常重要的内容之一。Internet 上早期实现传输文件，并不是一件容易的事，大家知道 Internet 是一个非常复杂的计算机环境，有 PC、工作站、大型机等，据统计，连接在 Internet 上的计算机已有上亿台，而这些计算机可能运行不同的操作系统，有运行 UNIX 的服务器，也有运行 Windows 的 PC 和运行 MacOS 的苹果机等，而各种操作系统的文件结构各不相同，要解决这种异种机和异种操作系统之间的文件交流问题，需要建立一个统一的文件传输协议，这就是 FTP。基于不同的操作系统，有不同的 FTP 应用程序，而所有这些应用程序都遵守同一种协议，这样用户就可以把自己的文件传送给别人，或者从其他的用户环境中获得文件。

FTP 服务可以在两台远程计算机之间传输文件，网络上存在着大量的共享文件，获得这些文件的主要方式是 FTP，FTP 服务是基于 TCP 的连接，端口号为 21。若想获取 FTP 服务器的资源，需要拥有该主机的 IP 地址(主机域名)、账号、密码。但许多 FTP 服务器允许用户用 anonymous 用户名登录，口令任意，一般为电子邮件地址。它可以实现文件传输的两种功能：下载(Download)，即从远程主机向本地主机复制文件；上载(upload)，即从本地主机向远程主机复制文件。

由于 Internet 采用了 TCP/IP 协议作为它的基本协议，因此在 Internet 中无论两台计算机在地理位置上相距多远，只要它们都支持 FTP 协议，它们之间就可以随时相互传送文件。这样做不仅可以节省实时联机的通信费用，而且可以方便地阅读与处理传输来的文件。更重要的是，Internet 上许多公司、大学的主机中含有数量众多的公开发行的各种程序与文件，这是 Internet 上的巨大和宝贵的信息资源。利用 FTP 服务，用户就可以方便地访问这些信息资源。同时，采用 FTP 传输文件时，不需要对文件进行复杂的转换，因此具有较高的效率。Internet 与 FTP 的结合，等于使每个联网的计算机都拥有了一个容量巨大的备份文件库，这是单个计算机无法实现的。但是，这也造成了 FTP 的一个缺点，那就是用户在文件下载(Download)到本地之前无法了解文件的内容。所谓下载，就是把远程主机上软件、文字、图片、图像与声音信息转到本地硬盘上。

2. FTP 文件传输方式

文件传输服务是一种实时的联机服务。在进行文件传输服务时，首先要登录到对方的计算机上，登录后只可以进行与文件查询、文件传输相关的操作。

使用 FTP 可以传输多种类型的文件，如文本文件、二进制可执行程序、声音文件、图像文件与数据压缩文件等。

尽管计算机厂商采用了多种形式存储文件，但文件传输只有两种模式：文本模式和二进制模式。文本模式使用 ASCII 字符，并由回车符和换行符分开，而二进制不用转换或格式化就可传送字符。二进制模式比文本模式更快，并且可以传输所有 ASCII 值，所以系统管理员一般将FTP设置成二进制模式。应注意在用FTP传输文件前,必须确保使用正确的传输模式,按文本模式传输二进制文件必将导致错误。

为了减少存储与传输的代价,通常大型文件[如大型数据库文件、讨论组文档、BSD UNIX(全部源代码)等]都是按压缩格式保存的。由于压缩文件也是按二进制模式来传送的,因此接收方需要根据文件的后缀来判断它是用哪一种压缩程序进行压缩的,那么解压缩文件时就应选择相应的解压缩程序进行解压缩。

3. 如何使用FTP

使用FTP的条件是用户计算机和向用户提供Internet服务的计算机能够支持FTP命令。UNIX系统与其他的支持TCP/IP协议的软件都包含有FTP实用程序。FTP服务的使用方法很简单,启动FTP客户端程序,与远程主机建立链接,然后向远程主机发出传输命令,远程主机在接收到命令后,就会立即返回响应,并完成文件的传输。

FTP提供的命令十分丰富,涉及文件传输、文件管理、目录管理与连接管理等方面。根据所使用的用户账户不同,可将FTP服务分为普通FTP服务和匿名FTP服务两类。

用户在使用普通FTP服务时,必须建立与远程计算机之间的连接。为了实现FTP连接,首先要给出目的计算机的名称或地址,当连接到宿主机后,一般要进行登录,在检验用户ID号和口令后连接才得以建立。因此,用户要在远程主机上建立一个账户。对于同一目录或文件,不同的用户拥有不同的权限,所以在使用FTP过程中,如果发现不能下载或上载某些文件时,一般是因为用户权限不够。但许多FTP服务器允许用户用anonymous用户名匿名登录,口令任意,一般为电子邮件地址。用自己的E-mail地址作为用户密码,匿名FTP服务器便可以允许这些用户登录到这台匿名FTP服务器,提供文件传输服务。如果是通过浏览器访问FTP服务器,则不用登录,就可访问到提供给匿名用户的目录和文件。

目前世界上有很多文件服务系统为用户提供公用软件、技术通报、论文研究报告,这就使Internet成为目前世界上最大的软件与信息流通渠道。Internet是一个资源宝库,保存有很多的共享软件、免费程序、学术文献、影像资料、图片、文字与动画,它们都允许用户使用FTP下载。由于使用FTP服务时,用户在文件下载到本地之前无法了解文件的内容,为了克服这个缺点,人们越来越倾向于直接使用WWW浏览器去搜索所需要的文件,然后利用WWW浏览器所支持的FTP功能下载文件。

7.7　VPN

1. VPN简介

简单地说,VPN(Virtual Private Network,虚拟专用网络)是指在公众网络上所建立的企业网络,并且此企业网络拥有与专用网络相同的安全、管理及功能等特点,它替代了传统的拨号访问,利用Internet公网资源作为企业专网的延续,节省昂贵的长途费用。VPN乃是原有专线式企业专用广域网络的替代方案,VPN并非要改变原有广域网络的一些特性,如多重协议的支持、高可靠性及高扩充度,而是在更为符合成本效益的基础上突显这些特性。

2. VPN技术原理

(1) VPN系统使分布在不同地方的专用网络在不可信任的公共网络上安全通信。

（2）VPN 设备根据网管设置的规则，确定是否需要对数据进行加密或让数据直接通过。

（3）VPN 设备对需要加密的数据包进行加密和附上数字签名。

（4）VPN 设备加上新的数据报头，其中包括目的地 VPN 设备需要的安全信息和一些初始化参数。

（5）VPN 设备对加密后的数据、鉴别包以及源 IP 地址、目标 VPN 设备 IP 地址进行重新封装，然后通过虚拟通道在公网上传输。

（6）当数据包到达目标 VPN 设备时，数据包被解封装，数字签名被核对无误后，数据包被解密。

3. VPN 的三大应用

VPN 的三大应用分别为直接远程访问（Remote Access）、Intranets 及 Extranets。远程访问 VPN 是连接移动用户（Mobile User）及小型的分公司，通过电话拨号上网来存取企业网络资源。Intranet VPN 是利用互联网将固定地点的总公司及分公司加以连接，成为一个企业总体网络。而 Extranet VPN 则是将 Intranet VPN 的连接再扩展到企业的经营伙伴，如供货商及客户，以达到彼此信息共享的目的。

4. VPN 的特点

（1）成本低。VPN 在设备的使用量及广域网络的频宽使用上，均比专线式的架构节省，故能使企业网络的总成本（Total Cost of Ownership）降低。根据分析，在 LAN-to-LAN 连接时，用 VPN 较使用专线的成本节省 20%～40%；而就远程访问而言，用 VPN 更能比直接连接至企业内部网络节省 60%～80%的成本。

（2）网络架构弹性大。VPN 较专线式的架构有弹性，当有必要将网络扩充或是变更网络架构时，VPN 可以轻易地达到目的，VPN 的平台具备完整的扩展性，大至企业总部的设备，小至各分公司，甚至个人拨号用户，均可被包含于整体的 VPN 架构中，同时 VPN 的平台也具有对未来广域网络频宽扩充及连接架构更新的弹性。

（3）良好的安全性。VPN 架构中采用了多种安全机制，如信道（Tunneling）、加密（Encryption）、认证（Authentication）、防火墙（Firewall）及黑客侦防系统（Intrusion Detection）等技术，通过上述的各项网络安全技术，确保资料在公众网络中传输时不被窃取，或是即使被窃取了，对方也无法读取封包内所传送的资料。

（4）管理方便。VPN 较少的网络设备及物理线路，使网络的管理较为轻松；不论分公司还是远程访问用户再多，均只需通过互联网的路径进入企业网络。

习题 7

一、选择题

1. E-mail 地址的格式为（　　）。
　　A. 用户名@邮件主机域名　　　　　　B. @用户名邮件主机域名
　　C. 用户名邮件主机域名　　　　　　　D. 用户名@域名邮件
2. 在电子邮件中所包含的信息（　　）。
　　A. 只能是文字　　　　　　　　　　　B. 只能是文字与图形图像信息

C. 只能是文字与声音信息　　　　D. 可以是文字、声音和图形图像信息

3. IP 地址 127.0.0.1 表示(　　)。

　　A. 一个暂未使用的保留地址　　　B. 一个属于 B 类的地址

　　C. 一个属于 C 类的地址　　　　　D. 一个环回地址

4. HTML 是一种(　　)。

　　A. 传输协议　　　　　　　　　　B. 超文本标记语言

　　C. 文本文件　　　　　　　　　　D. 应用软件

5. B 类 IP 地址的第一个字节的范围是(　　)。

　　A. 127~191　　　　B. 128~191　　　　C. 127~190　　　　D. 128~190

6. IP 地址 129.56.32.51 的(　　)表示网络 ID。

　　A. 129.56　　　　　B. 129　　　　　　C. 129.56.32　　　　D. 51

二、填空题

1. IP 地址由_____位二进制数字构成。

2. IP 地址由_____和_____两部分组成。其中_____用于区别同一物理子网中不同的主机和网络设备。

3. _____是 WWW 浏览器的基本文件类型。

4. 文件传输服务是一种联机服务,使用的是_____模式。

5. IP 地址与它的子网掩码作"与"运算后,所得的是此 IP 地址的_____。

三、简答题

1. 什么是 Internet? Internet 有哪些特点?

2. Internet 能提供哪些主要的信息服务?

3. 什么是 IP 地址? Internet 地址的表示方式有哪两种?

4. IP 地址可分为几类? 各自的范围是什么?

5. 什么是域名系统? 简述域名系统的分层结构。

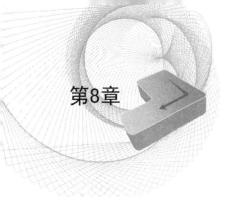

第8章

网 络 安 全

随着计算机网络的发展,尤其是 Internet 的广泛应用,使得计算机的应用更加广泛与深入,同时计算机系统的安全问题也日益突出和复杂。本章主要对网络安全的定义、防火墙的原理和使用、计算机病毒的防护以及网络攻击的基本知识等方面进行讲述。

本章学习目标:

- 了解网络安全的定义和策略。
- 掌握网络防火墙的基本概念和主要类型。
- 掌握计算机病毒的防护。
- 掌握网络攻击的基本知识。

8.1 网络安全概述

8.1.1 网络安全的定义

在解释"网络安全"这个术语之前,首先要明确计算机网络的定义,计算机网络是地理上分散的多台自主计算机互联的集合,这些计算机遵循约定的通信协议,与通信设备、通信链路及网络软件共同实现信息交互、资源共享、协同工作及在线处理等功能。

从广义上说,网络安全包括网络硬件资源及信息资源的安全性。硬件资源包括通信线路、通信设备(交换机、路由器等)、主机等,要实现信息快速、安全的交换,可靠的物理网络是必不可少的。信息资源包括维持网络服务运行的系统软件和应用软件,以及在网络中存储和传输的用户信息数据等。信息资源的保密性、完整性、可用性、真实性等是网络安全研究的重要课题,也是本书涉及的重点内容。

从用户的角度来看,网络安全主要是保障个人数据或企业的信息在网络中的保密性、完整性、不可否认性,防止信息的泄露和破坏,防止信息资源的非授权访问。对于网络管理者来说,网络安全的主要任务是保障合法用户正常使用网络资源,避免病毒、拒绝服务、远程控制、非授权访问等安全威胁,及时发现安全漏洞,制止攻击行为等。从教育和意识形态方面,网络安全主要是保障信息内容的合法与健康,控制含不良内容的信息在网络中传播。例如,英国实施的"安全网络 R-3"计划,其目的就是打击网络上的犯罪行为,防止 Internet 上不健康内容的泛滥。

可见网络安全的内容是十分广泛,不同的人群对其有不同的理解。在此对网络安全下一个通用的定义:网络安全是指保护网络系统中的软件、硬件及信息资源,使之免受偶然或恶意的破坏、篡改和泄露,保证网络系统的正常运行、网络服务不中断。

8.1.2 网络安全的主要威胁

1. 网络安全威胁的定义

所谓的网络安全威胁,是指某个实体(人、事件、程序等)对某一网络资源的机密性、完整性、可用性及可靠性等可能造成的危害。网络安全威胁可分成故意威胁(如系统入侵)和偶然威胁(如信息被发到错误地址)两类。故意威胁又可进一步分成被动威胁和主动威胁两类。被动威胁只对信息进行监听,而不对其修改和破坏,主动威胁则是对信息进行故意篡改和破坏,使合法用户得不到可用信息。实际上,目前还没有统一的、明确的方法对安全威胁进行分类和界定,但是为了理解安全服务的作用,人们总结了计算机网络及通信中经常遇到的一些威胁。

(1) 对信息通信的威胁。用户在网络通信过程中,通常遇到的威胁可以分为两类:一类为主动攻击,攻击者通过网络将虚假信息或计算机病毒传入信息系统内部,破坏信息的真实性、完整性及可用性,即造成通信中断、通信内容破坏甚至系统无法正常运行等较严重后果的攻击行为;另一类为被动攻击,攻击者截获、窃取通信消息,损害消息的机密性,由于被动攻击不易被发现,具有较大的欺骗性。

(2) 对信息存储的威胁。由于存储在计算机存储设备中的数据,也存在着同样严重的威胁。攻击者获得对系统的访问控制权后,就可以浏览存储设备中的数据、软件等信息,窃取有用的信息,破坏数据的机密性,如果对存储设备中的数据进行删除和修改,则破坏信息的完整性、真实性和可用性。对信息存储的安全保护主要通过访问控制和数据加密方法来实现。

(3) 对信息处理的威胁。信息在进行加工和处理的过程中,通常以明文形式出现,加密保护不用处理过程中的信息。因此,在处理过程中信息极易受到攻击和破坏,造成严重损失。另外,信息在处理过程中,也可能由于信息处理系统本身软硬件的缺陷或脆弱性等原因,使信息安全性遭到损害。

2. 构成威胁的因素

影响信息系统的因素很多,有些因素可能是有意的,也可能是无意的;可能是人为的,也可能是非人为的;还可能是黑客对网络资源的非法使用。归结起来,针对信息系统的威胁主要有以下 3 个因素:

(1) 环境和灾害因素。温度、湿度、供电、水灾、火灾、地震、静电、灰尘、雷电、强电磁场等,均会破坏数据和影响信息系统的正常工作。灾害轻则造成业务工作的混乱,重则造成系统中断甚至造成无法估量的损失。

(2) 人为因素。在网络安全问题中,人为因素是不可忽视的。多数的安全事件是由于人员的疏忽、恶意程序、黑客的主动攻击造成的。人为因素对网络安全的危害性更大,也更难于防御。

人为因素可分为有意和无意。有意的是指人为的恶意攻击、违纪、违法和犯罪。计算机病毒就是一种人为编写的恶意代码,具有自我繁殖、相互感染、激活再生等特征。计算机一旦感染病毒,轻则影响系统性能,重则破坏系统资源,甚至造成死机和系统瘫痪。网络为病毒的传播提供了捷径,其危害也更大。黑客攻击是利用通信软件,通过网络非法进入他人系统,截获或篡改数据,危害信息安全。

无意的是指网络管理员因工作的疏忽造成失误,不是主观故意的,但同样会对系统造成严重的不良后果。人员无意造成的安全问题主要源自 3 个方面:一是网络及系统管理员方面,对系统配置及安全缺乏清醒的认识或整体的考虑,造成系统安全性差,影响网络安全及服务质量;二是程序员方面的问题,程序员开发的软件本身有安全缺陷;三是用户方面,用户有责任保护好自己的口令和密钥。

(3) 系统自身因素。计算机网络安全保障体系应尽量避免天灾造成的计算机危害,控制、预防、减少人祸以及系统本身原因造成的计算机危害。尽管近年来计算机网络安全技术取得了巨大的进步,但计算机网络系统的安全性比以往任何时候都更加脆弱。主要表现为它极易受到攻击和侵害,它的抗打击能力和防护力很弱。其脆弱性主要表现为:计算机硬件系统的故障、软件组件、网络和通信协议等。

8.1.3 网络安全的策略

安全策略是指在某个安全区域内,所有与安全活动相关的一套规则,这些规则由此安全区域内所设立的一个权威建立。如果说网络安全的目标是一座大厦的话,那么相应的安全策略就是施工蓝图,它使网络建设和管理过程中的安全工作避免盲目性。但是,它没有得到足够的重视。国际调查表明,目前有近六成的企业没有自己的安全策略,仅仅靠一些简单的安全措施来保障安全,这些安全措施可能存在互相分立、互相矛盾、互相重复等问题,既无法保障网络的安全可靠,又影响网络的服务性能,并且随着网络运行而对安全措施进行不断的修补,使整个安全系统更加臃肿,难于使用和维护。

网络安全策略包括对企业的各种网络服务的安全层次和用户的权限进行分类,确定管理员的安全职责,如何实施安全故障处理、网络拓扑结构、入侵和攻击的防御和检测、备份和灾难恢复等内容。在本章中所谈及的安全策略主要是指系统安全策略,主要涉及物理安全策略、访问控制策略、信息加密策略、安全管理策略 4 个方面。

1. 物理安全策略

制定物理安全策略的目的是保护路由器、交换机、工作站、各种网络服务器、打印机等硬件实体和通信链路免受自然灾害、人为破坏和搭线窃听攻击;验证用户的身份和使用年限、防止用户越权操作;确保网络设备有一个良好的电磁兼容工作环境;建立完备的机房安全管理制度,妥善保管备份磁带和文档材料;防止非法人员进入机房进行偷窃和破坏活动。

2. 访问控制策略

访问控制是网络安全防范和保护的主要策略,它的主要任务是保证网络资源不被非法使用和非法访问。它也是维护网络系统安全、保护网络资源的重要手段。各种安全策略必须相互配合才能真正起到保护作用,常见的访问控制策略主要有入网访问控制、网络权限控制、目录级安全控制、属性安全控制、网络服务器安全控制、网络监测和锁定控制、网络端口和结点的安全控制及防火墙控制等。

3. 信息加密策略

信息加密的目的是保护网内的数据、文件、口令和控制信息,保护网内会话的完整性。网络加密可以在数据链路层、网络层、应用层等进行,分别对应网络体系结构中的不同层次形成加密通信信道。用户可以根据不同的需要来选择适当的加密方式。加密过程由加密算法具体实施。据不完全统计,到目前为止,已经公开发表的各种加密算法多达数百种。如果按照收发双方使用的密钥是否相同来分类,可以将这些加密算法分为对称密码算法和非对称密码算法。在对称密码算法中,加密和解密使用相同的密钥;在非对称密钥算法中,加密和解密使用的密钥互不相同,而且很难从加密密钥推导出解密密钥。

4. 安全管理策略

安全与方便往往是互相矛盾的。有时虽然知道自己网络中存在的安全漏洞以及可能招致的攻击,但是出于管理协调方面的问题而无法更正。因为管理使用一个网络,包括用户数据更新管理、路由政策管理、数据流量统计管理、新服务开发管理、域名和地址管理等,网络安全管理只是其中的一部分,并且在服务层次上,处于对其他管理提供服务的地位上。这样,在与其他管理服务存在冲突时,网络安全往往需要做出让步。因此,制定一个好的安全管理策略,协调好安全管理与其他网络管理业务、安全管理与网络性能之间的关系,对于确保网络安全、可靠地运行是必不可少的。

网络的安全策略包括:①确定安全管理等级和安全管理范围;②制定有关网络操作使用规程和人员出入机房管理制度;③制定网络系统的维护制度和应急措施等。安全管理的落实是实现网络安全的关键。

8.2　防火墙技术

在捍卫网络安全的过程中,防火墙(Firewall)受到越来越多的重视。防火墙作为不同网络或网络安全域之间信息的出入口,采用将内部网和公众网分开的方法,根据企业的安全策略控制出入网络的信息流。防火墙作为网络安全体系的基础和核心控制设备,对通过受控网络通信主干线的任何通信行为进行安全处理,如控制、审计、报警、反应等,同时也承担着繁重的通信任务,自身还要面对各种安全威胁。因此,选用一个安全、稳定、可靠的防火墙产品,其重要性不言而喻。

8.2.1　防火墙的定义

防火墙是指设置在不同网络(如可信任的企业内部网和不可信任的公共网)或网络安全域之间的一系列部件的组合。防火墙是设置在被保护网络和外部网络之间的一道屏障,如图8.1所示,以防止发生不可预测的、潜在破坏性的侵入。互联网也受到像在现实中向他人的墙上喷染涂鸦,将他人的邮箱推倒或者坐在大街上按汽车喇叭一样的某些无聊的人的困扰,这些人喜爱在网上做类似的事。一般来说,防火墙的目的是将那些无聊之人挡在要保护的网络之外,同时使自己仍可以完成工作。

那么,防火墙是怎么工作的呢?

大家知道,所有的互联网通信都是通过独立数据包的交换来完成的。每个包由源主机向目的主机传输。包是互联网上信息传输的基本单位,虽然人们常

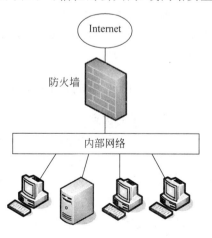

图 8.1　防火墙逻辑位置示意图

说计算机之间的"连接",但这"连接"实际上是由"连接"的两台计算机之间传送的独立数据包组成的。实质上,计算机"同意"相互之间的"连接",并各自向发送者发出"应答包",让发送者知道数据被接收。

为了到达目的地,不论两台计算机是近在咫尺还是在不同的大洲上,每个数据包都必须包含目的主机的IP地址、目的主机端口号、源主机的IP地址及源主机端口号。也就是说,每一个在互联网上传送的包都必须含有源地址和目的地址。一个IP地址总是指向互联网上的一台单独机器,而端口号则和机器上的某种服务或会话相关联。

大家知道,防火墙的任务就是检查每个到达用户的计算机的数据包,因此在这个包被用户的计算机上运行的任何软件接收之前,防火墙有完全的否决权,可以禁止用户的计算机接收互联网上的任何信息。当第一个请求建立连接的包被用户的计算机回应后,一个TCP/IP端口被打开。如果到达的包不被受理,这个端口就会迅速地从互联网上消失,而如果没有端口号,任何其他的计算机都无法和用户的计算机相连。

当然,防火墙的真正作用在于选择哪些包该拦截、哪些包该放行。既然每个到达的包都含有正确的发送者的IP地址(以便接收者发送回应包),那么根据源主机IP地址及端口号和目的主机IP地址及端口号的一些组合,防火墙可以"过滤"掉一些到达的包。

例如,用户正在运行Web服务器,需要允许远程主机在80端口(http)和用户的计算机连接,防火墙就可以检查每个到达的包并只允许由80端口开始的连接。新的连接将会在所有的其他端口上被拒绝,即使用户的计算机不小心被装入了"特洛伊木马"程序,禁止"特洛伊木马"通行的扫描也可以检测到"特洛伊木马"的存在,这样所有联络系统内"特洛伊木马"程序的企图都会被防火墙拦截了,从而保护用户的计算机信息不会被泄露。

总之,防火墙是不同网络或网络内部安全域之间信息的唯一出入口,能根据企业的安全政策控制(允许、拒绝、监测)出入网络的信息流,且本身具有较强的抗攻击能力。它可以实现以下功能。

(1) 限定人们从一个特别的控制点进入。

(2) 防止侵入者接近企业的其他设施。

(3) 限定人们从一个特别的点离开。

(4) 有效地阻止破坏者对企业的计算机系统进行破坏。

对于一个需要保护的网络来说,防火墙是提供信息安全服务、实现网络和信息安全的基础设施。它可以通过监测、限制、更改跨越防火墙的数据流,尽可能地对外部屏蔽网络内部的信息、结构和运行状况。

8.2.2 防火墙的功能特点

1. 防火墙的优点

从防火墙的工作过程,可以看出它有以下优点。

(1) 防火墙能强化安全策略。因为互联网上每天都有上百万人在那里收集信息、交换信息,不可避免地会出现个别品德不良的人或违反规则的人,防火墙是为了防止不良现象发生的"交通警察",它执行站点的安全策略,仅仅容许"认可的"和符合规则的请求通过。

(2) 防火墙能有效地记录互联网上的活动。因为所有进出信息都必须通过防火墙,所以防火墙非常适用于收集关于系统和网络使用和误用的信息。作为访问的唯一点,防火墙能在被保护的网络和外部网络之间进行记录。

（3）防火墙限制暴露用户点。防火墙能够用来隔开网络中一个网段与另一个网段，这样能够防止影响一个网段的问题通过整个网络传播。

（4）防火墙是安全策略的检查站。所有进出的信息都必须通过防火墙，防火墙便成为安全问题的检查点，使可疑的访问被拒绝于门外。

2. 防火墙的缺点

防火墙作为网络安全的一种防护手段得到了广泛的应用，它可以解决很多的网络安全问题，应该说对网络起到了一定的防护作用，但防火墙并非绝对安全，对于有些攻击，它也无法防范。

（1）防火墙不能防范恶意的知情者。防火墙不能防止网络内部的知情者所造成的安全泄密。事实上，有70%以上的网络安全问题是由于网络内部的知情人的操作失误或有意破坏造成的。尽管一个工业间谍可以通过防火墙传送信息，但他更有可能利用电话、传真机或软盘来传送信息，软盘远比防火墙更有可能成为泄露用户机构秘密的媒介。防火墙同样不能保护用户免遭通过电话泄露敏感信息。如果攻击者能找到内部的"对他有帮助"的雇员取得合法的账户，就可以绕过防火墙进入内部网络。对于来自知情者的威胁只能要求加强内部管理，如主机安全和用户教育等。

（2）防火墙不能防范不通过它的连接。防火墙能够有效地阻挡通过它进行传输的信息，然而不能阻挡不通过它而传输的信息，也就是说，防火墙不能防范不经过防火墙的攻击。许多接入到互联网的企业对通过接入路线造成公司专用数据泄露非常担心，但企业管理层对应当如何保护自己网络的安全没有连贯的政策。有许多机构购买了价格昂贵的防火墙，但却忽视了通往其网络中的其他几扇后门。要使防火墙发挥作用，防火墙就必须成为整个机构安全架构中不可分割的一部分。防火墙的策略是否现实，能够反映出整个网络安全的水平。例如，一个保存着超级机密或保密数据的站点根本不需要防火墙，因为它根本不应当被接入到互联网上。保存真正秘密数据的系统应当与企业的其余网络隔离开。

（3）防火墙无法防范数据驱动型的攻击。数据驱动型的攻击从表面上看是无害的数据被邮寄或复制到互联网主机上，一旦执行就开始攻击。例如，一个数据型攻击可能导致主机修改与安全相关的文件，使得入侵者很容易获得对系统的访问权。后面将会看到，在堡垒主机上部署代理服务器是禁止从外部直接产生网络连接的最佳方式，并能减少数据驱动型攻击的威胁。

（4）防火墙不能防范所有病毒。防火墙不能有效地防范像病毒之类的入侵。在网络上传输二进制文件的编码方式太多了，并且有太多不同的结构和病毒，因此不可能查找所有的病毒。换句话说，防火墙不可能将安全意识（Security-consciosness）交给用户一方，所以不要试图将病毒挡在防火墙之外，而是保证每个脆弱的桌面系统都安装上病毒扫描软件，只要一引导计算机就对病毒进行扫描。利用病毒扫描软件防止通过软盘、调制解调器和互联网传播的病毒的攻击。防火墙只能防止来自互联网的病毒，而绝大多数病毒是通过软盘传染上的。

8.2.3 防火墙的基本类型

防火墙技术可根据防范的方式和侧重点的不同而分为很多种类型，但大体上可以划分为两类：一类基于包过滤(Packet Filter)；另一类基于代理服务(Proxy Service)。二者的区别在于：基于包过滤的防火墙通常直接转发报文，它对用户完全透明，速度较快；而基于代理服务的防火墙是通过代理服务器建立连接，它可以有更强的身份验证和日志功能。代理服务器又包含两大类：一类是电路级代理网关；另一类是应用级代理网关。

1. 包过滤防火墙

包过滤防火墙是最简单的防火墙，一般在路由器上实现。包过滤防火墙通常只包括对源和目的 IP 地址及端口的检查。其工作原理如图 8.2 所示。它利用数据包的头信息(源 IP 地址、封装协议、端口号等)判定与过滤规则相匹配与否决定取舍。

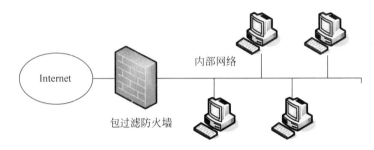

图 8.2　包过滤防火墙的工作原理

1) 包过滤防火墙的分类

包过滤防火墙的安全性是基于对包的 IP 地址的校验。包过滤防火墙将所有通过的数据包中发送方 IP 地址、接收方 IP 地址、TCP 端口、TCP 链路状态等信息读出，并按照预先设定的过滤原则过滤数据包。那些不符合规定的 IP 地址的数据包会被防火墙过滤掉，以保证网络系统的安全。包过滤类型的防火墙遵循的一条基本原则是"最小授权原则"，即只允许网络管理员希望通过的数据包通过，禁止其他的数据包通过。包过滤防火墙可以分为静态包过滤防火墙和动态包过滤防火墙两种。

(1) 静态包过滤防火墙。这种类型的防火墙根据定义好的过滤规则审查每个数据包，以便确定其是否与某一条包过滤规则匹配。过滤规则基于数据包的报头信息进行制定。报头信息中包括 IP 源地址、IP 目的地址、传输协议(TCP、UDP、ICMP 等)、TCP/UDP 目的端口、ICMP 消息类型等。

(2) 动态包过滤防火墙。这种类型的防火墙采用动态设置包过滤规则的方法，现在又发展成为包状态监测(Stateful Inspection)技术。采用这种技术的防火墙对通过其建立的每一个连接都进行跟踪，并且根据需要可动态地在过滤规则中增加或更新条目。

2) 包过滤防火墙的过滤规则

包过滤防火墙主要是防止外来攻击，或是限制内部用户访问某些外部的资源。如果是防止外部攻击，针对典型攻击的过滤规则大体有以下几条。

(1) 对付源 IP 地址欺骗式攻击(Source IP Address Spoofing Attack)。对入侵者假冒内部主机，从外部传输一个源 IP 地址为内部网络 IP 地址的数据包的攻击，防火墙只需把来自外部端口的使用内部源地址的数据包统统丢弃掉。

(2) 对付源路由攻击(Source Routing Attack)。源路由攻击指定了数据包在互联网中的传递路线，以躲过安全检查，使数据包沿着一条特定的路径到达目的地。对付这类攻击，防火墙应丢弃所有包含源路由选项的数据包。

（3）对付残片攻击(Tiny Fragment Attack)。入侵者使用 TCP/IP 数据包的分段特性，创建极小的分段并强行将 TCP/IP 头信息分成多个数据包，以绕过用户防火墙的过滤规则。黑客期望防火墙只检查第一个分段而允许其余的分段通过。对付这类攻击，防火墙只需将 TCP/IP 协议片断位移值(Fragment Offset)为 1 的数据包全部丢弃即可。

3) 包过滤防火墙的特点

包过滤防火墙的最大优点就是它对于用户来说是透明的，也就是说不需要用户名和密码来登录。这种防火墙速度快而且易于维护，通常作为第一道防线。包过滤防火墙的弊端也是很明显的，通常它没有用户的使用记录，这样就不能从访问记录中发现黑客的攻击记录。另外，包过滤防火墙需从建立安全策略和过滤规则集入手，需要花费大量的时间和人力，还要根据新情况不断更新过滤规则集。同时，规则集的复杂性又没有测试工具来检验其正确性，这些都是不方便的地方。对于采用动态分配端口的服务，如很多 RPC(远程过程调用)服务相关联的服务器在系统启动时随机分配端口的，包过滤防火墙很难进行有效的过滤。

4) 示例

某公司有一个 B 类地址 202.168.0.0，它不希望互联网上的其他站点对它进行访问。但是，该公司网络中有一个子网 202.168.3.0 用于和某大学合作开发项目，该大学有一个 B 类地址 202.111.0.0，并希望大学的各个子网都能访问 202.168.3.0 子网。而 202.111.111.0 只能访问 202.168.3.0 子网，不能访问公司的其他子网。这时所需的规则集如表 8.1 所示。

表 8.1 包过滤防火墙规则集

规 则	源 地 址	目 的 地 址	动 作
A	202.111.0.0	202.168.3.0	Permit
B	202.111.111.0	202.168.0.0	Deny
C	202.168.3.0	202.111.0.0	Permit
D	0.0.0.0	0.0.0.0	Deny

这里，规则 A 表明所有属于 202.111.0.0 的主机允许访问 202.168.3.0 子网；规则 B 表明 202.111.111.0 子网的主机不能访问 202.168.0.0 子网；规则 C 表明 202.168.3.0 子网可以访问 202.111.0.0 子网；规则 D 表明其他情况均不允许。

2. 代理型防火墙

1) 代理型防火墙的定义

代理型防火墙也称为应用层网关(Application Gateway)防火墙。这种防火墙的核心技术是代理服务器技术，它以此参与到一个 TCP 连接的全过程。当代理服务器得到一个客户的连接请求时，它将核实客户请求，检查验证其合法性。如其合法，经过特定的安全化的 Proxy 应用程序处理连接请求，并将处理后的请求传递到目的服务器上，然后等待服务器应答，像一台客户机一样取回所需的信息，做进一步处理后，将答复交给发出请求的最终客户。代理型防火墙将内部系统与外界隔离开来，从外面只能看到代理型防火墙而看不到任何内部资源。从内部发出的数据包经过这样的防火墙处理后，就好像是源于防火墙外部网卡一样,从而可以达到隐藏内部网络结构的作用。代理型防火墙只允许有代理的服务通过,而其他所有服务都完全被封锁住。这一点对系统安全是很重要的,只有那些被认为"可信赖的"服务才允许通过防火墙。另外,代理服务还可以过滤协议,如可以过滤 FTP 连接,拒绝使用 FTP put(放置)命令,以保证用户不能将文件写到匿名服务器。代理服务具有信息隐蔽、保证有效的认证和登录、简化过滤规则等优点。网络地址转换服务(Network Address Translation,NAT)可以屏蔽内部网络的 IP 地址,使网络结构对外部不可见。代理型防火墙非常适合那些根本就不希望外部用户访问企业内部,同时也不希望内部的用户无限制地使用或滥用互联网的网络。采用代理型防火墙,可以把企业的内部网络隐蔽起来,内部的用户需要验证和授权之后才可以访问互联网。代理服务器在外部网络向内部网络申请服务时发挥了中间转接的作用,被网络安全专家和媒体公认为是最安全的防火墙。代理型防火墙包含两大类:一类是电路级网关,另一类是应用级网关。

(1)电路级网关。电路级网关又称为线路级网关,它工作在会话层,其工作原理如图 8.3 所示。电路级网关在两主机首次建立 TCP 连接时创立一个电子屏障。它作为服务器接收外来请求,转发请求;与被保护的主机连接时则担当客户机角色,起代理服务的作用。它监视两主机建立连接时的握手信息,如 SYN(同步信号)、ACK(应答信号)和序列数据等是否合乎逻辑,判定该会话请求是否合法。一旦会话连接有效后网关仅复制、传递数据,而不进行过滤。电路级网关中特殊的客户程序只在初次连接时进行安全协商控制,其后就透明了。只有懂得如何与该电路级网关通信的客户机才能到达防火墙另一边的服务器。

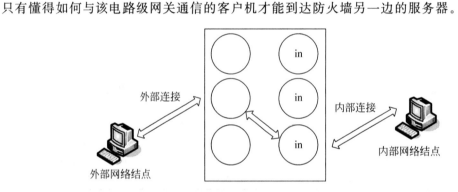

图 8.3　电路级网关的工作原理

电路级网关常用于向外连接,这时网络管理员对其内部用户是信任的。电路级网关的优点是堡垒主机可以被设置成混合网关。对于进入的连接使用应用级网关或代理服务器,而对于出去的连接使用电路级网关。这样使得防火墙既能方便内部用户,又能保证内部网络免于外部的攻击。

总体来说,电路级网关的防火墙的安全性比较高,但它仍不能检查应用层的数据包以消除应用层攻击的威胁。

(2)应用级网关。应用级网关使得网络管理员能够实现比包过滤防火墙更严格的安全策略。应用级网关的工作原理如图 8.4 所示,它不用依赖包过滤工具来管理互联网服务在防火墙系统中的进出,而是采用为每种所需服务在网关上安装特殊代码(代理服务)的方式来管理互联网服务。如果网络管理员没有为某种应用安装代理编码,那么该项服务就不支持并不能通过防火墙系统来转发。同时,代理编码可以配置成只支持网络管理员认为必需的部分功能,如 Telnet Proxy 负责 Telnet 在防火墙上的转发,HTTP Proxy 负责 WWW 在防火墙上的转发、FTP Proxy 负责 FTP 在防火墙上的转发等。

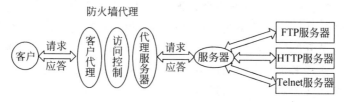

图 8.4　应用级网关的工作原理

管理员根据自己的需要安装相应的代理。每个代理相互无关,即使某个代理工作发生问题,只需将它简单卸载,不会影响其他的代理模块,同时也保证了防火墙的安全。与包过滤防火墙(允许数据包在内部系统和外部系统之间直接流入和流出)不同,应用级网关允许信息在系统之间流动,但不允许直接交换数据包。一个应用级网关常常被称为"堡垒主机(Bastion Host)"。因为它是一个专门的系统,有特殊的装备,并能抵御攻击。

应用级网关有许多优点,它能够让网络管理员对服务进行全面的控制,因为代理应用限制了命令集并决定哪些内部主机可以被该服务访问。同时网络管理员可以完全控制提供哪些服务,因为没有特定服务的代理就表示该服务不提供。应用级网关有能力支持可靠的用户认证并提供详细的注册信息。另外,用于应用层的过滤规则相对于包过滤防火墙来说更容易配置和测试。

应用级网关的最大缺点是要求用户改变自己的行为,或者在访问代理服务的每个系统上安装特殊的软件。例如,透过应用级网关 Telnet 访问,要求用户通过两步而不是一步来建立连接。不过,特殊的端系统软件可以让用户在 Telnet 命令中指定目的主机而不是应用级网关来使应用级网关透明。另外,为每种所需服务在网关上安装特殊代码(代理服务)带来了附加的费用,而且提供给用户的服务水平也有所下降,由于缺少透明性而导致缺少友好性。

2) 代理型防火墙的特点

无论是电路级网关还是应用级网关都具有登记、日记、统计和报告功能,有很好的审计功能,还可以具有严格的用户认证功能。先进的认证措施,如 RADIUS(远程拨号用户认证服务)验证授权服务器、智能卡、认证令牌、生物统计学和基于软件的工具已被用来克服传统口令的弱点。尽管认证技术各不相同,但它们产生认证信息不能让通过非法监视连接的攻击者重新使用。在目前黑客智能程度越来越高的情况下,一个可访问互联网的防火墙,如果不使用先进认证装置或者不包含使用先进验证装置,几乎是没有意义的。当今使用的一些比较流行的先进认证装置称为一次性口令系统。例如,智能卡或认证令牌产生一个主系统可以用来取代传统口令的响应信号,由于智能卡或认证令牌是与主系统上的软件或硬件协同工作的,因此所产生的响应对每次注册都是独一无二的,其结果是产生一次性口令。这种口令即使被入侵者获得,也不可能被入侵者重新使用来获得某一账户,从而有效地保护了企业内部网络。

3) 实例

下面设计一种简单利用代理服务器作为内部网络和外部网络间的防火墙,阻止内部网络和外部网络的直接连接,再辅以用户身份验证模块和监控、记录模块。本例中的代理服务模型逻辑结构如图 8.5 所示,这里选用 Netscape Proxy Server 3.5 代理服务器软件,在安装好代理服务器后,再设计一个代理服务器的配置文件,代理服务器根据该配置文件的源 IP 地址、目的 IP 地址和身份验证控制内外网络的访问权限;利用监控、记录模块实现对所有数据流的监控和记录,以提供网管所需的各种数据。另外,为了防止侵入者窃取系统口令文件和通过偷听网络连接来获取合法用户 ID 和口令,从而对内部网络进行攻击,本系统采用了一次性口令系统(OTP)对用户身份进行认证,以进一步提高整个网络系统的安全性。

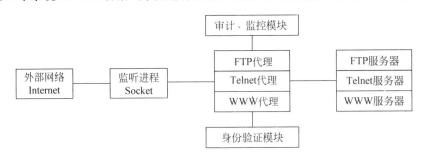

图 8.5　代理服务模型逻辑结构

3. 包过滤防火墙和代理型防火墙的功能差别

表 8.2 是包过滤防火墙和代理型防火墙技术特点的对照表。包过滤防火墙和代理型防火墙相比,包过滤防火墙最主要的优点是仅用一个放置在战略要地上的包过滤防火墙就可以保护整个网络,而且过滤效率高、成本低、易于安装和使用。但包过滤防火墙在机器中配置比较困难。由于是一种基于 IP 认证,因此不能识别相同 IP 地址的不同用户,不具备身份认证功能。而且,过滤规则的设计存在矛盾关系,如果过滤规则简单,则安全性差;如果过滤规则复杂,则管理困难。一旦判断条件满足,防火墙内部网络的结构和运行状态便"暴露"在外来用户面前。某些包过滤系统本身就可能存在缺陷,这些缺陷对系统安全性的影响要大大超过代理服务对系统安全性的影响。代理服务通常被认为是最安全的防火墙技术,它

表 8.2　两种防火墙技术的对比

	包过滤防火墙	代理型防火墙
优点	价格较低	内置了专门为了提高安全性而编制的 Proxy 应用程序,能够透彻地理解相关服务的命令,对来往的数据包进行安全化处理
	性能开销小,处理速度较快	安全,不允许数据包通过防火墙,避免了数据驱动式攻击的发生
缺点	定义复杂,容易出现因配置不当带来问题	速度较慢,不太适用于高速网(ATM 或千兆位以太网等)之间的应用
	允许数据包直接通过,容易造成数据驱动式攻击的潜在危险	对于每一种应用服务都必须为其设计一个代理软件模块来进行安全控制,而每一种网络应用服务的安全问题各不相同,分析困难,因此实现也困难
	不能理解特定服务的上下文环境,相应控制只能在高层由代理服务和应用级网关来完成	
	审计功能差	

能进行安全控制又可以加速访问,能够有效地实现防火墙内外计算机系统的隔离,安全性好,还可用于实施较强的数据流监控、过滤、记录和报告等功能;它能严格进行用户身份认证,从而能进行基于用户的网络访问控制,能允许用户"直接"访问互联网。其缺点是对于每一种应用服务都必须为其设计一个代理软件模块来进行安全控制,而每一种网络应用服务的安全问题各不相同,分析困难,因此实现也困难。另外,代理服务对网络用户不透明,必须使用特殊的操作界面和方式;而且每个代理服务要求不同的服务器,使得网络服务有限,通用性和方便性较差。

4. 复合型防火墙体系

在实际应用当中,防火墙体系的构建是一个非常专业化的过程。当然可以根据具体的情况,做出一定的安全政策,并采用上述某种特定的防火墙。但绝大多数情况是根据具体的安全需求,通过某种体系架构来实现更高强度的安全体系。因此,构建防火墙的"真正的解决方案"很少采用单一的技术,通常是多种解决不同问题的技术的有机组合。需要解决的问题依赖于想要向客户提供什么样的服务以及愿意接受什么等级的风险,采用何种技术来解决那些问题依赖于时间、金钱、专长等因素。

一些协议(如 Telnet、SMTP)能更有效地处理数据包过滤,而另一些协议(如 FTP、Gopher、WWW)能更有效地处理代理。大多数防火墙,如规则检查防火墙,将数据包过滤和代理服务器结合起来使用。

规则检查防火墙结合了包过滤防火墙和代理型防火墙的特点。它同包过滤防火墙一样,能够在网络层上通过 IP 地址和端口号过滤进出的数据包。它也像代理型防火墙一样,能够检查 SYN 和 ACK 标记和序列数字是否逻辑有序。当然它也像应用级网关一样,可以在应用层上检查数据包的内容,查看这些内容是否能符合公司网络的安全规则。

规则检查防火墙虽然集成了包过滤防火墙和代理型防火墙的特点,但是不同于应用级网关,它并不打破客户机/服务器模式来分析应用层的数据,它允许受信任的客户机和不受信任的主机建立直接连接。规则检查防火墙不依靠与应用层有关的代理,而是依靠某种算法来识别进出的应用层数据,这些算法通过已知合法数据包的模式来比较进出数据包,这样从理论上就能比应用层代理在过滤数据包方面更有效。

目前在市场上流行的防火墙大多属于规则检查防火墙,因为该防火墙对于用户透明,在 OSI 最高层上加密数据,不需要修改客户端的程序,也不需要对每个在防火墙上运行的服务额外增加一个代理。例如,现在最流行的 OnTechnology 软件公司生产的 OnGuard 防火墙和 CheckPoint 软件公司生产的 FireWall-1 防火墙都是规则检查防火墙。

8.3 计算机病毒的防护

8.3.1 病毒的定义

计算机病毒是指编制或者在计算机程序中插入的破坏计算机功能或者毁坏数据,影响计算机的使用,并能自我复制的一组计算机指令或者程序代码。它具有以下特性。

(1)传染性。计算机病毒能够自我复制,将自己的代码插入到其他程序的代码中,并在其他程序运行时夺取控制权。传染性是计算机病毒最根本的特性,没有传染性就不能称为计算机病毒。

（2）非授权可执行性。用户调用执行一个程序时，系统会将执行权交给该程序。用户对程序的执行是可知的，程序的执行过程对用户是透明的。计算机病毒是未授权可执行的程序，正常用户不会知道病毒程序是如何启动和执行的。病毒感染正常程序后，当用户运行该程序时，病毒伺机窃取系统的控制权，而用户对这个过程一无所知。

（3）隐蔽性。计算机病毒在潜伏和传播过程中会尽可能地隐蔽自己，降低被发现的概率。它可以依附在正常程序或磁盘扇区中，在表面上保持被传染文件原有的文件大小和长度，标注相应的磁盘扇区为"坏扇区"。在传播时，病毒也可以通过线程插入等手段隐藏自己。

（4）潜伏性。计算机病毒进入程序和系统后，不会立即发作，而是潜伏下来，在用户无法察觉的情况下进行传染。潜伏的越深，病毒在系统中存在的时间就越长，传染范围就越广，危害性也就越大。

（5）破坏性。计算机病毒基本上都有一段破坏代码，具有使执行文件或文件系统破坏、网络阻塞以及硬件破坏等功能。

（6）可触发性。计算机病毒一般都有一个或几个触发条件，一旦满足触发条件，就进行传染或破坏。触发条件由病毒编写者制定，可以是某个特定的输入、某个特定的日期或时刻等。

虽然很多人习惯于将蠕虫称为蠕虫病毒，但严格来说计算机病毒和蠕虫是有所不同的。蠕虫也是一种程序，它可以通过网络等途径将自身的全部或部分代码复制，传播给其他的计算机系统，但它在复制、传播时不寄生于病毒宿主中。

随着 Internet 的蓬勃发展，计算机病毒借助于网络进行扩散，危害越来越大。计算机病毒实现的技术种类也越来越多，如自变体、自加密、反跟踪和线程插入等。一些黑客利用计算机病毒发展出很多新鲜的攻击手段，例如利用 Internet 及操作系统的漏洞进行大规模病毒扩散，利用病毒传播木马等。

8.3.2　病毒的分类

有多种方式分类计算机病毒。

1. 按照寄生方式分类

按照寄生方式，计算机病毒可分为以下 4 种类型。

（1）引导型病毒。此种计算机病毒会感染硬盘的引导扇区，在系统启动时获得执行权，病毒进程驻留内存后，再将执行权转交给真正的系统引导代码。系统引导扇区的容量很小，因此引导型病毒通常也不大。

（2）文件型病毒。此种计算机病毒会感染可执行文件，将病毒代码插入文件的尾部或数据区，并修改文件运行代码。文件被运行时首先执行病毒代码，病毒进程驻留内存后，再将执行权转交给原先的文件运行代码。

（3）复合型病毒。此种病毒兼具引导型病毒和文件型病毒的特征，不但能够感染硬盘的引导扇区，也能感染文件。

（4）宏病毒。宏病毒是利用软件支持的宏命令编写的具有传染能力的宏，它感染的是支持宏命令的文档文件。

2．按照传染途径分类

按照传染途径，计算机病毒可分为以下 3 种类型。

（1）存储介质病毒。该计算机病毒通过磁盘、U 盘和文件进行传染。

（2）网络病毒。该计算机病毒通过网络进行传播，利用操作系统和应用程序的漏洞进行感染。

（3）电子邮件病毒。该计算机病毒通过电子邮件进行传播，利用用户的疏忽进行感染。

3．按照破坏能力分类

按照破坏能力，计算机病毒可分为以下两种类型。

（1）良性病毒。指那些为了表现自身，并不对系统和数据造成彻底破坏的病毒。这类病毒只占用一定的 CPU 时间，增加系统开销，降低系统工作效率。从某种程度上来说，流氓软件也可以算是良性病毒。

（2）恶性病毒。指那些破坏系统或数据的计算机病毒。这些病毒会删除文件、篡改文件、破坏操作系统或者攻击硬件，给用户造成难以挽回的损失。

8.3.3 计算机病毒的防御措施

1．防御措施

计算机病毒带来巨大的危害，所有上网的计算机都需要有病毒的防御措施。这些措施包括以下几个方面。

（1）安装操作系统和应用系统补丁，防止病毒利用系统或程序的漏洞进行传染。

（2）安装防火墙软件，防止黑客和病毒利用系统服务和设置的漏洞入侵系统。

（3）安装防病毒软件，定时更新病毒资料库和扫描系统，杀除发现的病毒程序。

2．检测方式

防病毒软件对病毒的检测主要通过以下两种方式。

（1）根据病毒的静态特征进行检测。除了一些自变体病毒可以通过加密手段来修改自己的代码外，大多数的病毒都有相对固定的"特征字"。防病毒软件可以通过扫描这些"特征字"来发现病毒，并结合病毒的"程序活性"分析来减少误报的概率。这种方法的缺点是难以识别新出现的病毒，因此防病毒软件需要不断地更新病毒特征库。

（2）根据病毒的动态特征进行检测。病毒一旦运行，就可能发生一些感染行为或破坏行为。防病毒软件需要检测和分析这些行为，制止这些行为的实施，并向管理员发出警告。

3．防病毒产品

按照国家计算机病毒应急处理中心和计算机病毒防治产品检验中心的规定，防病毒产品应该具有或部分具有以下功能。

（1）防病毒功能。

① 当病毒通过存储介质、网络或电子邮件进入系统时，防病毒软件就会发出警告。

② 当病毒满足传染和破坏条件时，防病毒软件能制止病毒行为。

③ 防病毒软件能及时清除病毒。

④ 发现系统内的病毒后，防病毒软件能向管理员或用户发出警告。

（2）检测病毒功能。

① 合格产品对病毒样本基本库的检测率达到 85％,对流行病毒样本库的检测率达到 90％,对特殊格式病毒样本库的检测率达到 80％。

② 二级产品对病毒样本基本库的检测率达到 90％,对流行病毒样本库的检测率达到 95％,对特殊格式病毒样本库的检测率达到 85％。

③ 一级产品对病毒样本基本库的检测率达到 95％,对流行病毒样本库的检测率达到 98％,对特殊格式病毒样本库的检测率达到 95％。

（3）清除病毒功能。

① 合格产品对病毒样本基本库的清除率达到 80％,对流行病毒样本库的清除率达到 85％。

② 二级产品对病毒样本基本库的清除率达到 85％,对流行病毒样本库的清除率达到 90％。

③ 一级产品对病毒样本基本库的清除率达到 90％,对流行病毒样本库的清除率达到 95％。

④ 具有清除前的备份功能。

（4）对病毒的误报率应小于等于 0.1％。

（5）应急恢复功能。

① 能够正确备份、恢复主引导记录。

② 能够正确备份、恢复引导扇区。

③ 能支持版本的智能升级。

8.3.4　网络防病毒软件的应用

目前,用于网络的防病毒软件很多,这些防病毒软件可以同时检查服务器和工作站的病毒。其中,大多数网络防病毒软件是运行在文件服务器上的。由于局域网中的文件服务器往往不止一个,因此为了方便对服务器上病毒的检查,通常可以将多个文件服务器组织在一个域中,网络管理员只需在域中的主服务器上设置扫描方式与扫描选项,就可以检查域中多个文件服务器或工作站是否带有病毒。

网络防病毒软件的基本功能是对文件服务器和工作站进行查毒扫描,发现病毒后立即进行报警并隔离带毒文件,由管理员负责清除病毒。

网络防病毒软件一般提供以下 3 种扫描方式。

（1）实时扫描。实时扫描是指当对一个文件进行转入、转出、存储和检索操作时,不间断地对其进行扫描,以检测其中是否存在病毒和其他恶意代码。

（2）预置扫描。该扫描方式可以预先选择日期和事件来扫描文件服务器。预置的扫描频率可以是每天一次、每周一次或每月一次,扫描时间最好选择在网络工作不太繁忙的时候。定期、自动地对网络服务器进行扫描,能够有效地提高防病毒管理的效率,使网络管理员能够更加灵活地采取防病毒策略。

（3）人工扫描。人工扫描方式可以要求网络防病毒软件在任何时候扫描文件服务器上指定的驱动器盘符、目录和文件。扫描的时间长短取决于要扫描的文件和硬盘资源的容量大小。

8.3.5 网络工作站防病毒的方法

网络工作站防病毒可以从以下几个方面入手。

1. 采用无盘工作站

采用无盘工作站能很容易地控制用户端的病毒入侵问题,但用户在软件的使用上会受到一些限制。在一些特殊的应用场合,例如仅做数据录入时,使用无盘工作站是防病毒最保险的方案。

2. 使用带防病毒芯片的网卡

防病毒芯片的网卡一般是在网卡的远程引导芯片位置处插入一块带防病毒软件的EPROM。工作站每次开机后,先引导防病毒软件驻入内存。防病毒软件将对工作站进行监视,一旦发现病毒,立即进行处理。

3. 使用单机防病毒卡

单机防病毒卡的核心实际上把一个软件固化在 ROM 中。单机防病毒卡通过动态驻留内存来监视计算机的运行情况,根据总结出来的病毒行为规则和经验来判断是否有病毒活动,并可以通过截获中断控制权使内存中的病毒瘫痪,失去传染其他文件和破坏信息资料的能力。装有单机防病毒卡的工作站对病毒的扫描无须用户介入,使用比较方便。但是单机防病毒卡的主要问题是与许多国产的软件不兼容,误报、漏报病毒现象时有发生,并且随着病毒类型的千变万化和编写病毒的技术手段越来越高,有时根本就无法检查或清除某些病毒。因此现在使用单机防病毒卡的用户在逐渐减少。

8.4 网络攻击

8.4.1 关于黑客

黑客(Hacker),源于英语动词“hack”,意为“劈,砍”,引申为“干了一件非常漂亮的工作”。原指那些熟悉操作系统知识、具有较高的编程水平、热衷于发现系统漏洞并将漏洞公开与他人分享的一类人。黑客们通过自己的知识体系和编程能力去探索和分析系统的安全性及完整性,一般没有窃取和破坏数据的企图。目前许多软件存在的安全漏洞都是黑客发现的,这个漏洞被公布后,软件开发者就会对软件进行改进或发行补丁程序。因而黑客的工作在某种意义上是具有创造性和有积极意义的。

一般认为,黑客起源于 20 世纪 50 年代麻省理工学院的实验室中,他们精力充沛,热衷于解决难题。20 世纪 60—70 年代,“黑客”一词极富有褒义,用于指那些独立思考、奉公守法的计算机迷,他们智力超群,对计算机全身心投入,从事黑客活动意味着对计算机的最大潜力进行智力上的自由探索,为计算机技术的发展做出了巨大贡献。正是因为这些黑客,倡导了一场个人计算机革命,倡导了现行的计算机开放体系结构,打破了以往计算机技术只掌握在少数人手里的局面,开创了个人计算机的先河,提出了“计算机为人民所用”的观点。在 20 世纪 60 年代,计算机远未普及,还没有多少存储重要信息的数据库,也谈不上黑客对数据的非法复制等问题。到了 20 世纪 80—90 年代,计算机越来越重要,大型数据库也越来越多,同时信息越来越集中在少数人的手里。这样一场新时期的“圈地运动”引起了黑客们的极大反感。黑客认为,信息应共享而不应该被少数人所垄断,于是将注意力转移到涉及各种机密的信息数据库上。

那些怀着不良企图,非法侵入他人系统进行偷窥、破坏活动的人被称为 Cracker(骇客)、Intruder(入侵者)。他们也具备广泛的计算机知识,但与黑客不同的是他们以破坏为目的。据统计,全球每 20s 就有一起系统入侵事件发生,仅美国一年所造成的经济损失就超过 100 亿美元。当然还有一种人介于黑客与入侵者之间。但在大多数人眼里的黑客就是指入侵者,因而在本书中出现的"黑客"一词,也作为与"入侵者"、"攻击者"同一含义来理解。

8.4.2 黑客攻击的步骤

1. 收集信息

收集要攻击的目标系统的信息,包括目标系统的位置、路由、目标系统的结构及技术细节等。可以用以下的工具或协议来完成信息的收集。

(1) Ping 程序:用来测试一个主机是否处于活动状态、到达主机的时间等。

(2) Tracert 程序:用来获取到达某一主机经过的网络及路由器列表。

(3) Finger 程序:用来取得某一主机上所有用户的详细信息。

(4) DNS 服务器:该服务器提供了系统中可以访问的主机的 IP 地址和主机名列表。

(5) SNMP 协议:用来查阅网络系统路由器的路由表,从而了解目标主机所在网络的拓扑结构及其他内部细节。

(6) Whois 协议:该协议的服务信息能够提供所有有关的 DNS 域和管理参数。

2. 探测系统安全弱点

入侵者根据收集到的目标网络的有关信息,对目标网络上的主机进行探测,以发现系统的弱点和安全漏洞。发现系统弱点和漏洞的主要方法有以下几种。

(1) 利用"补丁"找到突破口。对于已发现存在安全漏洞的产品或系统,开发商一般会发行"补丁"程序,以弥补这些安全缺陷。但许多用户没有及时使用"补丁"程序,这就给了攻击者可乘之机。攻击者通过分析"补丁"程序接口,然后自己编写程序通过接口入侵目标系统。

(2) 利用扫描器发现安全漏洞。扫描器是常用的网络分析工具。这个工具可以对整个网络或子网进行扫描,寻找安全漏洞。扫描器的使用价值具有两面性,系统管理员使用扫描器可以及时发现系统存在的安全隐患,从而完善系统的安全防御体系;而攻击者使用此类工具发现系统漏洞,则会给系统带来巨大的安全隐患。

3. 实施攻击

攻击者通过上述方法找到系统的弱点后,就可以对系统实施攻击。攻击行为一般有以下 3 种形式。

(1) 掩盖行迹,预留后门。攻击者潜入系统后,会尽量销毁可能留下的痕迹,并在受损害系统中找到新的漏洞或留下后门,以备下次入侵使用。

(2) 安装探测程序。攻击者可能在系统中安装探测软件,即使攻击者退出以后,探测软件仍可以窥探所在系统的活动,收集攻击者感兴趣的信息,如用户名、账号、口令等,并源源不断地把这些秘密传给幕后的攻击者。

(3) 取得特权,扩大攻击范围。攻击者可能进一步发现受损害系统在网络中的信任等级,然后利用该信任等级所具有的权限,对整个系统展开攻击。如果攻击者获得根用户或管理员的权限,后果将不堪设想。

8.4.3 攻击的新趋势

从 1988 年开始,位于美国卡内基梅隆大学的 CERT/CC(计算机紧急响应小组协调中心)就开始调查入侵者的活动。CERT/CC 给出一些关于最新入侵者攻击方式的趋势。

1. 攻击过程的自动化与攻击工具的快速更新

攻击工具的自动化程度不断增强。自动化攻击涉及的 4 个阶段都发生了变化。

(1) 扫描潜在的受害者。从 1997 年起开始出现大量的扫描活动。目前,新的扫描工具利用先进的扫描技术,变得更有威力,并且提高了速度。

(2) 入侵具有漏洞的系统。以前,对具有漏洞的系统的攻击是发生在大范围的扫描之后的。现在,攻击工具已经将对漏洞的入侵设计成为扫描活动的一部分,这样大大加快了入侵的速度。

(3) 攻击扩散。2000 年之前,攻击工具需要一个人来发起其余的攻击过程。现在,攻击工具能够自己发起新的攻击过程。例如,红色代码和 Nimda 病毒,这些工具就在 18 小时之内传遍了全球。

(4) 攻击工具的协同管理。自从 1999 年起,随着分布式攻击工具的产生,攻击者能够对大量分布在 Internet 上的攻击工具发起攻击。现在,攻击者能够更加有效地发起一个分布式拒绝服务攻击。协同功能利用了大量大众化的协议,如 IRC(Internet Relay chat)、IM(Instant Masssage)等。

2. 攻击工具复杂化

攻击工具的编写者采用了比以前更加先进的技术。攻击工具的特征码越来越难以通过分析来发现,并且越来越难以通过基于特征码的检测系统发现,如防病毒软件和入侵检测系统。当今攻击工具的 3 个重要特点是反检测功能、动态行为特点以及攻击工具的模块化和标准化。

(1) 反检测。攻击者采用能够隐藏攻击工具的技术,使安全专家想要通过各种分析方法来判断新的攻击的过程变得更加困难。

(2) 动态行为。以前的攻击工具按照预定的单一步骤发起进攻。现在的自动攻击工具能够按照不同的方法更改它们的特征,如通过随机选择预定的决策路径或者通过入侵者直接控制。

(3) 攻击工具的模块化和标准化。和以前攻击工具仅仅实现一种攻击相比,新的攻击工具能够通过升级或者对部分模块的替换完成快速更改。而且,攻击工具能够在越来越多的平台上运行。例如,许多攻击工具采用了标准的协议(如 IRC 和 HTTP)进行数据和命令的传输,这样,想要从正常的网络流量中分析出攻击特征就更加困难了。

3. 漏洞发现得更快

每一年报告给 CERT/CC 的漏洞数量都成倍增长。CERT/CC 公布的漏洞数据 2000 年为 1090 个,2001 年为 2437 个,2002 年已经增加至 4129 个,就是说每天都有十几个新的漏洞被发现。可以想象,对于管理员来说想要跟上补丁的步伐是很困难的。而且,入侵者往往能够在软件厂商修补这些漏洞之前发现这些漏洞。随着发现漏洞的工具的自动化趋势,留给用户打补丁的时间越来越短。尤其是缓冲区溢出类型的漏洞,其危害性非常大而又无处不在,是计算机安全的最大威胁。

4. 渗透防火墙

人们常常依赖防火墙提供一个安全的主要边界保护。但是目前已经存在一些绕过典型防火墙配置的技术,如 IPP(the Internet Printing Protocol)和 WebDAV(Web-based Distributed Authoring and Versioning);特定特征的"移动代码"(如 ActiveX 控件、Java 和 JavaScript)使得保护存在漏洞的系统以及发现恶意的软件更加困难。另外,随着 Internet 上计算机的不断增多,所有计算机之间存在很强的依存性。一旦某些计算机遭到了入侵,它就有可能成为入侵者的栖息地和跳板,作为进一步攻击的工具。对于网络基础架构(如 DNS 系统、路由器)的攻击也越来越成为严重的安全威胁。

习题 8

一、选择题

1. 计算机病毒是指(   )。
   A. 编制有错误的计算机程序
   B. 设计不完善的计算机程序
   C. 已被破坏的计算机程序
   D. 以危害系统为目的的特殊计算机程序
2. 最简单的防火墙采用的是(   )技术。
   A. 安全管理   B. 配置管理   C. ARP   D. 包过滤
3. 由设计者有意建立起来的进入用户系统的方法是(   )。
   A. 超级处理   B. 后门   C. 特洛伊木马   D. 计算机病毒
4. 网络病毒感染的途径有很多种,但发生得最多却又容易被人们忽视的是(   )。
   A. 软件商演示光盘   B. 系统维护盘
   C. 网络传播   D. 用户个人软盘

二、简答题

1. 简述目前网络面临的主要威胁以及网络安全的重要性。
2. 什么是防火墙?防火墙应具备哪些基本功能?
3. 计算机病毒的种类有哪些?病毒的检测方法有哪些?
4. 黑客攻击一般有哪几个步骤?

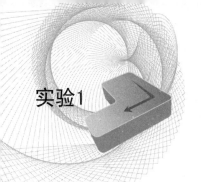

绘制网络拓扑结构图

一、实验目的

通过本次实验,让学生学会使用 Visio 绘图软件绘制网络结构拓扑图。

二、实验设备

Windows 7 操作系统的计算机、Visio 绘图软件。

三、实验内容及步骤

1. 学会 Visio 软件的使用

步骤:执行"开始"→"程序"→"Visio"命令启动 Visio 软件。熟悉 Visio 软件界面的操作。

2. 用 Visio 绘制网络拓扑图

(1) 启动 Visio 软件,选择 Network 目录下的"基本网络"样板,进入网络拓扑图样编辑状态,按实验图 1.1 所示绘制。

(2) 在基本网络形状模板中选择服务器模块并拖放到绘图区域中,创建它的图形实例。

(3) 加入防火墙模块。选择防火墙模块,拖放到绘图区域中,适当调整其大小,创建它的图形实例。

(4) 用同样的方法添加其余模块。

(5) 绘制线条。选择不同粗细的线条,在服务器模块和防火墙模块之间连线,并画出其他模块间的连线。

(6) 双击图形后,进入文本编辑状态,输入文字,按照图样分别给各个图形添加文字。

(7) 使用 TextTool 工具画出文本框,为绘图页添加标题。

(8) 改变图样的背景色,完成设计,保存图样。

四、思考题

1. 企业常用的网络拓扑结构有哪些?

2. 根据所学知识分析上述网络拓扑结构图,确定其拓扑类型和网络类型。

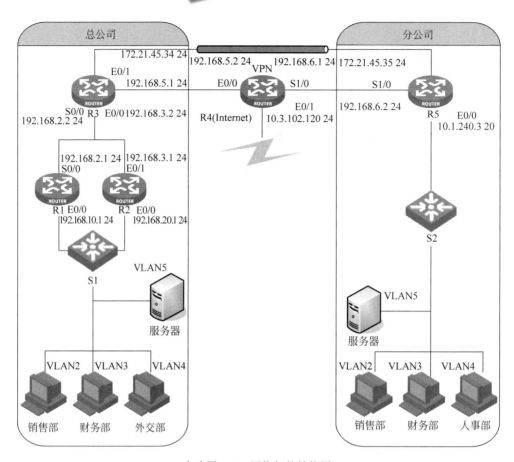

实验图 1.1 网络拓扑结构图

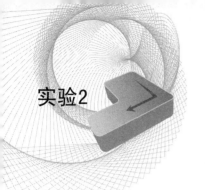

制作双绞线

一、实验目的

掌握使用网线钳制作具有 RJ-45 接头的双绞线跳线的技能；能够使用网线测试仪测试双绞线跳线的正确性；培养初步的协同工作能力。

二、实验设备

RJ-45 压线钳一把、超 5 类双绞线若干、测线仪一个、水晶头两个。

三、实验内容及步骤

1. 制作标准与跳线类型

每条双绞线中都有 8 根导线，导线的排列顺序必须遵循一定的规律，否则就会导致链路的连通性故障或影响网络传输速率。

1) T568-A 与 T568-B 标准

目前，最常用的布线标准有两个，分别是 EIA/TIA T568-A 和 EIA/TIA T568-B。在一个综合布线工程中，可采用任何一种标准，但所有的布线设备及布线施工必须采用同一标准。通常情况下，在布线工程中采用 EIA/TIA T568-B 标准。

(1) 按照 T568-B 标准布线水晶头的 8 针（也称为插针）与线对的分配如实验图 2.1 所示。线序从左到右依次为 1—白橙、2—橙、3—白绿、4—蓝、5—白蓝、6—绿、7—白棕、8—棕。4 对双绞线电缆的线对 2 插入水晶头的 1、2 针，线对 3 插入水晶头的 3、6 针。

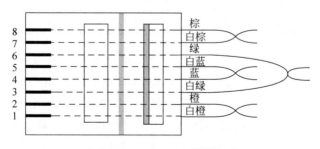

实验图 2.1　T568-B 接线标准

(2) 按照 T568-A 标准布线水晶头的 8 针与线对的分配如实验图 2.2 所示。线序从左到右依次为 1—白绿、2—绿、3—白橙、4—蓝、5—白蓝、6—橙、7—白棕、8—棕。4 对双绞线对称电缆的线对 2 接信息插座的 3、6 针,线对 3 接信息插座的 1、2 针。

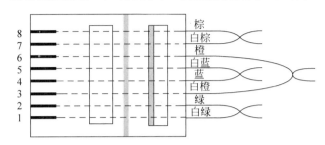

实验图 2.2   T568-A 接线标准

2) 判断跳线线序

只有清楚如何确定水晶头针脚的顺序,才能正确判断跳线的线序。将水晶头有塑料弹簧片的一面朝下,有针脚的一面向上,使有针脚的一端指向远离自己的方向,有方形孔的一端对着自己,此时最左边的是第 1 脚,最右边的是第 8 脚,其余依次顺序排列。

3) 跳线的类型

按照双绞线两端线序的不同,跳线通常划分为以下两类双绞线。

(1) 直通线。根据 EIA/TIA 568-B 标准,两端线序排列一致,一一对应,即不改变线的排列,称为直通线。直通线线序如实验表 2.1 所示,当然也可以按照 EIA/TIA 568-A 标准制作直通线,此时跳线两端的线序依次为 1—白绿、2—绿、3—白橙、4—蓝、5—白蓝、6—橙、7—白棕、8—棕。

实验表 2.1   直通线线序

端 1	白橙	橙	白绿	蓝	白蓝	绿	白棕	棕
端 2	白橙	橙	白绿	蓝	白蓝	绿	白棕	棕

(2) 交叉线。根据 EIA/TIA 568-B 标准改变线的排列顺序,采用"1—3,2—6"的交叉原则排列,称为交叉网线。交叉线线序如实验表 2.2 所示。

实验表 2.2   交叉线线序

端 1	白橙	橙	白绿	蓝	白蓝	绿	白棕	棕
端 2	白绿	绿	白橙	蓝	白蓝	橙	白棕	棕

在进行设备连接时,需要正确地选择线缆。通常将设备的 RJ-45 接口分为 MDI 和 MDIX 两类。当同种类型的接口(两个接口都是 MDI 或都是 MDIX)通过双绞线互联时,使用交叉线;当不同类型的接口(一个接口是 MDI,一个接口是 MDIX)通过双绞线互联时,使用直通线。通常主机和路由器的接口属于 MDI,交换机和集线器的接口属于 MDIX。例如,交换机与主机相连采用直通线,路由器和主机相连则采用交叉线。实验表 2.3 列出了设备间连线,其中 N/A 表示不可连接。

注意:随着网络技术的发展,目前一些新的网络设备可以自动识别连接的网线类型,用户不管采用直通网线或者交叉网线均可以正确连接设备。

实验表 2.3　设备间连线

	主　机	路　由　器	交换机 MDIX	交换机 MDI	集　线　器
主机	交叉	交叉	直通	N/A	直通
路由器	交叉	交叉	直通	N/A	直通
交换机 MDIX	直通	直通	交叉	直通	交叉
交换机 MDI	N/A	N/A	直通	交叉	直通
集线器	直通	直通	交叉	直通	交叉

2．双绞线直通线的制作

在动手制作双绞线跳线时，还应该准备好双绞线和 RJ-45 接头等材料。

（1）双绞线。在将双绞线剪断前一定要计算好所需的长度。如果剪断的长度比实际长度还短，将不能再接长。

（2）RJ-45 接头。RJ-45 接头即水晶头，每条网线的两端各需要一个水晶头。水晶头质量的优劣不仅是网线能否制作成功的关键之一，也在很大程度上影响网络的传输速率，推荐选择真的 AMP 水晶头。假的水晶头的铜片容易生锈，对网络传输速率影响特别大。

制作过程可分为 4 步，简单归纳为"剥"、"理"、"查"、"压"4 个字。具体步骤如下。

步骤 1，准备好 5 类双绞线、RJ-45 插头和一把专用的压线钳，如实验图 2.3 所示。

步骤 2，用压线钳的剥线刀口将 5 类双绞线的外保护套管划开（小心不要将里面的双绞线的绝缘层划破），刀口距 5 类双绞线的端头至少 2cm，如实验图 2.4 所示。

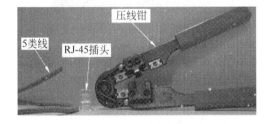

实验图 2.3　步骤 1

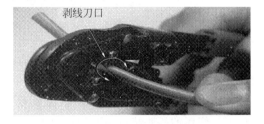

实验图 2.4　步骤 2

步骤 3，将划开的外保护套管剥去（旋转，向外抽），如实验图 2.5 所示。

步骤 4，露出 5 类线电缆中的 4 对双绞线，如实验图 2.6 所示。

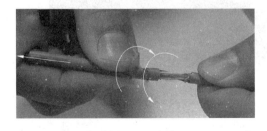

实验图 2.5　步骤 3

实验图 2.6　步骤 4

步骤 5，按照 EIA/TIA568-B 标准（橙白、橙、绿白、蓝、蓝白、绿、棕白、棕）和导线颜色将导线按规定的序号排好，如实验图 2.7 所示。

步骤 6，将 8 根导线平坦整齐地平行排列，导线间不留空隙，如实验图 2.8 所示。

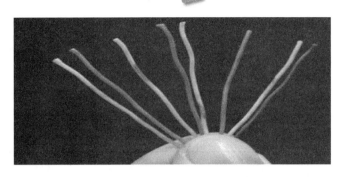

实验图 2.7　步骤 5　　　　　　　　　　　实验图 2.8　步骤 6

步骤 7,用压线钳的剪线刀口将 8 根导线剪断,如实验图 2.9 所示。

步骤 8,剪断电缆线。注意:一定要剪得很整齐,剥开的导线长度不可太短,可以先留长一些,不要剥开每根导线的绝缘外层,如实验图 2.10 所示。

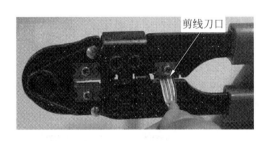

实验图 2.9　步骤 7　　　　　　　　　　实验图 2.10　步骤 8

步骤 9,将剪断的电缆线放入 RJ-45 插头试试长短(要插到底),电缆线的外保护层最后应能够在 RJ-45 插头内的凹陷处被压实,可能需要反复调整,如实验图 2.11 所示。

步骤 10,在确认一切都正确后(特别要注意不要将导线的顺序排列反了),将 RJ-45 插头放入压线钳的压头槽内,准备最后的压实,如实验图 2.12 所示。

实验图 2.11　步骤 9　　　　　　　　　实验图 2.12　步骤 10

步骤 11,双手紧握压线钳的手柄,用力压紧,如实验图 2.13 所示。请注意,在这一步骤完成后,插头的 8 个针脚接触点就穿过导线的绝缘外层,分别和 8 根导线紧紧地压接在一起。

步骤 12,制作完成后的 RJ-45 接头,如实验图 2.14 所示。

现在已经完成了线缆一端的水晶头的制作,下面需要制作双绞线的另一端的水晶头,可按照 EIA/TIA568-B 标准和前面介绍的步骤制作。

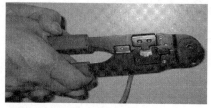

实验图 2.13　步骤 11

实验图 2.14　步骤 12

3．双绞线交叉线的制作

制作双绞线交叉线的步骤和操作要领与制作直通线一样，只是交叉线的一端按 EIA/TIA568-B 标准，另一端是 EIA/TIA568-A 标准。

4．跳线的测试

制作完成双绞线后，下一步需要检测它的连通性，以确定是否有连接故障。

通常使用电缆测试仪进行检测。建议使用专门的测试工具（如 Fluke DSP4000 等）进行测试，也可以购买廉价的网线测试仪。

测试时将双绞线两端的水晶头分别插入主测试仪和远程测试端的 RJ-45 端口，将开关开至"ON"（S 为慢速挡），主机指示灯从 1 至 8 逐个顺序闪亮。

若连接不正常，会有下述显示。

（1）若有一根导线断路，则主测试仪和远程测试端对应线号的灯都不亮。

（2）若有几条导线断路，则相对应的几条线都不亮，当导线少于两根线连通时，灯都不亮。

（3）若两头网线乱序，则与主测试仪端连通的远程测试端的线号灯亮。

（4）若导线有两根短路，则主测试器显示不变，而远程测试端显示短路的两根线灯都亮。若有 3 根以上（含 3 根）线短路，则所有短路的几条线对应的灯都不亮。

（5）如果出现红灯或黄灯，说明存在接触不良等现象，此时最好先用压线钳压制两端水晶头一次后再测，如果故障依旧存在，就得检查芯线的排列顺序是否正确。如果芯线顺序错误，就应重新进行制作。

提示：如果测试的线缆为直通线缆，测试仪上的 8 个指示灯应该依次闪烁。如果线缆为交叉线缆，其中一侧同样是依次闪烁，而另一侧则会按 3、6、1、4、5、2、7、8 这样的顺序闪烁。如果芯线顺序一样，但测试仪仍显示红色灯或黄色灯，则表明其中肯定存在对应芯线接触不好的情况，此时就需要重做水晶头了。

四、思考题

1. 双绞线中的导线为何要成对地绞在一起，其作用是什么？

2. 在实验过程中，为什么把双绞线整平直的最大长度不超过 14mm？

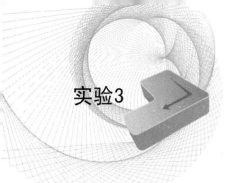

实验3

IE浏览器的使用与高级设置

一、实验目的

熟悉 IE 浏览器的工作原理；掌握网页管理技巧；掌握信息查询的使用和 IE 浏览器的综合应用技巧；了解调整 IE 浏览器的设置方法。

二、实验设备

将计算机连接上 Internet；安装了 Windows 98/XP/2003/7 操作系统的 PC。

三、实验内容及步骤

1. IE 浏览器的基本使用方法

1）用 IE 浏览 Web 页

（1）启动 IE 浏览器。双击桌面上的 IE 图标即可打开 IE 浏览器。

（2）在 IE 浏览器地址框中输入要找的 Web 页的地址，并按 Enter 键，IE 浏览器查找网站的网页，如"http://www.21cn.com"。

（3）单击当前页上的任一链接，IE 会查找新的网页。

（4）单击"主页"按钮会返回起始页。

2）用历史记录再次访问 Web 页

（1）单击"历史"按钮，显示左右两个窗格，左侧显示按日期组织的以前访问过的站点列表。

（2）单击要再次访问的文件夹。

（3）选择指定的站点，该站点所包含的 Web 页就会显示在右侧窗格中。

（4）再次单击"历史"按钮即可隐藏历史窗口。

3）收藏站点

打开所要收藏的站点，再按 Ctrl＋D 组合键即可。

4）保存 Web 页

（1）单击"文件"菜单。

（2）选择"另存为"选项，打开"保存 HTML 文档"对话框，为所要保存的文件取名，并选定文件夹。

（3）单击"保存"按钮。

5）保存图片

（1）右击需要保存的图片。

（2）在弹出的快捷菜单中选择"图片另存为"选项，然后在弹出的对话框中为所要保存的图片取名，并选定文件夹。

（3）单击"保存"按钮。

6）新建窗口

（1）单击"文件"菜单。

（2）选择"新建"选项。

（3）选择"窗口"命令。

（4）在新窗口中输入另一地址，即可下载新地址网页。

7）脱机工作

（1）单击"文件"菜单。

（2）选择"脱机工作"命令。

（3）单击"历史"按钮，可从历史记录中浏览最近访问过的网页。

（4）如果要取消"脱机工作"，再次选择"脱机工作"命令即可。

8）搜索信息

（1）单击工具栏上的"搜索"按钮。

（2）在"请输入查询关键词"文本框中输入内容后按 Enter 键即可。

2. 选项设置

1）"常规"选项设置

"常规"选项卡用于进行 Internet 常规属性的设置，用户可借此建立自己喜欢的浏览器风格。其中包括"主页"栏、"Internet 临时文件"栏、"历史记录"栏、"颜色"按钮、"字体"按钮、"语言"按钮、"辅助功能"按钮等组件。

（1）"主页"栏用于更改主页。所谓"主页"，是指浏览器启动时进入的起始网页，也即在浏览过程中单击工具栏的"主页"按钮所返回到的网页。大部分的用户希望将自己喜欢的和常用的网页作为主页，此时只要将所选网页的 URL 地址填入该区的"地址"栏即可。

（2）"Internet 临时文件"栏用于管理 Internet 临时文件。浏览器将用户查看过的网页内容保存在本地硬盘的 Internet 临时文件夹中。用户需要回溯已查看过的网页时，只需在硬盘中调用而不必再从网上传输，这样就可大大提高浏览速度。单击"设置"按钮，进入"Internet 临时文件设置"对话框。在该对话框中，用户可以确定所存网页内容的更新方式。选中"每次访问此页时检查"项，当每次回溯查看网页时，浏览器都将检查该页是否已经更新，该方式以降低浏览速度为代价来确保网页内容的时效性。选中"每次启动 Internet Explorer 时检查"项，浏览器仅在启动时检查回溯查看网页的更新情况，其他时间查看该页时不再检查，该方式兼顾了时效性和查看速度；选中"不检查"项，可以获得最大的回溯浏览速度，但损失了内容的时效性。无论选定了何种网页更新方式，用户均可在浏览过程中单击工具栏的"刷新"按钮更新网页内容。拖动对话框中的"可用磁盘空间"滑块，可以控制分配给临时文件夹的硬盘空间大小。用户可以根据自己的硬盘剩余空间情况来确定临时文件夹的大小，一般在 50MB 左右较适中。

（3）"历史记录"栏用于设定"历史记录"列表中已访问过的网页保留的天数，保留天数与磁盘空间大小有关,默认值为 20 天。单击"清除历史记录"按钮,将清除保存在"历史记录"活页夹中已访问过的网页的快捷方式连接。

"颜色"按钮用于设置网页的文字和背景颜色,"字体"按钮用于浏览器字体设置,"语言"按钮用于确定菜单和对话框中所使用的文字,"辅助功能"按钮用于确定是否使用网页指定的颜色、字体和大小。

2)"安全"选项设置

在"安全"选项卡的"区域"栏中列出了 4 种不同的区域:"本地 Internet 区域",包含公司企业网上的所有站点;"可信站点区域",包含用户确定不会损坏计算机或数据的站点;"Internet 区域",包含未列入其他区域中的所有站点;"受限站点区域",包含可能会损坏计算机或数据的站点。用户选定一个区域后,便可为该区域指定安全级别,然后将 Web 站点添加到具有所需要安全级别的区域中。安全级别有 4 种:"高(安全)",当站点有潜在的安全问题时警告用户,用户不可下载和查看有潜在安全问题的站点内容;"中(安全)",当站点有潜在安全问题时警告用户,但用户可以选择是否下载和查看有潜在安全问题的站点内容;"低",当站点有潜在安全问题时不警告用户,站点内容的下载无须用户确定;"自定义(高级用户)",用户自己定义安全设置,选定级别后,单击"设置"按钮可以进入"安全设置"对话框,可以分别对 Active 控件、Java、JavaScript 和其他内容设置安全级别。

3)"隐私"选项设置

"隐私"选项卡中包括"导入"、"高级"和"默认"3 个按钮及一个调节滑块。"导入"按钮用于导入所需要的 Cookie 处理文件;"高级"按钮用于选择如何在 Internet 区域中处理 Cookie;"默认"按钮可将隐私设置成默认值,调节滑块可以随意地进行隐私设置。

4)"内容"选项设置

"内容"选项卡中包括"分级审查"、"证书"和"个人信息"3 个内容。"分级审查"栏用于控制从 Internet 上收看的内容,以防止儿童接触 Internet 上不适合的内容。"证书"栏用于确定用户个人、发证机构和发行商。"个人信息"栏用于管理用户姓名、地址和其他信息。

5)"连接"选项设置

"连接"选项卡中包括"连接"、"代理服务器设置"和"局域网设置"三栏内容。

单击"连接"按钮,即可进入"Internet 连接向导"。也可选择"使用调制解调器到 Internet"或"通过局域网连接到 Internet"选项后,单击"设置"按钮,直接进行设置更改。

"代理服务器"栏用于确定是否通过代理服务器连接到 Internet。代理服务器有两种应用情况:一种是本企业利用仅有的一个 IP 地址建立代理服务器,使企业内其他计算机能通过代理服务器连接到 Internet;另一种情况是 Internet 上存在免费的代理服务器,进入 Internet 的用户可以选择合适的代理服务器作为中转站,用于加快传输速度或访问某些从本地网无法访问的站点。如果选择"通过代理服务器访问",则需在"地址"和"端口"栏内输入代理服务器的地址和端口号。单击"高级"按钮,将打开"代理服务器"对话框,用于设置不同协议类型的代理服务器的地址和端口号。

单击"局域网设置"按钮,可进入"自动配置"对话框,在"URL"栏内输入服务器站点地址后,便可使用服务器提供的配置用户的浏览器。

6)"程序"选项设置

"程序"选项卡中包括"Internet 程序"栏、"重置 Web 设置"按钮和"检查 Internet

Explorer 是否为默认的浏览器"复选框等项内容。

"Internet 程序"栏中的"HTML 编辑器"、"邮件"、"新闻"、"Internet 呼叫"、"日历"项分别用于指定默认编辑器及浏览器所使用的电子邮件、新闻阅读、Internet 会议等功能程序的名称,默认值给出的"Outlook Express"、"Microsoft NetMeeting"是与 Internet Explorer 捆绑使用的电子邮件、新闻阅读、Internet 会议功能程序。如果安装了其他的相关功能程序,用户可以通过下拉式选择框加以选择。"日历"项用于指定 Internet Explorer 使用的 Internet 日历程序,"联系人列表"项用于指定 Internet Explorer 使用的 Internet 联系人或通讯簿。

"重置 Web 设置"按钮可将 Internet Explorer 重置为使用默认主页和搜索页。

"检查 Internet Explorer 是否为默认的浏览器"复选框用于确定是否将 Internet Explorer 作为默认的浏览器,选中此复选框后,每次 Internet Explorer 启动时都将检查此项设置。如果将其他程序注册为默认浏览器,Internet Explorer 将询问是否将 Internet Explorer 还原为默认的浏览器。

7) "高级"选项设置

"高级"选项卡由许多复选项组成,用于指定浏览器的各项深层次的细节问题,内容包含辅助选项、浏览、多媒体、安全、JavaVM(Java 虚拟机)、打印、搜索、工具栏、HTTP.1 设置等。对于一般用户来说,所有复选项均可采用其默认设置。其中的"多媒体"项用于控制图片、动画、视频、声音的显示和播放,在默认情况下,网页中所有的多媒体信息均下载,若用户仅需浏览网页的文字内容,则可取消相关的复选项以加快网页的传输速度。

3. 高级技巧

1) IE 启动大加速——真正的空白启动页

好多朋友为了加快 IE 的启动速度,习惯将 IE 的首页设为空白页(about:blank)。但其实这时的 IE 并不是没有加载任何页面,而是在启动时打开了一个名为"res://mshtml.dll/blank.htm"的空白页面,这样的空白页面同样会浪费一些启动时间,而要真正实现 IE 启动不加载任何页面的目的,可以使用如下方法。在 IE 的快捷方式中,通过在"目标"位置后面添上"-nohome"参数,可以实现启动 IE 时不加载任何页面(注意:参数前有一个空格)。然后,再次打开 IE 时,页面立即显示出来了。

2) IE 也有"后悔药"——找回误关闭的 IE 窗口

经常在网上冲浪,难免会出现一些手误,当不小心将本不该关闭的 IE 窗口关掉了,该怎么办呢? 也许有的朋友会推荐使用 Maxthon 这样的专业网络浏览器,但其实 IE 也有"吃后悔药"的机会。

打开 IE 的历史栏,单击"查看"菜单,选择其中的"按今天的访问顺序"进行排列,然后即可找到误关闭的页面。

3) 极速下载——IE 下载也能实现多线程

用 IE 进行下载一直被广大计算机爱好者当成是低速下载的代表。大多数朋友都在使用如 FlashGet 或网络蚂蚁等专业多线程下载软件。其实 IE 也能够实现多线程下载,这在某些默认以 IE 下载的网站里使用还是很方便的。

打开注册表编辑器,展开 HKEY_Current_User\Software\Microsoft\Windows\CurrentVersion\InternetSettings,新建两个 DWORD 值。首先加入名为"MaxConnectionsPerserver"的 DWORD

值,它的作用是设置同时下载的最大连接数目,一般设为 5～8 个并发数目足够了。

4) 改变 IE 窗口的动感效果

如果希望在打开或者关闭 IE 窗口时,被打开的窗口有动感效果,可以按照下面的步骤来修改注册表。

首先在"开始"菜单的"运行"文本框中输入"regedit",打开注册表编辑器操作窗口,在该窗口中用鼠标依次单击键值 HKEY_CURRENT_USER\ControlPanel\desktop\WindowMetrics,并在右边的窗口中新建字符串值 Minanimat 与 Maxanimat,分别设值为"0"与"1",这样在 IE 窗口最大化和最小化切换时有递变的效果。

5) 更改 IE 浏览器中的安全口令

可以在 IE 浏览器的"Internet 选项"对话框的"内容"选项卡的"分级审查"文本框中设置口令,这样在显示有 ActiveX 的页面时,总会出现"分级审查不允许查看"的提示信息,然后弹出"口令"对话框,要求输入监护人口令。如果口令不对,则停止浏览。但是,如果遗忘了此口令,则无法浏览包含这些特征的页面。在口令遗忘后,重装 IE 浏览器也无法去掉安全口令,这时只有求助于注册表了,打开 HKEY_LOCAL_MACHINE\SOFTWARE\Microsoft\Windows\CurrentVersion\Policies,在 Policies 子键下选择 Ratings 子键,按 Delete 键将其删除,由于 Ratings 子键下的 Key 键值数据就是经过加密后的口令,因此删除了这一项,IE 浏览器自然就认为没有设置口令。

6) 更改 IE 的默认下载目录

为了能够有效地管理下载的文件,还需要更改 IE 的默认下载目录,将其改为某个专门的下载文件夹,如"C:\download"目录中。为此,这里只需启动 Windows 的注册表编辑器,依次展开 HKEY_CURRENT_USER\Software\Microsoft\Internet Explorer 主键,此时就可以在 Internet Explorer 主键下发现一个名为"DownLoad Directory"的字符串值。它就是用于定义 IE 默认文件下载路径的,只需对其进行适当修改,如将其改为"C:\ download"即可。

7) 修改 IE 的搜索引擎

在注册表中依次展开 HKEY_LOCAL_MACHINE\software\Microsoft\Internet Explorer\Search,在右侧窗口中把"CustomizeSearch"、"SearchAssistant"改为用户定义的搜索引擎,如"http://www.sohu.com/",以后当用户每次单击搜索引擎时,即可自动调出定义的搜索引擎。

8) 删除 IE 页面下的下划线

IE 同时为下划线提供了 3 种不同的显示状态,它们分别是"始终显示下划线"、"始终不显示下划线"和"将鼠标放到超链接上面的时候显示下划线",用户完全可根据自己的需要对其加以调整。

具体来说,若对 IE 是否显示超链接的下划线进行设置,则应启动注册表编辑器并依次展开 HKEY_CURRENT_USER\Software\Microsoft\Internet Explorer\Main,然后就可以看到一个名为"Anchor Underline"的字符串值,它就是用于设置是否显示超链接的下划线的。当其值为 NO 时表示始终不显示下划线;为 YES 时表示始终显示下划线;为 HOVER 时则表示通常不显示下划线,而将鼠标放到相应超链接下面之后显示下划线,用户只需根据自己的需要加以更改即可。

9) 定制 IE 浏览器的地址

使用过 IE 浏览器的用户都遇到过"取消操作"提示,还有"Web 页不可脱机使用"、"警告:网页已经过期"等情况,但是用户有没有注意到出现提示页时地址栏中显示的是什么?URL 为"about:XXXXXXX";about 是除了"http"、"ftp"、"mailto"、"gopher"外的特殊协议,利用它可以使用别名调阅特定的网页,如 IE 的空白页,就是在 URL 栏中输入"about:blank",blank 即为空白页的别名。

利用这一点可通过创建类似的别名,指向指定的网址,在注册表中依次展开 HKEY_LOCAL_MACHLNE\Software\Microsoft\Internet Explorer\AboutURLs,在右侧窗口中右击,从弹出的快捷菜单中选择"新建"→"字符串值"命令,然后将"新值♯1"更名为要给指向的网页取的名字,右击该名字,再将其值设置为想要指向的网址,注意不能省略了"http://"。

10) 增加 IE 的自动识别功能

经常上网的朋友知道,要访问形如"http://www.163.com/"这样的网站时,只要在地址栏中直接输入"163",IE 就会自动加上".com"的后缀进行访问,省去了很多麻烦。但是如果想访问形如"http://www.pconline.com.cn/"这样的网站就没那么方便了,因为 IE 未包含".cn"后缀的自动匹配功能。那么能不能对 IE 的自动匹配功能进行扩充,使之能自动匹配".gov"、".net"、".com.cn"之类的后缀呢? 其实只需启动注册表编辑器,并依次展开 HKEY_LOCAL_MACHINE\SOFTWARE\Microsoft\Internet Explorer\Main\UrlTemplate,然后就可以在 UrlTemplate 分支下看到 6 个分别名为"1"、"2"、…、"6"字符串值,其键值分别为"www.%s.com"、"www.%s.org"、"www.%s.net"、"www.%s.edu"等,它们就是用于指定 IE 自动匹配范围的。若为 IE 增加新的自动匹配功能,只需在 UrlTemplate 分支下再新建两个字符串(如"7"和"8"),并将其值分别设置为"www.%s.com.cn"和"%s.com.cn",然后就能让 IE 对".com.cn"后缀进行自动识别。

11) 防止他人获取对 Web 页面的访问信息

大家知道,IE 具有记录 URL 功能,有些不法用户就会利用这些记录来获取用户已经访问过的 Web 页面信息。为保证绝对安全,就需要采取适当的方法对这些历史记录进行清除。对于使用 IE 上网所留下的历史记录而言,该如何进行清除呢? 很简单,展开 HKEY_CURRENT_USER\Software\Microsoft\Internet Explorer\TypedURLs 键值,该键值就是专门用于保存 IE 历史记录的,它一共有 25 条记录,保存了用户最近浏览过的 25 个网站,用户可以根据需要对有关记录进行选择性删除即可。

四、思考题

1. IE 浏览器仅能浏览网上信息吗?
2. URL 的作用是什么?
3. 简述 WWW 服务的原理。
4. 简述代理服务器的作用。
5. 如何加快网页下载速度?
6. 在 IE 浏览器中出现的主页是指什么?

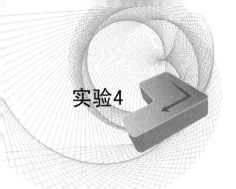

实验4

简单网络命令的使用

一、实验目的

掌握如何使用 ping 实用程序来检测网络的连通性和可到达性,处理名称解析问题,使用 tracert 命令测量路由情况。学会使用 config 实用程序来了解本地 PC 当前的网络配置状态;使用 netstat 命令,以了解网络当前的状态。

二、实验设备

运行 Windows XP 操作系统的多台计算机都和校园网相连。

三、实验内容及步骤

TCP/IP 实用程序提供与其他计算机(如 UNIX 工作站)的网络连接。必须在安装了 TCP/IP 网络协议后才可以使用 TCP/IP 实用程序。以下所述实用程序都是在命令提示符下输入执行,若要得到关于这些实用程序的帮助,可在命令提示符下输入一个程序名并附带 "- ?",如"ping - ?"。

1. ping 命令使用

在进行网络调试的过程中,ping 是最常用的一个命令。无论 UNIX、Linux、Windows 还是路由器的 IOS 中都集成了 ping 命令。

ping 命令是在 IP 层中利用回应请求/应答 ICMP 报文来测试目的主机或路由器的可达性。不同操作系统对 ping 命令的实现稍有不同。通过执行 ping 命令主要可获得如下信息。

(1) 监测网络的连通性,检验与远程计算机或本地计算机的连接。

(2) 确定是否有数据报被丢失、复制或重传。ping 命令在所发送的数据报中设置唯一的序列号(Sequence Number),以此检查其接收到应答报文的序列号。

(3) ping 命令在其所发送的数据包中设置时间戳(Timestamp),根据返回的时间戳信息可以计算数据包交换的时间,即 RTT(Round Trip Time)。

(4) ping 命令校验收到的每一个数据包,据此可以确定数据包是否损坏。

ping 命令需要在安装 TCP/IP 协议之后才能使用。在 Windows 2000/2003 环境下,ping 命令语法及部分常用的参数含义如下:

ping [- t] [- a] [- n count] [- l size] [- f] [- i TTL] [- v TOS] [- r count] [- s count] [[- j host - list] | [- k host - list]] [- w timeout] destination_ip_adddr

实验表 4.1 给出了 ping 命令各选项的具体含义。从实验表 4.1 可以看出,ping 命令的许多选项实际上是指定互联网如何处理和携带回应请求/应答 ICMP 报文的 IP 数据包的。

实验表 4.1　ping 命令选项

选　　项	含　　义
-t	不停地 ping 目的主机,直到手动停止(按下 Ctrl+C 组合键)
-a	将 IP 地址解析为计算机主机名
-n count	发送回送请求 ICMP 报文的次数(默认值为 4)
-l size	定义 echo 数据包大小。(默认值为 32B)
-f	在数据包中不允许分片(默认为允许分片)
-i TTL	指定生存周期
-v TOS	指定要求的服务类型
-r count	记录路由
-s count	使用时间戳选项
-j host-list	利用 computer-list 指定的计算机列表路由数据包。连续计算机可以被中间网关分隔(路由稀疏源)IP 允许的最大数量为 9
-k host-list	利用 computer-list 指定的计算机列表路由数据包。连续计算机不能被中间网关分隔(路由严格源)IP 允许的最大数量为 9
-w timeout	指定超时间隔,单位为 ms

下面通过一些实例来介绍 ping 命令的具体用法。

(1) 连续发送 ping 测试报文。在网络调试过程中,有时需要连续发送 ping 测试报文。例如,在路由器调试的过程中,可以让测试主机连续发送 ping 测试报文,一旦配置正确,测试主机可以立即报告目的地可达信息。

连续发送 ping 测试报文可以使用-t 选项。如执行"ping 192.168.132.1 -t"命令即可连续向 IP 地址为"192.168.132.1"的主机发送 ping 测试报文,可以使用 Ctrl+Break 组合键显示发送和接收回应请求/应答 ICMP 报文的统计信息,如实验图 4.1 所示。也可以使用 Ctrl+C 组合键结束 ping 命令。

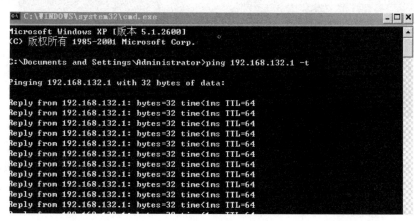

实验图 4.1　不间断发送 ping 命令及中断发送 ping 命令

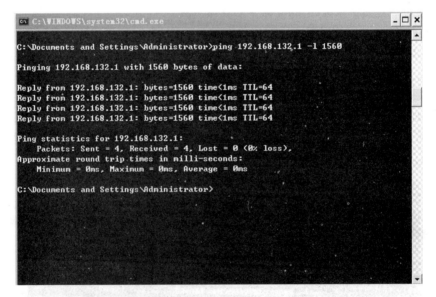

实验图 4.1　（续）

（2）自选数据长度的 ping 测试报文。在默认情况下，ping 命令使用的测试报文数据长度为 32B，使用"-l Size"选项可以指定测试报文数据长度，如"ping192.168.132.1-l 1560"，如实验图 4.2 所示。

实验图 4.2　自定义测试数据报大小

（3）修改 ping 命令的请求超时时间。默认情况下，系统等待 1000ms 的时间以便让每个响应返回。如果超过 1000ms，系统将显示"请求超时（request timed out）"。在 ping 测试报文经过延迟较长的链路时，响应可能会花更长的时间才能返回，这时可以使用"-w"选项指定更长的超时时间，如使用"ping 192.168.132.1 -w 6000"命令指定超时时间为 6000ms，如实验图 4.3 所示。

```
C:\WINDOWS\system32\cmd.exe                                    - □ ×

C:\Documents and Settings\Administrator>ping 192.168.132.1 -w 6000

Pinging 192.168.132.1 with 32 bytes of data:

Reply from 192.168.132.1: bytes=32 time<1ms TTL=64
Reply from 192.168.132.1: bytes=32 time<1ms TTL=64
Reply from 192.168.132.1: bytes=32 time<1ms TTL=64
Reply from 192.168.132.1: bytes=32 time<1ms TTL=64

Ping statistics for 192.168.132.1:
    Packets: Sent = 4, Received = 4, Lost = 0 (0% loss),
Approximate round trip times in milli-seconds:
    Minimum = 0ms, Maximum = 0ms, Average = 0ms

C:\Documents and Settings\Administrator>
```

实验图 4.3　ping 命令请求超时

如果目的地不可达,系统对 ping 命令的屏幕响应随不可达原因的不同而异,最常见的有以下两种情况。

① 目的网络不可达(Destination Net Unreachable):说明没有目的地的路由,通常是由于 Reply From 中列出的路由器路由信息错误造成的。

② 请求超时(Request Timed Out):表明在指定的超时时间内没有对测试报文响应。其原因可能为路由器关闭、目标主机关闭、没有路由返回到主机或响应的等待时间大于指定的超时时间。

(4) 不允许路由器对 ping 测试报文分片。主机发送的 ping 测试报文通常允许中途的路由器分片,以便使测试报文通过 MTU 较小的网络。如果不允许 ping 测试报文在传输过程中被分片,可以使用"-f"选项。如果指定的测试报文的长度太长,同时又不允许分片,测试报文就不可能到达目的地并返回应答。在以太网中,如果指定不允许分片的测试报文长度为 3000B,执行"ping -f -l 3000 192.168.132.1"命令,那么系统将给出目的地不可达报告,如实验图 4.4 所示。

```
C:\WINDOWS\system32\cmd.exe                                    - □ ×

C:\Documents and Settings\Administrator>ping -f -l 3000 192.168.132.1

Pinging 192.168.132.1 with 3000 bytes of data:

Packet needs to be fragmented but DF set.
Packet needs to be fragmented but DF set.
Packet needs to be fragmented but DF set.
Packet needs to be fragmented but DF set.

Ping statistics for 192.168.132.1:
    Packets: Sent = 4, Received = 0, Lost = 4 (100% loss),

C:\Documents and Settings\Administrator>
```

实验图 4.4　在不允许分片时,测试报文过长造成目的地不可达

2. tracert 命令的使用

tracert(跟踪路由)是路由跟踪实用程序,用于获得 IP 数据包访问目标时从本地计算机到目的主机的路径信息。在 MS Windows 操作系统中该命令为 tracert,而在 UNIX/Linux

以及 Cisco IOS 中则为 traceroute。tracert 通过发送数据包到目的设备并直到应答,通过应答报文得到路径和时延信息。一条路径上的每个设备 tracert 要测 3 次,输出结果中包括每次测试的时间(ms)和设备的名称或 IP 地址。

tracert 命令用 IP 生存时间(TTL)字段和 ICMP 差错报文来确定从一个主机到网络上其他主机的路由。

tracert 通过向目的地发送具有不同 IP 生存时间(TTL)值的 Internet 控制消息协议(ICMP)回送请求报文,以确定到目的地的路由。要求路径上的每个路由器在转发数据包之前至少将数据包上的 TTL 递减 1。数据包上的 TTL 减为 0 时,路由器应该将"ICMP 已超时"的消息发回源系统。

tracert 先发送 TTL 为 1 的回应数据包,并在随后的每次发送过程中将 TTL 递增 1,直到目标响应或 TTL 达到最大值,通过检查中间路由器发回的"ICMP 已超时"的消息确定路由。某些路由器不经询问直接丢弃 TTL 过期的数据包,这在 tracert 实用程序中看不到。

tracert 命令会按顺序打印出返回"ICMP 已超时"消息的路径中的近端路由器接口列表。如果使用"-d"选项,则 Tracert 实用程序不在每个 IP 地址上查询 DNS。Tracert 命令格式:

tracert [- d] [- h MaximumHops] [- j HostList] [- w Timeout] [- R] [- S SrcAddr] [- 4][- 6]
TargetName

实验表 4.2 给出了 tracert 命令各选项的具体含义。

实验表 4.2　tracert 命令选项

选　项	含　义
-d	防止 tracert 试图将中间路由器的 IP 地址解析为它们的名称。这样可加速显示 tracert 的结果
-h MaximumHops	指定搜索目标(目的)的路径中存在的跃点的最大数。默认值为 30 个跃点
-j HostList	指定回显请求消息将 IP 报头中的松散源路由选项与 HostList 中指定的中间目标集一起使用。使用松散源路由时,连续的中间目标可以由一个或多个路由器分隔开。HostList 中的地址或名称的最大数量为 9。HostList 是一系列由空格分隔的 IP 地址(用带点的十进制符号表示)。仅当跟踪 IPv4 地址时才使用该参数
-w Timeout	指定等待"ICMP 已超时"或"回显答复"消息(对应于要接收的给定"回显请求"消息)的时间(以 ms 为单位)。如果超时时间内未收到消息,则显示一个星号(＊)。默认的超时时间为 4000ms(4s)
-R	指定 IPv6 路由扩展标头应用来将"回显请求"消息发送到本地主机,使用目标作为中间目标并测试反向路由
-S	指定在"回显请求"消息中使用的源地址。仅当跟踪 IPv6 地址时才使用该参数
-4	指定 Tracert.exe 只能将 IPv4 用于本跟踪
-6	指定 Tracert.exe 只能将 IPv6 用于本跟踪
TargetName	指定目标,可以是 IP 地址或主机名
-?	在命令提示符下显示帮助

(1) 要跟踪名为"www.263.net"的主机的路径,输入"tracert www.263.net"命令,显示结果如实验图 4.5 所示。

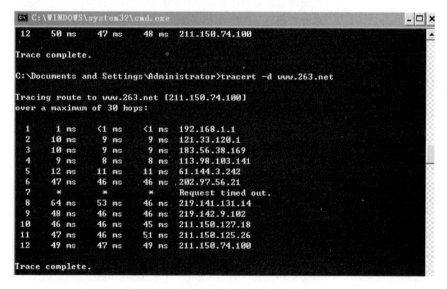

实验图 4.5   tracert www.263.net

（2）要跟踪名为"www.263.net"的主机的路径并防止将每个 IP 地址解析为它的名称，输入"tracert -d www.263.net"命令，显示结果如实验图 4.6 所示。

实验图 4.6   tracert -d www.263.net

3. ipconfig 命令的使用

ipconfig 命令可以显示所有当前的 TCP/IP 网络配置值（如 IP 地址、网关、子网掩码）、刷新动态主机配置协议（DHCP）和域名系统（DNS）设置。

ipconfig 命令语法格式如下。

ipconfig [/all] [/renew [Adapter]] [/release [Adapter]] [/flushdns] [/displaydns] [/registerdns] [/showclassidAdapter] [/setclassidAdapter [ClassID]]

实验表 4.3 给出了 ipconfig 命令各选项的具体含义。

实验表 4.3　ipconfig 命令选项

选　项	含　义
/all	显示所有适配器的完整 TCP/IP 配置信息。在没有该参数的情况下，ipconfig 只显示各个适配器的 IPv6 地址或 IPv4 地址、子网掩码和默认网关值。适配器可以代表物理接口(如安装的网络适配器)或逻辑接口(如拨号连接)
/renew〔Adapter〕	更新所有适配器(如果未指定适配器)或特定适配器(如果包含了 Adapter 参数)的 DHCP 配置。该参数仅在具有配置为自动获取 IP 地址的适配器的计算机上可用。若要指定适配器名称，请输入使用不带参数的 ipconfig 命令显示的适配器名称
/release〔Adapter〕	发送 DHCP RELEASE 消息到 DHCP 服务器，以释放所有适配器(如果未指定适配器)或特定适配器(如果包含了 Adapter 参数)的当前 DHCP 配置并丢弃 IP 地址配置。该参数可以禁用配置为自动获取 IP 地址的适配器的 TCP/IP。若指定适配器名称，请输入使用不带参数的 ipconfig 命令显示的适配器名称
/flushdns	刷新并重设 DNS 客户解析缓存的内容。在 DNS 故障排除期间，可以使用本过程从缓存中丢弃否定缓存项和任何其他动态添加项
/displaydns	显示 DNS 客户解析缓存的内容，包括从 local Hosts 文件预装载的记录，以及最近获得的针对由计算机解析的名称查询的资源记录。DNS 客户服务在查询配置的 DNS 服务器之前使用这些信息快速解析被频繁查询的名称
/registerdns	初始化计算机上配置的 DNS 名称和 IP 地址的手工动态注册。可以使用该参数对失败的 DNS 名称注册进行故障排除或解决客户和 DNS 服务器之间的动态更新问题，而不必重新启动客户端计算机
/showclassid Adapter	显示指定适配器的 DHCP 类别 ID。要查看所有适配器的 DHCP 类别 ID，请在 Adapter 位置使用星号(＊)通配符。该参数仅在具有配置为自动获取 IP 地址的适配器的计算机上可用
/setclassid Adapter〔ClassID〕	配置特定适配器的 DHCP 类别 ID。要设置所有适配器的 DHCP 类别 ID，请在 Adapter 位置使用星号(＊)通配符。该参数仅在具有配置为自动获取 IP 地址的适配器的计算机上可用。如果未指定 DHCP 类别 ID，则会删除当前类别 ID
/?	在命令提示符下显示帮助

ipconfig 命令等同于 winipcfg 命令，后者在 Windows Millinnium Edition、Windows 98 和 Windows 95 中提供。

该命令最适用于配置为自动获取 IP 地址的计算机。它使用户可以确定哪些 TCP/IP 配置值是由 DHCP、自动专用 IP 寻址(APIPA)和其他配置设置的。

如果 Adapter 名称包含空格，请在该适配器名称两边使用引号(即"Adapter 名称")。

对于适配器名称，ipconfig 可以使用星号(＊)通配符字符指定名称为指定字符串开头的适配器，或名称包含有指定字符串的适配器。例如，Local＊可以匹配所有以字符串 Local 开头的适配器，而＊Con＊可以匹配所有包含字符串 Con 的适配器。

(1) 若要显示所有适配器的基本 TCP/IP 配置，请输入"ipconfig"命令。

(2) 若要显示所有适配器的完整 TCP/IP 配置，请输入"ipconfig /all"命令。

使用不带参数的 ipconfig 命令可以显示所有适配器的 IPv6 地址或 IPv4 地址、子网掩码和默认网关。在 Windows 2003 Server 系统的 DOS 窗口中执行"ipconfig/all"命令,显示结果如实验图 4.7 所示。

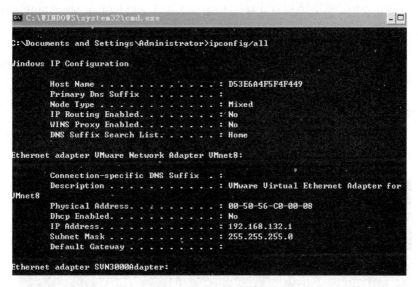

```
C:\WINDOWS\system32\cmd.exe                                        _ □ X

C:\Documents and Settings\Administrator>ipconfig/all

Windows IP Configuration

        Host Name . . . . . . . . . . . . : D53E6A4F5F4F449
        Primary Dns Suffix  . . . . . . . :
        Node Type . . . . . . . . . . . . : Mixed
        IP Routing Enabled. . . . . . . . : No
        WINS Proxy Enabled. . . . . . . . : No
        DNS Suffix Search List. . . . . . : Home

Ethernet adapter VMware Network Adapter VMnet8:

        Connection-specific DNS Suffix  . :
        Description . . . . . . . . . . . : VMware Virtual Ethernet Adapter for
VMnet8
        Physical Address. . . . . . . . . : 00-50-56-C0-00-08
        Dhcp Enabled. . . . . . . . . . . : No
        IP Address. . . . . . . . . . . . : 192.168.132.1
        Subnet Mask . . . . . . . . . . . : 255.255.255.0
        Default Gateway . . . . . . . . . :

Ethernet adapter SUN3000Adapter:
```

实验图 4.7 ipconfig/all

(3) 若仅更新"本地连接"适配器的由 DHCP 分配 IP 地址的配置,请输入"ipconfig / renew"命令。

(4) 若要在排除 DNS 的名称解析故障期间刷新 DNS 解析器缓存,请输入"ipconfig / flushdns"命令。

4. netstat 命令的使用

netstat 命令可以显示当前活动的 TCP 连接、计算机监听的端口、以太网统计信息、IP 路由表、IPv4 统计信息(对于 IP、ICMP、TCP 和 UDP 协议)以及 IPv6 统计信息(对于 IPv6、ICMPv6、通过 IPv6 的 TCP 以及通过 IPv6 的 UDP 协议)。其语法格式为:

netstat[- a] [- e] [- n] [- o] [- p Protocol] [- r] [- s] [Interval]

实验表 4.4 给出了 netstat 命令各选项的具体含义。

实验表 4.4 netstat 命令选项

选 项	含 义
-a	显示所有活动的 TCP 连接以及计算机监听的 TCP 和 UDP 端口
-e	显示以太网统计信息,如发送和接收的字节数、数据包数。该参数可以与-s 结合使用
-n	显示活动的 TCP 连接,不过只以数字形式表现地址和端口号
-o	显示活动的 TCP 连接并包括每个连接的进程 ID(PID)。可以在 Windows 任务管理器中的"进程"选项卡上找到基于 PID 的应用程序。该参数可以与-a、-n 和-p 结合使用
-p Protocol	显示 Protocol 所指定的协议的连接。在这种情况下,Protocol 可以是 TCP、UDP、TCPv6 或 UDPv6。如果该选项与-s 一起使用,则 Protocol 可以是 TCP、UDP、ICMP、IP、TCPv6、UDPv6、ICMPv6 或 IPv6

续表

选　项	含　义
-s	按协议显示统计信息。默认情况下,显示 TCP、UDP、ICMP 和 IP 协议的统计信息。如果安装了 IPv6 协议,就会显示 IPv6 上的 TCP、IPv6 上的 UDP、ICMPv6 和 IPv6 协议的统计信息。可以使用-p 选项指定协议集
-r	显示 IP 路由表的内容。该选项与 route print 命令等价
Interval	每隔 Interval 秒重新显示一次选定的信息。按 Ctrl＋C 组合键会停止重新显示统计信息。如果省略该选项,netstat 将只打印一次选定的信息
/?	在命令提示符下显示帮助

（1）要显示所有活动的 TCP 连接以及计算机监听的 TCP 和 UDP 端口,请输入"netstat -a"命令,显示结果如实验图 4.8 所示。

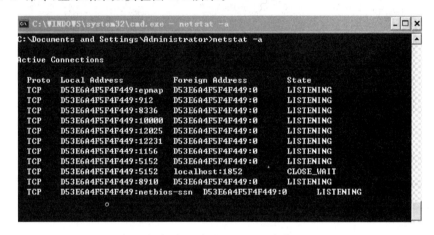

实验图 4.8　"netstat -a"命令

（2）要显示以太网统计信息,如发送和接收的字节数、数据包数,请输入"netstat -e -s"命令。

四、思考题

如何用网络命令测试网络的连通性是否良好?

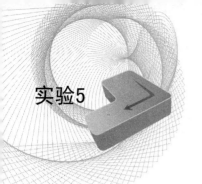

TCP/IP配置

一、实验目的

掌握 Windows /Linux 操作系统环境下网络参数的设置,理解 IP 地址的含义;理解并掌握子网掩码的使用、子网的划分方法。

二、实验设备

将两台安装了操作系统的计算机连接在同一交换机下。

三、实验内容及步骤

(1) 先将原来的 IP 地址、子网掩码、默认网关等参数记录并保留起来,实验完成后恢复它。

(2) IP 地址与网络掩码的设置。

假设计算机 A、B 连在同一个交换机上,将 A、B 的 IP 地址和网络掩码设置为同一网络,如 192.168.25.0。在 A 和 B 上分别通过 ping 检测到对方的连通情况。

将 A、B 的 IP 地址和网络掩码设置为不在同一网络上(如 192.168.25.0 和 192.168.26.0),在 A 和 B 上分别通过 ping 检测到对方的连通情况。

将 C 类网 192.168.25.0 划分从 4 个子网,在本机上通过设置 IP 地址和网络掩码,验证各子网的掩码和可用的 IP 地址范围。

假设计算机 A、B 连在同一个局域网上,将 A、B 的 IP 地址和网络掩码设置为同一子网,在 A 和 B 上分别通过 ping 检测到对方的连通情况。

将 A、B 的 IP 地址和网络掩码设置为不在同一子网上,在 A 和 B 上分别通过 ping 检测到对方的连通情况。

不同网络/子网之间的连通性记录如实验表 5.1 所示。

实验表 5.1　不同网络/子网之间的连通性记录

实　验　项	A 的 IP 和 MASK	B 的 IP 和 MASK	A 到 B 之间的连通性	原　　因
1				
2				
3				
4				

子网及有效的 IP 地址范围记录如实验表 5.2 所示。

实验表 5.2　子网及有效的 IP 地址范围记录

实验项	网络号	子网号	网络掩码	有效的 IP 地址范围	子网内广播地址和未知地址
1					
2					
3					
4					

（3）IP 地址冲突。

将在同一个局域网上，先将计算机 A 的 IP 设置为 192.168.25.168，然后再将计算机 B 的 IP 地址也设置为与 A 相同（即让 B 与 A 的 IP 地址发生冲突），观察并记录 A、B 上的错误消息报告情况。

在另外一台计算机 C（IP 地址与 A/B 不同）上向该 IP 地址发 ping 检测报文（ping 192.168.25.168 -n 10），观察 ping 检测报文的返回情况。

进入 DOS 仿真窗口，用 nbtstat -A 192.168.25.168 查看此时 IP 地址 192.168.25.168 对应的主机名称是计算机 A 还是计算机 B？

让 A 与 B 的 IP 地址发生冲突，重复上述步骤。

让 A 与 B 的 IP 地址不发生冲突，重复上述步骤。

将上述情况观察的结果进行对比并填入实验表 5.3 中。

实验表 5.3　IP 地址冲突情况记录

实验项	主机 A 的 IP 地址	主机 B 的 IP 地址	192.168.25.168 对应的主机名称	C 到 A 的丢包率	C 到 B 的丢包率
1					
2					
3					
4					

（4）恢复原来的网络配置参数。

四、思考题

1. 当 A、B 两台主机不在同一个网络或子网时，如果 A、B 之间需要通信，怎么办？

2. 如果 A 是一个 Web 服务器或邮件服务器，当客户机 B 的 IP 地址与 A 发生冲突后，客户 C 访问 A 时会有什么影响？

3. 假设组网的交换机具有网络管理功能（通过软件可以让某端口打开或关闭），如何保护网络中的重要服务器不受客户机 IP 地址冲突的影响？

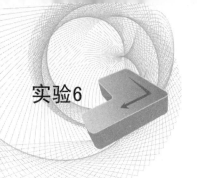

对等网的组建与使用

一、实验目的

掌握网卡驱动程序的安装方法,对等网络配置方法和对等网络的使用方法。

二、实验设备

安装 Windows 操作系统的计算机两台;网卡及其网卡驱动程序;交叉双绞线一根(或不少于两个口的集线器一个,直通双绞线两根)。

三、实验内容及步骤

1. 对等网的理论基础

1) 对等网的概念

可以从网络中每台计算机之间的关系、资源分布或作业的集中程度这 3 个方面进行了解。

(1) 从网络计算机的从属关系来看,对等网中每台计算机都是平等的,没有主从之分。也就是说,每台计算机在网络中既是客户机也是服务器。而其他不同类型的局域网中,一般都有一台或者几台计算机作为服务器,其他计算机作为客户机,客户机则是以服务器为中心建立的。

(2) 从资源分布情况来看,对等网中的资源分布是在每一台计算机上的。其他类型的网络中,资源一般分布在服务器上,客户机主要是使用资源而不是提供资源。

(3) 从作业的集中程度来看,对等网中的每一台计算机都是客户机,所以它要完成自身的作业;同时由于它们又都是服务器,就都要满足其他计算机的作业要求。从整体角度来看,对等网中作业也是平均分布的,没有一个作业相对集中的结点。

其他类型网络中,作为中心和资源集中结点的服务器要承担所有其他客户机的作业要求,而客户机不提供资源,相对来说,服务器的作业集中程度远大于客户机。

综上所述,对等网就是每一台网络计算机与其他连网的计算机之间的关系对等,没有层次的划分,资源和作业都相对平均分布的局域网类型。

2) 对等网的优点

(1) 对等网容易建立和维护。

(2) 对等网建立和维护成本比较低。

（3）对等网可以实现多种服务应用。

3）对等网的缺点

（1）对等网的管理性差。

（2）对等网中资源查找困难。

（3）对等网中同步使用的计算机性能下降。

4）对等网的使用范围

对等网主要用于建立小型网络以及在大型网络中作为一个小的子网络。用在有限信息技术预算和有限信息共享需求的地方，如学生宿舍内、住宅区、邻居之间等。这些地方建立网络的主要目的是用于实现简单的网络资源共享和信息传输以及联网娱乐等。

2．对等网的建立步骤

1）网卡的安装

关闭计算机的电源，打开机箱。取下机箱背后的一个挡板。将网卡平插入机箱内的ISA槽内（就是那个最长的插槽），一定要插紧。关闭机箱，然后插上电源。这时再打开电源，重新启动 Windows XP。一般情况下，Windows XP 会自动识别出计算机上已经插入新设备，而且大部分的网卡驱动程序都可以自动安装。如果系统没有默认的程序，则需要把网卡的驱动盘插入光驱，安装并重新启动。重新启动计算机后，右击"我的电脑"图标，在弹出的快捷菜单中选择"属性"命令，在"硬件"选项卡下的"设备管理"选项，打开"计算机管理"窗口，如实验图 6.1 所示。如果在该窗口中的"网卡"中没有出现问号或惊叹号，就说明网卡已经安装成功了。

实验图 6.1　网卡安装检测

2）网线互联

制作网线的方法有两种，即直通式和交叉式。直通式可以用于连接不同设备，如果要连接相同的设备要用交叉式。交叉式连接是 1、3 交叉，2、6 交叉，其他的直接按顺序连接。网线也可以在购买时让商家制作好。然后,按照所设计的拓扑结构图连接各种设备(交换机、集线器、主机等)。

3) 安装协议

(1) 安装 TCP/IP 协议。网络协议规定了网络中各用户之间进行数据传输的方式,配置网络协议可参考下列操作。

① 单击“开始”按钮,选择“控制面板”命令,打开“控制面板”窗口。

② 在“控制面板的选择一个类别”窗口中单击“网络和 Internet 连接”超链接,打开“网络和 Internet 连接”窗口。

③ 在该窗口中的“或选择一个控制面板图标”选项组中单击“网络连接”超链接,打开“网络连接”窗口。

④ 在该窗口中,右击“本地连接”图标,在弹出的快捷菜单中选择“属性”命令,打开“本地连接属性”对话框中的“常规”选项卡,如实验图 6.2 所示。

⑤ 在该选项卡中单击“安装”按钮,打开“选择网络组件类型”对话框,如实验图 6.3所示。

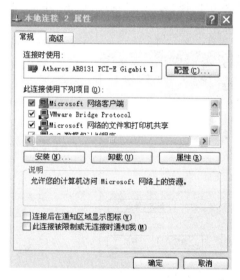

实验图 6.2 本地连接

实验图 6.3 选择网络组件类型

⑥ 在“单击要安装的网络组件类型”列表框中选择“协议”选项,单击“添加”按钮,打开“选择网络协议”对话框。

⑦ 在“网络协议”列表框中选择要安装的网络协议,或单击“从磁盘安装”按钮,从磁盘安装需要的网络协议,单击“确定”按钮。

⑧ 安装完成后,在“常规”选项卡中的“此连接使用下列项目”列表框中即可看到所安装的网络协议。

(2) 安装 NetBEUI 网络协议。NetBEUI 协议与 TCP/IP 协议的安装过程基本相同,只是在选择协议时选择 NetBEUI 协议。

4) 设置 IP 地址

IP 地址可以采用手工配置,也可以让系统动态分配。无论哪种方法都要保证没有两台主机有相同的 IP 地址。因为这里的主机数很少,只有 8 台,并且该对等网又不连接到 Internet。可以随便分配一组 IP 地址,如 192.168.0.1~192.168.0.8。假设部门经理的计算机 IP 地址为 192.168.0.1。

5) 安装网络客户端

网络客户端可以提供对计算机和连接到网络上的文件的访问。安装 Windows XP 的网络客户端,可参考以下操作。

(1) 单击"开始"按钮,选择"控制面板"命令,打开"控制面板"窗口。

(2) 在"控制面板之选择一个类别"窗口中单击"网络和 Internet 连接"超链接,打开"网络和 Internet 连接"窗口。

(3) 在该窗口中的"或选择一个控制面板图标"选项组中单击"网络连接"超链接,打开"网络连接"窗口。

(4) 在该窗口中,右击"本地连接"图标,在弹出的快捷菜单中选择"属性",命令,打开"本地连接属性"对话框中的"常规"选项卡。

(5) 在该选项卡中单击"安装"按钮,打开"选择网络组件类型"对话框。

(6) 在"单击要安装的网络组件类型"列表框中选择"客户端"选项,单击"添加"按钮,打开"选择网络客户端"对话框,如实验图 6.4 所示。

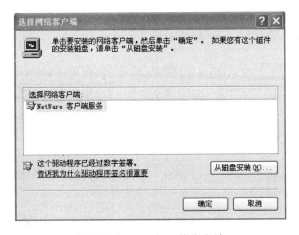

实验图 6.4   选择网络客户端

(7) 在该对话框中的"选择网络客户端"列表框中选择要安装的网络客户端,单击"确定"按钮即可。

(8) 安装完毕后,在"常规"选项卡中的"此连接使用以下项目"列表框中将显示安装的客户端。

6) 标识计算机

为了能够让对等网的两台计算机方便地查找对方,必须为它们各自取一个名字。具体的方法是在"网络"窗口中选择"标识"标签,然后再在弹出的对话框中给两台 PC 分别输入"计算机名"和"工作组"。要注意的是,两台主机的"计算机名"不能相同而"工作组"名必须相同才能成功地把它们组成对等网。

要实现网上邻居互相访问,建议工作组最好设为同一个工作组,在桌面"我的电脑"上右击,在弹出的快捷菜单中选择"属性"命令,然后在弹出窗口中选择"计算机名"项,单击"更改"按钮就可以修改"计算机名"和"工作组"名了。

在这里设置 Sell1 和 Sell2 两个工作组,Sell1 包含计算机名为 A、B、C 的 3 台计算机。Sell2 包含了计算机名为 D、E、F、G 的 4 台计算机。其中 A 和 D 为连接了打印机的计算机。部门经理可以任意设在其中的一个组,计算机名为 Manager。

7) 设置文件共享

在对等网中,实现资源共享是其主要目的,设置共享文件夹是实现资源共享的常用方式。在 Windows XP 中,设置共享文件夹可执行下列操作。

(1) 双击"我的电脑"图标,打开"我的电脑"窗口。

(2) 选择要设置共享的文件夹,在左边的"文件和文件夹任务"窗格中单击"共享此文件夹"超链接,或右击要设置共享的文件夹,在弹出的快捷菜单中选择"共享和安全"命令。

(3) 打开"文件夹属性"对话框中的"共享"选项卡,如实验图 6.5 所示。

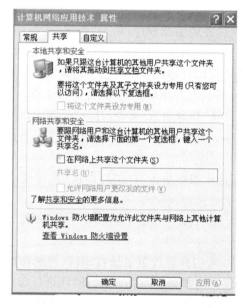

实验图 6.5 文件"共享"选项卡

(4) 在"网络共享和安全"选项组中选中"在网络上共享这个文件夹"复选框,这时"共享名"文本框和"允许网络用户更改我的文件"复选框均变为可用状态。

(5) 在"共享名"文本框中输入该共享文件夹在网络上显示的共享名称,用户也可以使用其原来的文件夹名称。

(6) 设置共享文件夹后,在该文件夹的图标中将出现一个托起的小手形状,表示该文件夹为共享文件夹。

8) 安装和设置共享打印机

在网络中,用户不仅可以共享各种软件资源,还可以设置共享硬件资源,如设置共享打印机。要设置网络共享打印机,用户首先要在自己的计算机上安装好打印机,并确定能够正常工作。其他用户要想共享该打印机需要先将该打印机设置为共享,并在网络中其他计算机上安装该打印机的驱动程序。

将打印机设置为共享,可执行下列操作。

(1) 单击"开始"按钮,选择"控制面板"命令,打开"控制面板"窗口。

　　(2) 在"控制面板之选择一个类别"窗口中单击"打印机和其他硬件"超链接,打开"打印机和其他硬件"窗口。

　　(3) 在"选择一个任务"选项组中选择"查看安装的打印机或传真打印机"超链接,打开"打印机和传真"窗口。

　　(4) 在该窗口中选中要设置共享的打印机图标,在"打印机任务"窗格中单击"共享此打印机"超链接,或右击该打印机图标,在弹出的快捷菜单中选择"共享"命令。

　　(5) 打开"打印机属性"对话框中的"共享"选项卡。

　　(6) 在该选项卡中选中"共享这台打印机"复选框,在"共享名"文本框中输入该打印机在网络上的共享名称。

　　(7) 若网络中的用户使用的是不同版本的 Windows 操作系统,可单击"其他驱动程序"按钮,打开"其他驱动程序"对话框,安装其他的驱动程序。

　　(8) 在该对话框中选择需要的驱动程序,单击"确定"按钮即可。在将打印机设置为共享打印机后,用户就可以在网络中其他计算机上进行该打印机的共享设置了。

　　在这里对 A、D 计算机连接的打印机分别进行上述设置。

　　在其他计算机上进行打印机的共享设置,可执行下列操作。

　　(1) 单击"开始"按钮,选择"控制面板"命令,打开"控制面板"窗口。

　　(2) 在"控制面板之选择一个类别"窗口中单击"打印机和其他硬件"超链接,打开"打印机和其他硬件"窗口。

　　(3) 在"选择一个任务"选项组中单击"添加打印机"超链接,打开"添加打印机向导"之一对话框。

　　(4) 该向导对话框显示了欢迎使用信息,单击"下一步"按钮,进入"添加打印机向导"之二对话框。

　　(5) 在该向导对话框中,若用户要设置本地打印机,可选择"连接到这台计算机的本地打印机"选项;若用户要设置网络共享打印机,可选择"网络打印机,或连接到另一台计算机的打印机"选项。本例中选择"网络打印机,或连接到另一台计算机的打印机"选项。

　　(6) 单击"下一步"按钮,打开"添加打印机向导"之三对话框。

　　(7) 在该向导对话框中,若用户要浏览打印机,可选择"浏览打印机"选项;若用户知道该打印机的确切位置及名称,可选择"连接到这台打印机"选项;若用户知道该打印机的 URL 地址,可选择"连接到 Internet、家庭或办公网络上的打印机"选项。

　　(8) 单击"下一步"按钮,进入"添加打印机向导"之四对话框。

　　(9) 在该向导对话框中的"共享打印机"列表框中选择要设置共享的打印机,这时在"打印机"文本框中将显示该打印机的位置及名称信息。

　　(10) 单击"下一步"按钮,进入"添加打印机向导"之五对话框。

　　(11) 该向导对话框中询问用户是否要将该打印机设置为默认打印机。若用户将该打印机设置为默认打印机,则在进行打印时,用户若不指定其他打印机,则系统将自动将文件发送到默认打印机进行打印。

　　(12) 选择好后,单击"下一步"按钮,打开"添加打印机向导"之六对话框。

　　(13) 该向导对话框显示了完成添加打印机向导设置及打印机设置等信息,单击"完成"

按钮退出"添加打印机向导"对话框。

在这里分别对 B、C 设置成共享 A 连接的打印机,对 E、F、G 设置成共享 D 连接的打印机。

9) 检查设置

网络的连接分为两个方面。一方面是硬件的安装,已经通过交换机、集线器、双绞线把各个主机连接起来了;一方面是软件配置,也已经顺利完成了。下面就要测试网络是否连接正常。

(1) 测试本机的 TCP/IP 协议是否安装正常。在 DOS 界面下使用"ping 127.0.0.1"命令来测试。如果屏幕上显示信息如实验图 6.6 所示。则说明 TCP/IP 协议运行正常。否则说明 TCP/IP 协议运行不正常。

```
C:\WINDOWS\system32\cmd.exe

Microsoft Windows XP [版本 5.1.2600]
(C) 版权所有 1985-2001 Microsoft Corp.

C:\Documents and Settings\Administrator>ping 127.0.0.1

Pinging 127.0.0.1 with 32 bytes of data:

Reply from 127.0.0.1: bytes=32 time<1ms TTL=64
Reply from 127.0.0.1: bytes=32 time<1ms TTL=64
Reply from 127.0.0.1: bytes=32 time<1ms TTL=64
Reply from 127.0.0.1: bytes=32 time<1ms TTL=64

Ping statistics for 127.0.0.1:
    Packets: Sent = 4, Received = 4, Lost = 0 (0% loss),
Approximate round trip times in milli-seconds:
    Minimum = 0ms, Maximum = 0ms, Average = 0ms

C:\Documents and Settings\Administrator>
```

实验图 6.6 测试本机 TCP/IP 协议运行正常时的显示

(2) 测试网卡的设置是否正确。在 DOS 界面下使用"ping 本机 IP 地址",如输入"192.168.132.1"。

ping 是一个网络命令,在它后面的数字是本机的 IP 地址。如果屏幕上出现如实验图 6.7 所示的信息,那就表明网卡设置没有错误。

```
    Minimum = 0ms, Maximum = 0ms, Average = 0ms

C:\Documents and Settings\Administrator>ping 192.168.132.1

Pinging 192.168.132.1 with 32 bytes of data:

Reply from 192.168.132.1: bytes=32 time<1ms TTL=64
Reply from 192.168.132.1: bytes=32 time<1ms TTL=64
Reply from 192.168.132.1: bytes=32 time<1ms TTL=64
Reply from 192.168.132.1: bytes=32 time<1ms TTL=64

Ping statistics for 192.168.132.1:
    Packets: Sent = 4, Received = 4, Lost = 0 (0% loss),
Approximate round trip times in milli-seconds:
    Minimum = 0ms, Maximum = 0ms, Average = 0ms

C:\Documents and Settings\Administrator>
```

实验图 6.7 测试本机网卡运行正常时的显示

（3）检查网络是否通畅。如果网卡设置没有错误,就应该测试网络是否通畅。在 DOS 提示符下输入"ping 本网中另一台主机 IP 地址",如输入"192.168.132.3"。如果屏幕上出现如实验图 6.8 所示的信息,表明网络不通,则需要分别检查网线、网关和网络设置。

```
C:\Documents and Settings\Administrator>ping 192.168.132.3

Pinging 192.168.132.3 with 32 bytes of data:

Request timed out.
Request timed out.
Request timed out.
Request timed out.

Ping statistics for 192.168.132.3:
    Packets: Sent = 4, Received = 0, Lost = 4 (100% loss),

C:\Documents and Settings\Administrator>
```

实验图 6.8   测试网络运行不正常时的显示

四、思考题

1. 对等网中设定"工作组"标识时,可以看到其下有一个"域"标识的属性,那么两者之间的区别是什么?

2. 对等网设置的注意事项有哪些?

3. 对于"映射网络驱动器"的操作,是否还有其他的操作过程可以实现?

4. 简述对等网有何优缺点。

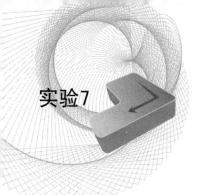

IP子网划分

一、实验目的

1. 掌握子网划分的方法和子网掩码的设置。
2. 理解 IP 协议与 MAC 地址的关系。
3. 根据实际的网络需求设计合理的子网划分方案。

二、实验环境

共 6 组,每组 8 台双网卡 PC,多台路由器,多台交换机,用以太网交换机连接起来的 Windows XP 操作系统计算机。

网络拓扑结构图如实验图 7.1 所示。

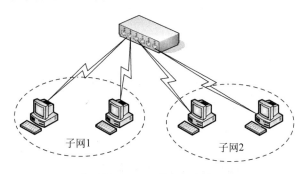

实验图 7.1　网络拓扑结构图

三、实验原理

随着互联网应用的不断扩大,原先的 IPv4 的弊端也逐渐暴露出来,即网络号占位太多,而主机号位太少,所以其能提供的主机地址也越来越稀缺,目前除了使用 NAT 在企业内部利用保留地址自行分配以外,通常都对一个高类别的 IP 地址进行再划分,以形成多个子网,提供给不同规模的用户群使用。

本实验要求学生通过掌握子网划分的方法和子网掩码的设置方法,具有根据实际的网络需求设计合理的子网划分方案的创新能力。

1. 为什么要划分子网

在 20 世纪 70 年代初期,建立 Internet 的工程师们并未意识到计算机和通信在未来的迅猛发展。局域网和个人计算机的发明对未来的网络产生了巨大的冲击。开发者们依据他们当时的环境,并根据那时对网络的理解建立了逻辑地址分配策略。他们知道要有一个逻辑地址管理策略,并认为 32 位的地址已足够使用。为了给不同规模的网络提供必要的灵活性,IP 地址的设计者将 IP 地址空间划分为 A、B、C、D、E 5 个不同的地址类别,其中 A、B、C 三类最为常用。

从当时的情况来看,32 位的地址空间确实足够大,能够提供 2^{32}(4 294 967 296,约为 43 亿)个独立的地址。这样的地址空间在因特网早期看来几乎是无限的,于是便将 IP 地址根据申请而按类别分配给某个组织或公司,而很少考虑是否真的需要这么多个地址空间,没有考虑到 IPv4 地址空间最终会被用尽。但是在实际网络规划中,它们并不利于有效地分配有限的地址空间。对于 A、B 类地址,很少有这么大规模的公司能够使用,而 C 类地址所容纳的主机数又相对太少。所以有类别的 IP 地址并不利于有效地分配有限的地址空间,不适用于网络规划。

2. 如何划分子网

为了提高 IP 地址的使用效率,引入了子网的概念。将一个网络划分为子网:采用借位的方式,从主机位最高位开始借位变为新的子网位,所剩余的部分则仍为主机位。这使得 IP 地址的结构分为三级地址结构:网络位、子网位和主机位。这种层次结构便于 IP 地址分配和管理。它的使用关键在于选择合适的层次结构——如何既能适应各种现实的物理网络规模,又能充分地利用 IP 地址空间(即从何处分隔子网号和主机号)。

3. 子网掩码的作用

简单来说,掩码用于说明子网域在一个 IP 地址中的位置。子网掩码主要用于说明如何进行子网的划分。掩码是由 32 位组成的,很像 IP 地址。对于三类 IP 地址来说,有一些自然的或默认的固定掩码。

4. 如何来确定子网地址

如果此时有一个 IP 地址和子网掩码,就能够确定设备所在的子网。子网掩码和 IP 地址一样长,由 32 位组成,其中的 1 表示在 IP 地址中对应的网络号和子网号对应比特,0 表示在 IP 地址中的主机号对应的比特。将子网掩码与 IP 地址逐位相“与”,得全 0 部分为主机号,前面非 0 部分为网络号。

1)基础实验 1

ipconfig 是调试计算机网络的常用命令,通常大家使用它显示计算机中网络适配器的 IP 地址、子网掩码及默认网关。ipconfig /all 是显示本机 TCP/IP 配置的详细信息。

2)基础实验 2

(1)两人一组或四人一组,设置两台主机的 IP 地址与子网掩码。

A:10.2.2.2   255.255.254.0

B:10.2.3.3   255.255.254.0

(2)两台主机均不设置默认网关。

(3)用 arp -d 命令清除两台主机上的 ARP 表,然后在 A 与 B 上分别用 ping 命令与对方通信,观察并记录结果,分析原因。

(4)在两台 PC 上分别执行 arp -a 命令,观察并记录结果,分析原因。

提示:由于主机将各自通信目标的 IP 地址与自己的子网掩码相“与”后,发现目标主机与自己均位于同一网段(10.2.2.0),因此通过 ARP 协议获得对方的 MAC 地址,从而实现在同一网段内网络设备间的双向通信。

3) 基础实验 3

(1) 将 A 的子网掩码改为"255.255.255.0",其他设置保持不变。

(2) 在两台 PC 上分别执行 arp -d 命令清除两台主机上的 ARP 表。然后在 A 上 ping B,观察并记录结果。

(3) 在两台 PC 上分别执行 arp -a 命令,观察并记录结果,分析原因。

提示:A 将目标设备的 IP 地址(10.2.3.3)和自己的子网掩码(255.255.255.0)相"与"得 10.2.3.0,和自己不在同一网段(A 所在网段为 10.2.2.0),则 A 必须将该 IP 分组首先发向默认网关。

4) 基础实验 4

(1) 按照实验 2 的配置,接着在 B 上 ping A,观察并记录结果,分析原因。

(2) 在 B 上执行 arp -a 命令,观察并记录结果,分析原因。

提示:B 将目标设备的 IP 地址(10.2.2.2)和自己的子网掩码(255.255.254.0)相"与"后,发现目标主机与自己均位于同一网段(10.2.2.0),因此 B 通过 ARP 协议获得 A 的 MAC 地址,并可以正确地向 A 发送 Echo Request 报文。但由于 A 不能向 B 正确地发回 Echo Reply 报文,故 B 上显示 ping 的结果为"请求超时"。在该实验操作中,通过观察 A 与 B 的 ARP 表的变化,可以验证:在一次 ARP 的请求与响应过程中,通信双方就可以获知对方的 MAC 地址与 IP 地址的对应关系,并保存在各自的 ARP 表中。

四、设计实验要求

某一私营企业申请了一个 C 类网络,假设其 IP 地址为"210.68.26.0",该企业由 10 个子公司构成,每个子公司都需要自己独立的子网络。确定该网络的子网掩码一般分为以下几个步骤。

(1) 确定是哪一类 IP 地址。该网络的 IP 地址为"210.68.26.0",说明是 C 类 IP 地址,网络号为"210.68.26"。

(2) 根据现在所需的子网数以及将来可能扩充到子网数用二进制位来定义子网号。现在有 10 个子公司,需要 10 个子网,将来可能扩建到 14 个,所以将第 4 字节的前 4 位确定为子网号($2^4-2=14$)。前 4 位都置为"1",即第 4 字节为"11110000"。

(3) 把对应初始网络的各个二进制位都置为"1",即前 3 个字节置为"1",则子网掩码的二进制表示形式为"11111111.11111111.11111111.11110000"。

(4) 将该子网掩码的二进制表示形式转化为十进制形式"255.255.255.240",即为该网络的子网掩码。

五、实验总结

通过这个实验让学生进一步理解了 IP 地址的含义,掌握了利用 IP 地址的设置来划分子网的方法。学习 ipconfig、ping、arp 等命令的运用。

六、思考题

简述 IP 协议与 MAC 地址的关系。

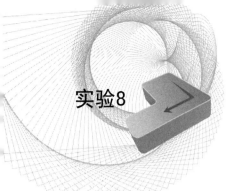

FTP服务器配置与使用

一、实验目的

掌握和使用 FTP 服务器共享文件。

二、实验设备

两台在局域网内的计算机,Serv-U 安装程序,Web IIS Windows 组件。

三、实验内容及步骤

FTP 的全称是 File Transfer Protocol(文件传输协议),顾名思义,就是专门用来传输文件的协议。而 FTP 服务器,则是在互联网上提供存储空间的计算机,它们依照 FTP 协议提供服务。当它们运行时,用户就可以连接到服务器上下载文件,也可以将自己的文件上传到 FTP 服务器中。因此,FTP 的存在,大大方便了网友之间远程交换文件资料的需要,充分体现了互联网资源共享的功能。

1. 用 Serv-U 架设个人 FTP

Serv-U 支持所有版本的 Windows 操作系统,可以设定多个 FTP 服务器,可以限定登录用户的权限、登录目录及服务器空间大小,功能非常完善。以下就以 Serv-U 汉化版为例,给大家讲解架设个人 FTP 的具体步骤。

首先下载安装 Serv-U 软件,并运行,将会出现"设置向导"对话框,下面就来跟随着这个向导的指引,一步步进行操作。

1) 设置 Serv-U 的 IP 地址与域名

(1) 启动 Serv-U 软件,在弹出的对话框中单击"下一步"按钮跳过系统提示信息,直到显示"您的 IP 地址"窗口,这里要求输入本机的 IP 地址。

如果用户的计算机有固定的 IP 地址,那就直接输入;如果用户只有动态 IP(如拨号用户),那该处请留空,Serv-U 在运行时会自动确定 IP 地址。

(2) 进行"域名"设定。这个域名只是用来标识该 FTP 域,没有特殊的含义,如这里输入"ftp. wxxi520. com"。

(3) 接下来的"系统服务"选项必须选择"是",这样当用户的计算机一启动,服务器也会跟着开始运行。

2）设置匿名登录

匿名访问就是允许用户以 Anonymous 为用户名，无须特定密码即可连接服务器并复制文件。如果管理员不想让陌生人随意进入 FTP 服务器，或想成立 VIP 会员区，就应该在"匿名账号"窗口中选择"否"，这样就只有经过许可的用户才能登录该 FTP。鉴于匿名登录尚有一定的实用需求，在此选择"是"。

之后就要为匿名账户指定 FTP 上传或下载的主目录，这是匿名用户登录到 FTP 服务器后看到的目录。设定后，向导还会继续询问管理员是否将匿名用户锁定于此目录中，从安全的角度考虑，建议选择"是"。这样匿名登录的用户将只能访问管理员指定的主目录及以下的各级子目录，而不能访问上级目录，便于保证硬盘上其他文件的安全。

3）创建新账户

除了匿名用户，一般还需要建立有密码的专用账号，也就是说可以让指定用户以专门的账号和密码访问服务器，这样做适用于实行会员制下载或只让好友访问。在"命名的账号"窗口中将"创建命名的账号吗"选为"是"，进入"账号名称"设置，填入管理员制定的账号名称，而后在"账号密码"窗口输入该账号的密码。

单击"下一步"按钮，会要求管理员指定 FTP 主目录，并询问是否将用户锁定于主目录中，单击"是"按钮，作用与匿名账户设定基本相同，不再赘述。

紧接着要设置该账户的远程管理员权限，分为"无权限"、"组管理员"、"域管理员"、"只读管理员"和"系统管理员"5 种选项，每项的权限各不相同，可根据具体情况进行选择。

至此，已拥有了一个域（ftp.wxxi520.com）及两个用户（Anonymous 和 wxxi520）。单击"完成"按钮退出向导，稍等片刻 Serv-U 软件主界面将自动弹出，这里还要在此进行一些管理员设置。

4）管理员设置

每个 Serv-U 引擎都能用来运行多个虚拟的 FTP 服务器，而虚拟的 FTP 服务器就称为"域"。对 FTP 服务器来说，建立多个域是非常有用的，每个域都有各自的用户、组和相关的设置。下面将简要介绍管理器界面上必要的参数设置。

第一步，首先单击窗体左侧的"本地服务器"，选中右侧窗格中的"自动开始（系统服务）"复选框。

第二步，选择左侧的"域→活动"目录名称，这里记载了该域下所有用户的活动情况，是非常重要的监控数据。

第三步，选择"域→组"目录名称：在此可自建一些用户组，把各类用户归到相应的组中，便于管理。

第四步，选择"域→用户"目录名称：这里有刚建立的两个账号，其中的细节设置十分重要，具体如下。

（1）账号：如果有用户违反 FTP 的规定，可以单击此处的"禁用账号"按钮，让该用户在一段时间内被禁止登录。另外，此处的"锁定用户于主目录"复选框一定要选中，否则硬盘的绝对地址将暴露。

（2）常规：根据自身的实际需要，在此设置最大的下载和上传速度、登录到本服务器的最大用户数、同一 IP 的登录线程数等。

（3）IP访问：可以在此拒绝某个讨厌的 IP 访问 FTP 服务器，只要在"编辑规则"文本框填上某个 IP 地址,以后该 IP 的访问将会全部被拦下。

(4)配额:选中"启用磁盘配额"复选框,在此为每位 FTP 用户设置硬盘空间。单击"计算当前"按钮,可知当前的所有已用空间大小,在"最大"一栏中设定最大的空间值。

最后,请在有改动内容的标签卡上右击,然后在弹出的快捷菜单中选择"应用"命令,如此才能使设置生效,最后测试一下能否成功地下载和上传。

5)下载和上传

要使用 FTP 服务器下载和上传,就要用到 FTP 的客户端软件。常用的 FTP 客户端软件有 CuteFTP、FlashFXP、FTP Explorer 等。对于它们的具体使用方法,这里就不赘述。基本上只要在这些软件的"主机名"处中填入 FTP 服务器 IP 地址,而后依次填入用户名,密码和端口(一般为 21),单击"连接"按钮,只要能看到设定的主目录并成功实现文件的下载和上传,就说明这个用 Serv-U 建立起来的 FTP 服务器能正常使用了。

2．用 Windows IIS 搭建 FTP 服务器

成功安装 FTP 服务组件以后,用户只需进行简单的设置即可搭建一台常规 FTP 服务器,设置步骤如下。

第一步,在"开始"菜单中依次单击"管理工具"→"Internet 信息服务(IIS)管理器"菜单项,打开"Internet 信息服务(IIS)管理器"窗口。在左侧窗格中展开"FTP 站点"目录,右击"默认 FTP 站点"选项,在弹出的快捷菜单中选择"属性"命令,如实验图 8.1 所示。

实验图 8.1　选择"属性"命令

第二步,打开"默认 FTP 站点 属性"对话框,在"FTP 站点"选项卡中可以设置关于FTP 站点的参数。其中在"FTP 站点标识"区域中可以更改 FTP 站点名称、监听 IP 地址以及 TCP 端口号,单击"IP 地址"编辑框右侧的下拉三角按钮,并选中该站点要绑定的 IP 地址。如果想在同一台物理服务器中搭建多个 FTP 站点,那么需要为每一个站点指定一个

IP 地址，或者使用相同的 IP 地址且使用不同的端口号。在"FTP 站点连接"区域可以限制连接到 FTP 站点的计算机数量，一般在局域网内部设置为"不受限制"较为合适。用户还可以单击"当前会话"按钮来查看当前连接到 FTP 站点的 IP 地址，并且可以断开恶意用户的连接，如实验图 8.2 所示。

实验图 8.2 选择 FTP 站点 IP 地址

第三步，切换到"安全账户"选项卡，此选项卡用于设置 FTP 服务器允许的登录方式。默认情况下允许匿名登录，如果取消选中"允许匿名连接"复选框，则用户在登录 FTP 站点时需要输入合法的用户名和密码。本例选中"允许匿名连接"复选框，如实验图 8.3 所示。

实验图 8.3 选中"允许匿名连接"复选框

提示：登录 FTP 服务器的方式可以分为匿名登录和用户登录两种类型。如果采用匿名登录方式，则用户可以通过用户名"anonymous"连接到 FTP 服务器，以电子邮件地址作为密码。对于这种密码 FTP 服务器并不进行检查,只是为了显示方便才进行这样的设置。允许匿名登录的 FTP 服务器使得任何用户都能获得访问能力,并获得必要的资料。如果不允许匿名连接,则必须提供合法的用户名和密码才能连接到 FTP 站点。这种登录方式可以让管理员有效控制连接到 FTP 服务器的用户身份,是较为安全的登录方式。

第四步,切换到"消息"选项卡,在"标题"编辑框中输入能够反映 FTP 站点属性的文字(如"金手指资讯 FTP 服务器"),该标题会在用户登录之前显示。接着在"欢迎"编辑框中输入一段介绍 FTP 站点详细信息的文字,这些信息会在用户成功登录之后显示。同理,在"退出"编辑框中输入用户在退出 FTP 站点时显示的信息。另外,如果该 FTP 服务器限制了最大连接数,则可以在"最大连接数"编辑框中输入具体数值。当用户连接 FTP 站点时,如果FTP 服务器已经达到了所允许的最大连接数,则用户会收到"最大连接数"消息,且用户的连接会被断开,如实验图 8.4 所示。

实验图 8.4 "消息"选项卡

第五步,切换到"主目录"选项卡。主目录是 FTP 站点的根目录,当用户连接到 FTP 站点时只能访问主目录及其子目录的内容,而主目录以外的内容是不能被用户访问的。主目录既可以是本地计算机磁盘上的目录,也可以是网络中的共享目录。单击"浏览"按钮可在本地计算机磁盘中选择要作为 FTP 站点主目录的文件夹,并单击"确定"按钮。根据实际需要选中或取消选中"写入"复选框,以确定用户是否能够在 FTP 站点中写入数据,如实验图 8.5 所示。

提示:如果选中"另一台计算机上的目录"单选按钮,则"本地路径"编辑框将更改成"网络共享"编辑框。用户需要输入共享目录的 UNC 路径,以定位 FTP 主目录的位置。

第六步,切换到"目录安全性"选项卡,在该选项卡中主要用于授权或拒绝特定的 IP 地址连接到 FTP 站点。例如,只允许某一段 IP 地址范围内的计算机连接到 FTP 站点,则应该选中"拒绝访问"单选按钮。然后单击"添加"按钮,在打开的"授权访问"对话框中选中"一组计算机"单选按钮。然后在"网络标识"编辑框中输入特定的网段(如 10.115.223.0),并在"子网掩码"编辑框中输入子网掩码(如 255.255.254.0),最后单击"确定"按钮,如实验图 8.6 所示。

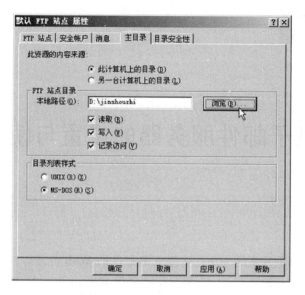

实验图8.5 "主目录"选项卡

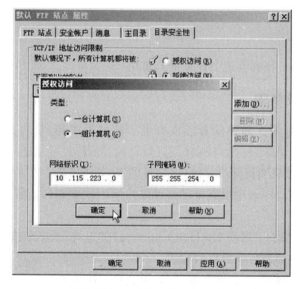

实验图8.6 "授权访问"对话框

第七步,返回"默认FTP站点属性"对话框,单击"确定"按钮使设置生效。现在用户已经可以在网络中任意客户计算机的Web浏览器中输入FTP站点地址(如"ftp://10.115.223.60")来访问FTP站点的内容了。

提示:如果FTP站点所在的服务器上启用了本地连接的防火墙,则需要在"本地连接属性"对话框的"高级设置"中添加"例外"选项,否则客户端计算机不能连接到FTP站点。

四、思考题

可以同时采用两种方法建立FTP服务器站点吗?

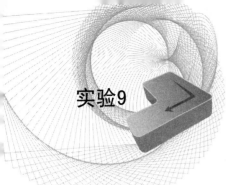

电子邮件服务器的设置与使用

一、实验目的

了解免费/收费邮箱及申请方法；熟悉电子邮件的 Web 收发方法；熟悉使用 Outlook Express 收发电子邮件；掌握 Outlook Express 设置 E-mail 账户的方法；掌握在电子邮件中插入图片、文件的方法；掌握通讯簿的建立、管理与使用方法；掌握同时给多个用户发送一封电子邮件的方法。

二、实验设备

多台装有 Windows 操作系统的联网的计算机。

三、实验内容及步骤

(1) 申请一免费邮箱。如果读者还没有电子邮件的邮箱，请自己申请一个免费电子邮箱。

(2) 登录到电子邮局网页并收发邮件(邮件的 Web 收发)。

(3) 在 Outlook Express 中设置电子邮件账户用于收发邮件。每一个"账户"对应一个电子邮箱。

① 设置新的邮件账户：启动 Outlook Express,在"工具"菜单中选择"账户"→"添加"→"邮件"命令,按操作向导进行设置直到完成。

如果读者不知道收件与发件服务器域名,可登录到电子邮箱页面,通过"帮助"查询。

② 设置邮件账户"属性"：在"工具"菜单中选择"账户"→"选择邮件账户"→"属性"命令,设置相关属性项目,确定部分邮件系统中增加"发信服务器认证"功能。此功能可使用户的信箱尽可能地避免垃圾邮件的干扰。如果不设置此项,可能造成无法正常发送邮件,具体设置方法如下。

在设置邮件账户属性时选择"服务器"选项卡,再选择"我的服务器要求身份验证"项进行设置,然后选择"使用与接收邮件服务器相同的设置"项,最后单击"确定"按钮。

为了保证使用 Outlook Express 接收邮件后(此时邮件已下载到本机中),在邮件服务器中仍然保留着邮件的副本,请务必将邮件账户属性中的"高级"选项卡上"在服务器中保留邮件副本"一项选中。

(4) 使用 Outlook Express 撰写电子邮件并在邮件中插入附件(文件)。

单击"新邮件"按钮,即可在新界面撰写邮件(输入收件人邮件地址、邮件主题、邮件内容等)。

邮件可在脱机状态下撰写,邮件格式可以进行美观设置,附件不要太大,以免影响收发速度。

(5) 使用 Outlook Express 收发邮件(要求互发一封电子邮件)。

① 发邮件:撰写邮件完成后单击"发送"按钮即可。

② 收邮件:单击"发送/接收"按钮即可。

在接收到对方发来的电子邮件后,请仔细阅读邮件及附件内容,并将附件单独保存到指定文件夹中,最后给对方一个回复。

(6) 在 Outlook Express 中建立自己的通讯簿,并将常用的电子邮件地址保存起来,以便撰写邮件时使用。在"工具"菜单中选择"通讯簿"→"新建"等操作即可。

(7) 创建邮件分拣规则,将来自某人的电子邮件接收到指定的文件夹中,并拒收来自某一电子邮件地址的邮件。在"工具"菜单中选择"邮件规则"→"邮件"选项,按操作向导进行操作即可。

(8) 同时给多个用户(用户组)发送一封邮件。

① 建立包括多个用户的用户组。在"工具"菜单中选择"通讯簿"→"新建"→"组"→"往用户组中添加多个成员"选项即可。

② 撰写邮件时,在"收件人"栏通过通讯簿选择已建立的包括多个用户的用户组。

例如,在网络营销中,如果你需要将公司的产品信息同时发送给固定的多个用户(多达上百个)时,使用上面方法十分方便。

四、思考题

1. 收发电子邮件可通过哪两种方式来实现? 各有何优缺点?

2. 如何管理来自多个电子邮箱的邮件?

3. 如何通过设置"邮件规则"进行邮件管理工作?

4. 如何使用通讯簿中的用户组功能?

5. 如何使用个人邮件文件夹?

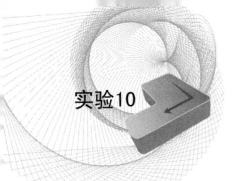

实验10

交换机的配置与VLAN划分

一、实验目的

认识和了解交换机；学习和掌握二层交换机的基本配置方法和基本配置命令，实现对二层交换机的简单配置并实现对二层交换机 VLAN 的划分。

二、实验设备

Console 口配置线缆一根；计算机两台；交换机两台（华为 S3100-26C-SI 以太网交换机）。

三、实验内容及步骤

1. 交换机的基本配置

实验步骤如下。

（1）物理连线：使用配置电缆通过计算机的串口连接到交换机的 Console 口。如实验图 10.1 所示。

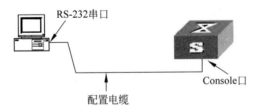

实验图 10.1　计算机与交换机的连接

（2）启动"超级终端"（在 Windows 的"开始"菜单中选择"程序"→"附件"→"通信"选项中），选择与交换机连接的串口，并对新建立的连接使用如下配置参数。

波特率：9600。

数据位：8。

奇偶校验：无。

停止位：1。

流控制：无。

（3）进入交换机后，学习和掌握一些常用的配置命令（必须掌握 SYSTEM-VIEW、

LANGUAGE-MODE、DISPLAY、PING、REBOOT、RESET SAVE、SYSNAME、INTERFACE ETHERNET、QUIT、SHUTDOWN、UNDO；建议掌握：SUPER PASSWORD、DUPLEX、SPEED、SAVE、LINE-RATE)，理解用户视图、系统视图和接口视图。

用户视图：超级终端启动后，系统自动进入到用户视图界面，在用户视图下，只能查看交换机的简单运行状态和统计信息，不能进行任何参数配置。

系统视图：在用户视图中输入"SYSTEM-VIEW"命令后，进入系统视图，该视图可对交换机进行系统参数配置。

接口视图(端口视图)：在系统视图下输入"INTERACE ETHERNET"命令后，可进入接口视图，该视图可对交换机对应接口进行参数配置。

交换机常用命令注释如下。

用户视图命令(显示为＜交换机名＞)：REBOOT、RESET SAVE、SYSTEM-VIEW。

REBOOT：重启交换机。

RESET SAVE：全部配置恢复默认值。

SAVE：保存当前配置。

SYSTEM-VIEW：进入系统视图。

LANGUAGE-MODE：中、英文界面选择。

系统视图(显示为[交换机名])命令：SYSNAME、INTERFACE ETHERNET、SUPER PASSWORD。

SYSNAME：改变当前交换机的名称。

INTERACE ETHERNET：进入接口视图。

SUPER PASSWORD：设置密码。

接口视图(显示为[交换机名—接口名])命令：DUPLEX、SPEED、SHUTDOWN。

DUPLEX：设置对应接口的双工工作状态。

SPEED：设置对应接口的工作速率。

SHUTDOWN：关闭对应接口。

LINE-RATE：端口限速。

通用命令：?、DISPLAY、PING、QUIT、UNDO。

?：命令或参数查询。

PING：PING 某个 IP 地址。

QUIT：退出当前视图到前一个视图。

UNDO：恢复/取消某个设置/配置。

小技巧：在输入命令时，命令不一定必须完整，只要做到唯一识别即可。例如，DISPLAY 命令，输入 DISP、DISPL、DISPLA 等时，都能正常执行。

在命令输入时，如果不知道命令或只知道命令的部分拼写或不知道命令的参数，都可使用"?"命令，进行查询，如 INTER?；INTERFACE ?。

2. VLAN 划分

实现对二层交换机 VLAN 的划分。实验步骤如下。

(1)物理连线：使用配置电缆通过计算机的串口连接到交换机的 Console 口，如实验图 10.1 所示。

（2）启动"超级终端"（在 Windows 的"开始"菜单中选择"程序"→"附件"→"通信"选项中），选择连接对应的 COM 端口，并对新建立的连接使用如下配置参数。

波特率：9600。

数据位：8。

奇偶校验：无。

停止位：1。

流控制：无。

（3）创建 VLAN(注意：VLAN1 是交换机默认的 VLAN，既不能创建也不能删除，所有端口都属于 VLAN1，用户建立 VLAN 时应从 VLAN2 开始)。创建/删除 VLAN 命令如下（以 VLAN2 为例）：

```
[H3C]VLAN 2
[H3C]UNDO VLAN 2
```

（4）给 VLAN 添加/删除以太网接口的命令如下：

```
[H3C－VLAN2]PORT ETHERNET 1/0/1 TO ETHERNET 1/0/4
[H3C－ETHERNET1/0/2]PORT ACCESS VLAN 2
[H3C－VLAN2]UNDO PORT ETHERNET 1/0/1 TO ETHERNET 1/0/4
[H3C－ETHERNET1/0/2]UNDO PORT ACCESS VLAN 2
```

（5）设置接口工作模式，命令如下：

```
[H3C－ETHERNET1/0/2]PORT LINK－TYPE {TRUNK|ACCESS|HYBRID}
```

以太网端口有 3 种链路类型，即 ACCESS、TRUNK 和 HYBRID。

ACCESS 模式：该模式下的端口不支持 802.1Q 帧（参注释）的传送，用于那些不支持802.1Q 帧的网络设备（如 PC），一个端口只属于一个 VLAN，通常一个 VLAN 内部的端口都为 ACCESS 模式。

TRUCK 模式：该模式下的端口支持 802.1Q 帧的传送，使一个端口属于多个 VLAN，可以接收和发送多个 VLAN 的报文，主要用于交换机与交换机的互联，以便交换机识别该数据帧属于哪一个 VLAN。

HYBRID 模式：该模式下的端口可以属于多个 VLAN，可以接收和发送多个 VLAN的报文，可以用于交换机间的连接，也可用于连接用户的计算机。HYBRID 端口和TRUNK 端口的不同之处在于 HYBRID 端口可以允许多个 VLAN 的报文发送时不打标签，而 TRUNK 端口只允许默认 VLAN 的报文发送时不打标签。现在该模式基本不使用。

（6）设置允许 TRUNK 端口通过指定 VLAN 的数据帧，命令如下：

```
[H3C－ETHERNET1/0/2]PORT TRUNK PERMIT VLAN {ID|ALL}
```

（7）设置 TRUNK 端口的 PVID，命令如下：

```
[H3C－ETHERNET1/0/2]PORT TRUNK PVID VLAN 2
```

PVID：设置默认的 VLAN ID。当端口接收到不带 VLAN Tag 的报文后，交换机则将报文转发到属于默认 VLAN 的端口；当端口发送带有 VLAN Tag 的报文时，如果该报文的 VLAN ID 与端口默认的 VLAN ID 相同,则系统将去掉报文的 VLAN Tag,然后再发送该报文。

默认情况下,HYBRID 端口和 TRUNK 端口的默认 VLAN 为 VLAN 1,ACCESS 端口的默认 VLAN 是本身所属于的 VLAN。

3. 配置举例

目标:PCA 和 PCC 同属于一个 VLAN 2 且能相互通信;PCB 和 PCD 同属于另一个 VLAN 3 且能相互通信;两台 S3126 用一根 100M 网线通过 TRUNK 链路互联,如实验图 10.2 所示。

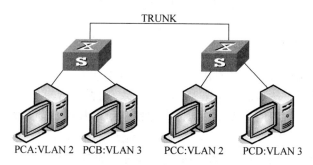

PCA:VLAN 2   PCB:VLAN 3   PCC:VLAN 2   PCD:VLAN 3

实验图 10.2 举例配置图

配置 VLAN:SwitchA & SwitchB,命令如下。

```
[SwitchA]vlan 2
[SwitchA-vlan2]port ethernet 1/0/1
[SwitchA-vlan2]vlan 3
[SwitchA-vlan3]port ethernet 1/0/2
[SwitchB]vlan 2
[SwitchB-vlan2]port ethernet 1/0/1
[SwitchB-vlan2]vlan 3
[SwitchB-vlan3]port ethernet 1/0/2
```

配置接口(配置 TRUNK 端口):

```
[SwitchA-Ethernet1/0/23]speed 100
[SwitchA-Ethernet1/0/23]duplex full
[SwitchA-Ethernet1/0/23]port link-type trunk
[SwitchA-Ethernet1/0/23]port trunk permit vlan 2 to 3
[SwitchB-Ethernet1/0/23]speed 100
[SwitchB-Ethernet1/0/23]duplex full
[SwitchB-Ethernet1/0/23]port link-type trunk
[SwitchB-Ethernet1/0/23]port trunk permit vlan 2 to 3
```

注释:

IEEE 802.1Q 是新的虚拟局域网标准,它统一了各个厂家的 VLAN 实现方案,使不同厂商的设备可以同时在一个网络中使用,各自的 VLAN 设置可以被其他设备所识别,符合 IEEE 802.1Q 标准的交换机可以和其他交换机互通。

IEEE 802.1Q 标准定义了一种新的帧格式,它在标准以太网帧的源地址后面加入了一个 TAG HEADER。TAG HEADER 中最重要的一个字段是 VLAN ID,指示这一帧所属的 VLAN,如实验图 10.3 所示。

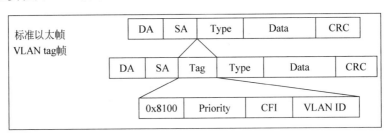

实验图 10.3　IEEE 802.1Q 帧格式

四、思考题

1. 怎么显示交换机某个端口的状态?（如 ETH 1/0/1,提示：使用 DISPLAY 命令）

2. 如果交换机两个端口的工作速率设置不一致,能否通信?

3. 当两台计算机位于两个 VLAN 时(在配置 TRUNK 端口前),能否 ping 通? 位于一个 VLAN 中时呢?

4. 怎么实现两个不同 VLAN 间的通信?（提示：通过设置 TRUNK 端口实现）

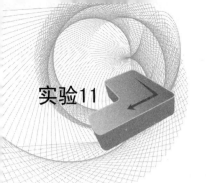

路由器的简单配置

一、实验目的

掌握华为 AR-28 路由器的配置方式；理解路由协议，理解访问控制列表和地址转换的应用。

二、实验设备

华为路由器两台，交换机两台，计算机两台。

三、实验内容及步骤

1. 熟悉 VRP 配置各种模式

路由器视图如实验表 11.1 所示。

实验表 11.1　路由器视图

命令视图	功　　能	提　示　符	进　入　命　令	退　出　命　令
用户视图	查看路由器的简单运行状态和统计信息	\<H3C\>	与路由器建立连接即进入	quit 断开与路由器连接
系统视图	配置系统参数	[H3C]	在用户视图下输入"system-view"	quit 返回用户视图
用户界面视图	管理路由器异步和逻辑接口	[H3Cy-ui0]	在系统视图下输入"user-interface 0"	quit 返回系统视图
OSPF 协议视图	配置 OSPF 协议参数	[H3C -ospf]	在系统视图下输入"ospf"	quit 返回系统视图
RIP 协议视图	配置 RIP 协议参数	[H3C -rip]	在系统视图下输入"rip"	quit 返回系统视图
BGP 协议视图	配置 BGP 协议参数	[H3C -bgp]	在系统视图下输入"bgp 1"	quit 返回系统视图
IS-IS 协议视图	配置 IS-IS 协议参数	[H3C -isis]	在系统视图下输入"isis"	quit 返回系统视图
同/异步串口视图	配置同/异步串口参数	[H3C -Serial1/0/0] [H3C -Serial1/0/2：1]	在系统视图下输入"Interface serial 1/0/0"（或 1/0/2：1)	quit 返回系统视图
异步串口视图	配置异步串口参数	[H3C -async 1/0/0]	在系统视图下输入"Interface async 1/0/0"	quit 返回系统视图

命令视图	功　能	提　示　符	进　入　命　令	退出命令
以太网口视图	配置以太网口参数	［H3C-Ethernet1/0/0]	在系统视图下输入"Interface ethernet 1/0/0"	quit 返回系统视图
子接口视图	配置子接口参数	［H3C -serial1/0/0.1]	在系统视图下输入"interface serial 1/0/0.1"	quit 返回系统视图
ATM 接口视图	配置 ATM 接口参数	［H3C -Atm2/0/0]	在系统视图下输入"interface atm 2/0/0"	quit 返回系统视图
ADSL 接口视图	配置 ADSL 接口参数	［H3C -adsl2/0/0]	在系统视图下输入"interface adsl2/0/0"	quit 返回系统视图
AUX 口视图	配置 AUX 口参数	［H3C -aux0]	在系统视图下输入"interface aux 0"	quit 返回系统视图
E1/CE1 接口视图	配置 E1/CE1 接口的时隙捆绑方式和物理层参数	［H3C -E1 1/0/0]	在系统视图下输入"controller e1 1/0/0"	quit 返回系统视图
CT1 接口视图	配置 CT1 接口的时隙捆绑方式和物理层参数	［H3C -T1 1/0/0]	在系统视图下输入"controller t1 1/0/0"	quit 返回系统视图
虚拟以太网接口视图	配置虚拟以太网接口参数	［H3C -virtual-Ethernet1/0/0]	在系统视图下输入"interface virtual-ethernet 1/0/0"	quit 返回系统视图
虚拟接口模板视图	配置虚拟接口模板参数	［H3C -virtual-template0]	在系统视图下输入"interface virtual-template 0"	quit 返回系统视图
Loopback 接口视图	配置 Loopback 接口参数	［H3C -Loopback2]	在系统视图下输入"interface loopback 2"	quit 返回系统视图
NULL 接口视图	配置 NULL 接口参数	［H3C -NULL0]	在系统视图下输入"interface null 0"	quit 返回系统视图
L2TP 组视图	配置 L2TP 组	［H3C -l2tp1]	在系统视图下输入"l2tp-group 1"	quit 返回系统视图
route-policy 视图	配置 BGP route-policy	［H3C -route-policy]	在系统视图下输入"route-policy test node permit node 10"	quit 返回系统视图
PVC 视图	配置 PVC 参数	［H3C -pvc-Atm1/0/0-1/32]	在 ATM 接口视图下输入"pvc 1/32"	quit 返回 ATM 接口视图

2. 路由的配置方式

1) Console 进行配置

配置步骤如下。

(1) 把 Console 线连上路由器的 Console 口。

(2) 在微机上运行终端仿真程序(如 Windows 9X / Windows XP / Windows 2000 的超级终端等),设置终端通信参数为 9600bps、8 位数据位、1 位停止位、无奇偶校验和无流量控制,并选择终端类型为 VT100,如实验图 11.1~实验图 11.3 所示。

(3) 路由器上电自检,系统自动进行配置,自检结束后提示用户输入回车符,直到出现命令行提示符。

2) Telnet 配置

(1) 将微机以太网口与路由器的以太网口连接。

(2) 微机上运行 Telnet 程序,如实验图 11.4 所示。

实验图 11.1　新建连接

实验图 11.2　连接端口设置

实验图 11.3　端口属性设置

实验图 11.4　运行 Telnet 程序并与路由器
建立 Telnet 连接

（3）在本地微机上输入路由器以太网口 IP 地址（注：微机 IP 地址必须与以太网口 IP 地址处于同一网段），与路由器建立连接，认证通过后出现命令行提示符（如<Quidway>），如果出现"All user interfaces are used，please try later!"的提示，说明系统允许登录的 Telnet 用户数已经达到上限，请待其他用户释放以后再连接。

3. 路由器常用命令使用

1）查看状态

```
display version          ；显示版本信息
display interface        ；显示端口信息
display memory           ；显示系统内存使用情况
dir                      ；显示 Flash 内容
display ip route         ；显示路由表
display cpu-usage        ；显示 CPU 占用率的统计信息
Display startup          ；显示当前使用的配置文件
Display cur              ；显示当前配置信息
```

2）测试命令

```
ping A.B.C.D              ；广域网、局域网 IP
trace A.B.C.D             ；跟踪路由
telnet A.B.C.D            ；Telnet 远端路由器
```

命令使用方法说明如下。

（1）查看帮助命令，如用"?"或"con?"或"Config   ?"。

（2）命令可通过简写字母的方式输入，如"interface"简写为"int"。

（3）输入简写时要查看全名，可按 Tab 键。

4．配置路由器（基本）

1）配置路由器名

```
[quidway]sysname    H3C
```

2）路由器欢迎信息

```
header [incoming | login | motd | shell] text
undo header { incoming | login | motd | shell }
```

motd：登录终端界面前的欢迎信息。

login：登录验证时的欢迎信息。

shell：进入用户视图时的欢迎信息。

text：欢迎信息内容。

当 login、shell、incoming、motd 没有配置时，默认为登录信息 login 的内容。系统支持两种输入方式：一种方式为所有内容在同一行输入，此时包括命令关键字在内总共可以输入 255 个字符；另一种方式为所有内容可以通过按 Enter 键分多行输入，此时不包括命令关键字在内总共可以输入 1004 个字符（包括不可见字符）。标题内容以第一个英文字符作为起始和结束符，输入结束符后，按 Enter 键退出交互过程。

3）针对 Console 口的 Password 方式认证和本地认证

（1）为 Console 口登录设置密码：

```
[H3C] user-int console 0
[H3C-ui-console0] authentication-mode pass
[H3C-ui-console0] set auth pass si huawei
[H3C-ui-console0] quit
[H3C] quit
<H3C> quit
```

重新登录，此时要求输入密码。

消除密码：

```
[H3C] user-int console 0
[H3C-ui-console0] authentication-mode none
[H3C-ui-console0] quit
[H3C] quit
<H3C> quit
```

重新登录,此时不要求输入密码。

(2) 为 Console 口登录设置用户名和密码:

```
< H3C > system - view
[H3C] local - user admin
[H3C - luser - admin] password simple huawei
[H3C - luser - admin] service - type terminal
[H3C - luser - admin] level 3
[H3C] user - interface con 0
[H3C - ui - console0] authentication - mode scheme
[H3C - ui - console0] quit
[H3C] quit
< H3C > quit
```

重新登录,此时要求输入用户名"admin"和密码"huawei"。

消除密码:

```
[H3C] user - interface con 0
[H3C - ui - console0] authentication - mode none
[H3C - ui - console0] quit
[H3C] quit
< H3C > quit
```

重新登录,此时不要求输入用户名和密码。

(3) 为 Level 3 用户设置密码:

```
[H3C] super password level 3 si huawei
[H3C] user - int con 0
[H3C] user privilege level 0
[H3C] quit
< H3C > quit
```

重新登录,此时执行 sys 命令无效,执行 super 3 要求输入密码。

如果要消除密码,可以执行下面命令:

```
[H3C] undo super pass level 3
[H3C] user - int con 0
[H3C] user privilege level 3
[ H3C] quit
< H3C > quit
```

重新登录,此时执行 sys 命令可进入系统视图。

如遗忘密码,则重新启动路由器时按下 Ctrl+B 组合键,选择"ReBoot",这时路由器重新还原配置,清除了 Super 密码,再次进入系统后:

```
< H3C > super 3
```

然后可执行 sys 进入系统视图。

4) 以太口设置

```
Interface e0/0                    ;按以太口类型进行设置
```

端口描述：

Desc This is LAN port

设置以太口 IP 地址：

IP ADDRESS　A.B.C.D　255.255.255.0　　　(A.B.C.D 为以太口 IP 地址)

设置速度：

speed 100

设置流控：

Flow

设置双工：

Duplex　full

关闭端口：

Shutdown

启用端口：

Undo Shutdown

5) 路由器配置(高级)

实验环境如实验图 11.5 所示。

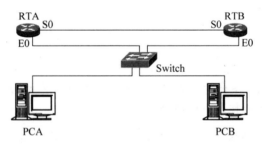

实验图 11.5　静态路由，使任意两台主机或路由器之间都能互通

PC 的 IP 地址和默认网关如实验表 11.2 所示。

实验表 11.2　PC 的 IP 地址和默认网关

	RTA	**RTB**
E0	202.0.0.1/24	202.0.1.1/24
S0	192.0.0.1/24	192.0.0.2/24

(1) 配置路由器接口和 PC 的 IP 地址。

配置 RTA 如下。

配置接口 Ethernet0/0 和 Serial1/0：

[RTA] interface ethernet0/1

```
[RTA－Ethernet0/1] ip address 202.0.0.1  255.255.255.0
[RTA－Ethernet0/1] quit
[RTA] interface serial1/0
[RTA－Serial1/0] ip address 192.0.0.1  255.255.255.0
```

配置路由器 RTA 静态路由：

```
[RTA] ip route－static 202.0.1.0  255.255.255.0  192.0.0.2
```

或只配默认路由：

```
[RTA] ip route－static 0.0.0.0  0.0.0.0  192.0.0.2
```

配置 RTB 如下。

配置接口 Ethernet0/0 和 Serial1/0：

```
[RTB] interface ethernet0/1
[RTB－Ethernet0/1] ip address 202.0.1.1  255.255.255.0
[RTB－Ethernet0/1] quit
[RTB] interface serial1/0
[RTB－Serial1/0] ip address 192.0.0.2  255.255.255.0
```

配置路由器 RTB 静态路由：

```
[RTB] ip route－static 202.0.0.0  255.255.255.0  192.0.0.1
```

或只配默认路由：

```
[RTB] ip route－static 0.0.0.0  0.0.0.0  192.0.0.1
```

至此图中所有主机或路由器之间能两两互通。

用"ping"命令检测是否连通；用"disp ip r"命令查看路由表，找到相应路由记录。

思考：如果只配 RTA 的静态路由，PCA 和 PCB 能否相互 ping 通？

(2) 要求配置 RIP 协议，使任意两台主机或路由器之间都能互通。

配置 RTA 如下。

删除静态路由：

```
[RTA] undo ip ro  202.0.1.0 255.255.255.0 192.0.0.2
```

主机地址和默认网关如实验表 11.3 所示。

实验表 11.3　主机地址和默认网关

	PCA	PCB
IP	202.0.0.2/24	202.0.1.2/24
Gateway	202.0.0.1	202.0.1.1

启动 RIP,并配置在接口 Ethernet0/1 和 Serial1/0 上运行 RIP。

```
[RTA] rip
[RTA－rip] network 192.0.0.0
[RTA－rip] network 202.0.0.0
```

配置 RTB 如下。

删除静态路由:

[RTB] undo ip ro 202.0.0.0 255.255.255.0 192.0.0.1

启动 RIP,并配置在接口 Ethernet0/1 和 Serial1/0 上运行 RIP。

```
[RTB] rip
[RTB - rip] network 192.0.0.0
[RTB - rip] network 202.0.1.0
```

至此图中所有主机或路由器之间能两两互通。

用"ping"命令检测是否连通;用"disp ip r"命令查看路由表,找到相应路由记录。

用"dis rip"命令查看 RIP 的当前运行状态及配置信息,用"dis rip r"命令显示 RIP 路由表。

(3) 要求配置 OSPF 协议,使任意两台主机或路由器之间都能互通。

配置 RTA 如下。

删除 RIP 协议:

[RTA]undo rip

配置路由器 Router-ID:

[RTA] router id 1.1.1.1

启动 OSPF,并配置在接口 Ethernet0/1 和 Serial1/0 上运行 OSPF。

```
[RTA] ospf
[RTA - ospf - 1]area 0
[RTA - ospf - 1 - area0] network 192.0.0.1  0.0.0.255
[RTA - ospf - 1 - area0] network 202.0.0.1  0.0.0.255
```

配置 RTB 如下。

删除 RIP 协议:

[RTB]undo rip

配置路由器 Router-ID:

[RTB] router id 2.2.2.2

启动 OSPF,并配置在接口 Ethernet0/1 和 Serial1/0 上运行 OSPF。

```
[RTB] ospf
[RTB - ospf - 1]area 0
[RTB - ospf - 1 - area0] network 192.0.0.2  0.0.0.255
[RTB - ospf - 1 - area0] network 202.0.1.1  0.0.0.255
```

至此图中所有主机或路由器之间能两两互通。

用"ping"命令检测是否连通;用"disp ip r"命令查看路由表找到相应路由记录。

用"dis ospf r"命令显示 OSPF 路由表

6) 访问控制列表及地址转换

在实际的企业网或者校园网络中为了保证信息安全以及权限控制,都需要分别对待网内的用户群。有的能够访问外部,有的则不能。这些设置往往都是在整个网络的出口或入口(一台路由器上)进行的。所以在实验室可用一台路由器(RTA)模拟整个企业网,用另一台路由器(RTB)模拟外部网。

实验环境如实验图 11.6 所示。

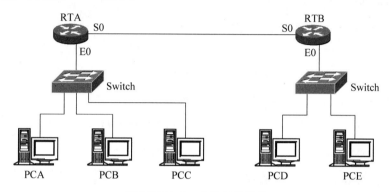

实验图 11.6　实验拓扑结构

路由器各接口的 IP 地址如实验表 11.4 所示。

实验表 11.4　主机的地址和默认网关

	PCA	PCB	PCC	PCD	PCE
IP/MASK	202.0.0.2/24	202.0.0.3/24	202.0.0.4/24	202.0.1.2/24	202.0.1.3/24
GATEWAY	202.0.0.1	202.0.0.1	202.0.0.1	202.0.1.1	202.0.1.1

(1) 访问控制(ACL)设置。2000～2999 范围的数字型访问控制列表是基本的访问控制列表,3000～3999 范围的数字型访问控制列表是高级的访问控制列表。

完成上一个 OSPF 实验,保证所有主机或路由器之间能两两互通。

(2) 基本的访问控制列表。

对 RTA 进行操作如下。

在路由器上允许防火墙:

```
[RTA] firewall enable
```

创建访问控制列表 2001:

```
[RTA] acl number 2001
[RTA-acl-adv-2001] rule deny  source 202.0.1.2  0.0.0.0
```

将规则 2001 作用于从接口 S1/0 进入的包:

```
[RTA] int s1/0
[RTA-S1/0] firewall packet-filter 2001 inbound
```

此时在 PCD 上 ping 下 PCA 和 PCB 看能否通,与应用 2001 前作比较。

将 2001 规则从 S1/0 口取消,这时所有主机和路由器又能两两连通:

[RTA - S1/0] undo firewall packet - filter 2001 inbound

（3）高级的访问控制列表。

创建访问控制列表 3001：

```
[RTA] acl number 3001
[RTA - acl - adv - 3001] rule deny ip source 202.0.1.3  0.0.0.0
Destination 202.0.0.2  0.255.255.255
```

将规则 3001 作用于从接口 S1/0 进入的包：

```
[RTA] int s1/0
[RTA - S1/0] firewall packet - filter 3001 inbound
```

此时从 PCE 上 ping 下 PCA 和 PCB，看能否通？

将 3001 规则从 S1/0 口取消，这时所有主机和路由器又能两两连通：

```
[RTA - S1/0] undo firewall packet - filter 3001 inbound
```

显示现在已经建好的访问控制列表：

```
[RTA]dis acl  all
```

删除现在已经建好的访问控制列表：

```
[RTA]undo acl  all
```

5. 地址转换(NAT)设置

由于 IP 地址紧缺，企业网常常使用的都是私有地址，这给访问外部网络带来了麻烦。因为很可能存在两个 IP 地址一样的主机访问同一个网络而产生冲突，无法正常完成数据传输。所以企业网内部主机访问外部网络时，需要进行地址转换，在公网上使用公有地址进行数据传输。地址转换有两种方式，一种是通过与接口关联，使用物理接口的 IP 地址作为转换后的公有地址。另一种是通过地址池来完成地址转换，转换时可以任意从地址池中选取一个地址进行转换。这里来实验一下第一种方式，使用 RTA 的 S1/0 口的 IP 地址作为公有地址。

配置步骤如下。

（1）先通过配置使 PC 之间两两互通。

（2）创建访问控制列表 3001：

```
[RTA] acl number 3001
[RTA - acl - adv - 3001] rule permit ip source 202.0.0.2  0.0.0.0
Destination  any
[RTA - acl - adv - 3001] rule deny ip source any Destination any
```

（3）只允许 PCA 通过 NAT 去访问外部网络：

```
[RTA - S1/0] nat outbound  3001
```

此时可以用 PCB 与 PCC 去 ping 下 PCD，能不能通？如果能通，在超级终端下输入"[RTA-S1/0] dis nat session"命令查看有无活动的 NAT 进程？

再用 PCA 去 ping 下 PCD,能不能通? 如果能通,同样在超级终端下输入"[RTA-S1/0] dis nat session"命令查看有无活动的 NAT 进程?

仔细比较一下,想一想为什么前后两次 ping 不一样?

(4) 设置内部 WWW 服务器:

[RTA - S1/0] nat server protocol tcp global 192.0.0.1 inside 202.0.0.3 www

先在 PCB 上设置 WWW 服务器,然后在 PCD 或者 PCE 上打开 IE,输入"192.0.0.1"命令查看能不能出现 PCB 上网站的主页? 想想换个端口该如何设置?

四、思考题

1. 路由器的功能是什么?
2. 路由器和交换机各自的应用环境是什么?

实验12

局域网的组建

一、实验目的

通过对计算机、交换机、路由器的连接和配置,理解和掌握网络设备各自的配置方法和功能。

二、实验设备

计算机 8 台;交换机 6 台(华为 S3924-SI 以太网交换机两台、华为 S3100-26C-SI 以太网交换机 4 台);路由器一台(华为 AR 28-31 路由器);交叉网线及直连网线若干。

三、实验内容及步骤

(1) 物理连线:实现如实验图 12.1 所示的物理连线(请注意交叉网线及直连网线的使用)。

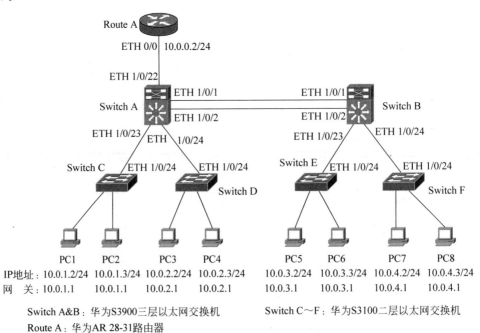

实验图 12.1　局域网内网综合实验连接图

（2）各个设备的配置信息如实验表 12.1～实验表 12.4 所示。

实验表 12.1 计算机的配置信息

计 算 机 名	PC1	PC2	PC3	PC4
IP 地址及掩码	10.0.1.2/24	10.0.1.3/24	10.0.2.2/24	10.0.2.3/24
默认网关	10.0.1.1	10.0.1.1	10.0.2.1	10.0.2.1
所属 VLAN	VLAN 3	VLAN 3	VLAN 4	VLAN 4
计 算 机 名	PC5	PC6	PC7	PC8
IP 地址及掩码	10.0.3.2/24	10.0.3.3/24	10.0.4.2/24	10.0.4.3/24
默认网关	10.0.3.1	10.0.3.1	10.0.4.1	10.0.4.1
所属 VLAN	VLAN 13	VLAN 13	VLAN 14	VLAN 14

实验表 12.2 VLAN 的划分情况

VLAN 名	VLAN 2	VLAN 3	VLAN 4
端口	Switch A ETH 1/0/22	Switch C ETH 1/0/1 to ETH 1/0/23	Switch D ETH 1/0/1 to ETH 1/0/23
VLAN 接口 IP	10.0.0.1	10.0.1.1	10.0.2.1
VLAN 名	VLAN 13	VLAN 14	VLAN 100
端口	Switch E ETH 1/0/1 to ETH 1/0/23	Switch F ETH 1/0/1 to ETH 1/0/23	Switch A&B ETH 1/0/1 to ETH 1/0/2
VLAN 接口 IP	10.0.3.1	10.0.4.1	10.1.1.1

实验表 12.3 交换机端口使用情况

交 换 机 名	端 口	使 用 情 况
Switch A	ETH1/0/1、1/0/2	和交换机 B 对应端口链路聚合
	ETH 1/0/22	Access 口，属于 VLAN 2，连接 Route A 的 ETH 0/0
	ETH 1/0/23	Trunk 口，连接 Switch C 的 ETH 1/0/24
	ETH 1/0/24	Trunk 口，连接 Switch D 的 ETH 1/0/24
Switch B	ETH1/0/1、1/0/2	和交换机 A 对应端口链路聚合
	ETH 1/0/23	Trunk 口，连接 Switch E 的 ETH 1/0/24
	ETH 1/0/24	Trunk 口，连接 Switch F 的 ETH 1/0/24
Switch C	ETH 1/0/1 to ETH 1/0/23	Access 口，属于 VLAN 3
	ETH 1/0/24	Trunk 口，连接 Switch A 的 ETH 1/0/23
Switch D	ETH 1/0/1 to ETH 1/0/23	Access 口，属于 VLAN 4
	ETH 1/0/24	Trunk 口，连接 Switch A 的 ETH 1/0/24
Switch E	ETH 1/0/1 to ETH 1/0/23	Access 口，属于 VLAN 13
	ETH 1/0/24	Trunk 口，连接 Switch B 的 ETH 1/0/23
Switch F	ETH 1/0/1 to ETH 1/0/23	Access 口，属于 VLAN 14
	ETH 1/0/24	Trunk 口，连接 Switch B 的 ETH 1/0/24

实验表 12.4 路由器端口使用情况

交 换 机 名	端 口	IP 地址	使 用 情 况
Route A	ETH 0/0	10.0.0.2/24	接 Switch A 的 ETH 1/0/22

(3) 各个设备对应的代码如下。

① 三层交换机配置:

```
(Switch A)
<H3C> sys
[H3C]sysname Switch_a                                    #给设备命名

[Switch_a]link-aggregation group 1 mode manual          #配置链路聚合
[Switch_a]interface eth 1/0/1
[Switch_a-Ethernet1/0/1]port link-a group 1
[Switch_a-Ethernet1/0/1]interface eth 1/0/2
[Switch_a-Ethernet1/0/2]port link-a group 1

[Switch_a-Ethernet1/0/2]vlan 2                           #创建 VLAN
[Switch_a-vlan2]port eth 1/0/22                          #添加 VLAN 的端口
[Switch_a-vlan2]vlan 3
[Switch_a-vlan3]vlan 4
[Switch_a-vlan4]vlan 100
[Switch_a-vlan100]port ethernet 1/0/1 to ethernet 1/0/2
[Switch_a-vlan100]quit

[Switch_a]interface vlan-interface 2                     #进入 VLAN 接口视图
[Switch_a-Vlan-interface2]ip address 10.0.0.1 24         #配置 VLAN 接口 IP
[Switch_a-Vlan-interface2]quit
[Switch_a]interface vlan-interface 3
[Switch_a-Vlan-interface3]ip address 10.0.1.1 24
[Switch_a-Vlan-interface3]quit
[Switch_a]interface vlan-interface 4
[Switch_a-Vlan-interface4]ip address 10.0.2.1 24
[Switch_a-Vlan-interface4]quit
[Switch_a]interface vlan-interface 100
[Switch_a-Vlan-interface100]ip address 10.1.1.1 24
[Switch_a-Vlan-interface100]quit

[Switch_a]interface eth 1/0/23                           #进入端口
[Switch_a-Ethernet1/0/23]port link-type trunk           #配置端口为 Trunk 口
[Switch_a-Ethernet1/0/23]port trunk permit vlan all     #该 Trunk 口允许所有 VLAN 数据通过
[Switch_a-Ethernet1/0/23]interface eth 1/0/24
[Switch_a-Ethernet1/0/24]port link-type trunk
[Switch_a-Ethernet1/0/24]port trunk permit vlan all
[Switch_a-Ethernet1/0/24]quit

[Switch_a]rip                                            #配置 RIP 路由协议
[Switch_a-rip]network 10.0.0.0                           #配置 RIP 使能网段

(Switch B)
<H3C> sys
[H3C]sysname Switch_b

[Switch_b]link-aggregation group 1 mode manual
```

```
[Switch_b]interface eth 1/0/1
[Switch_b-Ethernet1/0/1]port link-a group 1
[Switch_b-Ethernet1/0/1]interface eth 1/0/2
[Switch_b-Ethernet1/0/2]port link-a group 1
[Switch_b-Ethernet1/0/2]quit

[Switch_b]vlan 13
[Switch_b-vlan13]vlan 14
[Switch_b-vlan14]vlan 100
[Switch_b-vlan100]port ethernet 1/0/1 to ethernet 1/0/2
[Switch_b-vlan100]quit

[Switch_b]interface vlan-interface 13
[Switch_b-Vlan-interface13]ip address 10.0.3.1 24
[Switch_b-Vlan-interface13]interface vlan-interface 14
[Switch_b-Vlan-interface14]ip address 10.0.4.1 24
[Switch_b-Vlan-interface14]interface vlan-interface 100
[Switch_b-Vlan-interface100]ip address 10.1.1.2 24
[Switch_b-Vlan-interface100]quit

[Switch_b]interface eth 1/0/23
[Switch_b-Ethernet1/0/23]port link-type trunk
[Switch_b-Ethernet1/0/23]port trunk permit vlan all

[Switch_b-Ethernet1/0/23]interface eth 1/0/24
[Switch_b-Ethernet1/0/24]port link-type trunk
[Switch_b-Ethernet1/0/24]port trunk permit vlan all
[Switch_b-Ethernet1/0/24]quit

[Switch_b]rip
[Switch_b-rip]network 10.0.0.0
```

② 二层交换机配置：

```
(Switch C)
<H3C>sys
[H3C]sysname Switch_c

[Switch_c]vlan 3
[Switch_c-vlan3]port ethernet 1/0/1 to ethernet 1/0/23
[Switch_c-vlan3]quit

[Switch_c]inter ethernet 1/0/24
[Switch_c-Ethernet1/0/24]port link-type trunk
[Switch_c-Ethernet1/0/24]port trunk permit vlan all

(Switch D)
<H3C>sys
[H3C]sysname Switch_d

[Switch_d]vlan 4
```

```
[Switch_d - vlan4]port ethernet 1/0/1 to ethernet 1/0/23
[Switch_d - vlan4]quit

[Switch_d]inter ethernet 1/0/24
[Switch_d - Ethernet1/0/24]port link - type trunk
[Switch_d - Ethernet1/0/24]port trunk permit vlan all
(Switch E)
<H3C> sys
[H3C]sysname Switch_e

[Switch_e]vlan 13
[Switch_e - vlan13]port ethernet 1/0/1 to ethernet 1/0/23
[Switch_e - vlan13]quit

[Switch_e]inter ethernet 1/0/24
[Switch_e - Ethernet1/0/24]port link - type trunk
[Switch_e - Ethernet1/0/24]port trunk permit vlan all

(Switch F)
<H3C> sys
[H3C]sysname Switch_f

[Switch_f]vlan 14
[Switch_f - vlan14]port ethernet 1/0/1 to ethernet 1/0/23
[Switch_f - vlan14]quit

[Switch_f]inter ethernet 1/0/24
[Switch_f - Ethernet1/0/24]port link - type trunk
[Switch_f - Ethernet1/0/24]port trunk permit vlan all
```

③ 路由器配置:

```
(Router A)
<H3C> sys
[H3C]sysname Router_a
[Router_a]interface ethernet 0/0                    # 进入端口
[Router_a - Ethernet0/0]ip address 10.0.0.2 24      # 配置端口的 IP 地址
[Router_a - Ethernet0/0]quit

[Router_a]rip
[Router_a - rip]network 10.0.0.0
```

④ 网络全连通后,使用 ping 命令测试网络的连通性,并使用 tracert 命令观察路由。对配置理解后,请删除 RIP 协议,并使用 OSPF 协议让网络恢复连通。

对应的配置代码如下:

```
(Switch  A)
[Switch_a]undo rip
[Switch_a]router id 10.1.1.1
[Switch_a]ospf
[Switch_a - ospf - 1]area 0
```

```
[Switch_a-ospf-1-area-0.0.0.0]network 10.0.0.0 0.255.255.255
(Switch  B)
[Switch_b]undo rip
[Switch_b]router id 10.1.1.2
[Switch_b]ospf
[Switch_b-ospf-1]area 0
[Switch_b-ospf-1-area-0.0.0.0]network 10.0.0.0 0.255.255.255

(Router  A)
[Router_a]undo rip
[Router_a]router id 10.0.0.2
[Router_a]ospf
[Router_a-ospf-1]area 0
[Router_a-ospf-1-area-0.0.0.0]network 10.0.0.0 0.255.255.255
```

四、思考题

1. 在划分 VLAN 后,未配置 VLAN 接口 IP 地址前,不同 VLAN 间互 ping,是否能 ping 通? 为什么?

2. 在划分 VLAN 并配置 VLAN 接口 IP 地址后,同一个三层交换机下的不同 VLAN 间互 ping,是否能 ping 通? 为什么?

3. 在路由器及三层交换机未配置路由的情况下,同一个三层交换机上的 VLAN 间是否能 ping 通? 任一 PC 到路由器或另一个三层设备上的网络呢? 为什么?

4. 使用 display ip router-table 命令观察路由器及三层交换机上的路由情况,体会在配置 RIP(OSPF)前后路由表的变化。

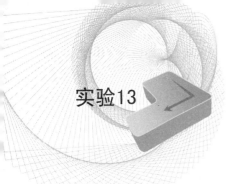

实验13

Internet网络服务

一、实验目的

掌握 Telnet 的概念、基本原理及使用 Telnet 登录远程主机；理解 BBS 的功能，学会使用 Telnet 登录到 BBS 和使用浏览器登录到 WWW 版 BBS；理解 P2P 的原理及如何使用 BT 下载；掌握 MSN 实时交谈的软件配置及使用。

二、实验设备

与局域网相连且运行 Windows 2000/2003 Server /XP 操作系统的 PC 一台。

三、实验内容及步骤

1. Telnet 应用

1）使用 Telnet 登录主机

在 Internet 上目前主要使用 Telnet 登录访问 BBS 站点。在网络上通过 Telnet 远程配置路由器、交换机、服务器等。

若要使用 Telnet，首先获得一个客户端软件。客户端软件很多，如常用的 Cterm、NetTerm 等。Windows 操作系统也内置一个 Telnet 客户端软件。通过"开始"→"运行"命令，在弹出的"运行"对话框中输入"Telnet"即可运行这个程序，显示实验图 13.1 所示的窗

```
C:\WINDOWS\system32\TELNET.exe
欢迎使用 Microsoft Telnet Client

Escape 字符是 'CTRL+]'

Microsoft Telnet> ?

命令可以缩写。支持的命令为:

c    - close              关闭当前连接
d    - display            显示操作参数
o    - open hostname [port]  连接到主机名称<默认端口 23>。
q    - quit               退出 telnet
set  - set                设置选项 <要列表，请输入 'set ?'>
sen  - send               将字符串发送到服务器
st   - status             打印状态信息
u    - unset              解除设置选项 <要列表，请输入 'unset ?'>
?/h  - help               打印帮助信息
Microsoft Telnet>
```

实验图 13.1　Telnet 窗口

口。在实验图 13.1 中,可输入远程主机名,进行远程登录。另外还可输入"?"或"help"来查看 Telnet 的一些常用相关命令。它所支持的常用相关指令有 close、display、open、quit、set、status、send、help 等。

例如,要连接校园网中的核心交换机,可在实验图 13.1 中的 DOS 提示符">"后输入"10.8.6.1",即可连接到 IP 地址为 10.8.6.1 的交换机,输入登录密码,输入"super",进入超级模式,输入超级密码,即可进入交换机超级模式。

使用 Telnet 登录到交换机和路由器后设置口令,主机名,端口 IP 地址、速率等,请参看实验 3 和实验 5 的内容。

2) 使用 Telnet 远程登录 BBS

下面以使用 Windows 操作系统自带 Telnet 功能远程登录复旦大学的"日月光华"BBS 站点为例进行介绍。

(1) 选择"开始"→"运行"命令,打开"运行"对话框,在"打开"下拉列表框中输入要进行远程登录的命令,格式为"Telnet　主机名称"。例如,复旦大学的"日月光华"BBS 站点,登录的命令为"Telnet bbs.fudan.edu.cn"。然后单击"确定"按钮,开始连接远程主机,如果连接成功,就进入复旦大学的"日月光华"BBS 站点。

(2) 在"请输入账户(试用请输入'guest',注册请输入'new'):"文本框中输入"guest",按 Enter 键,即可进入 BBS 站点。

(3) 进入讨论区以后,用户可使用光标移动选择菜单,选择"E>分类讨论区"进入分类讨论区进行在线交流。

2. BT 的应用

BitComet 是基于 BitTorrent 协议的高效 P2P 文件分享免费软件(俗称 BT 下载客户端),支持多任务下载,文件可以有选择地进行下载。

(1) BitComet 下载。下载 BT 客户端 BitComet 0.60。

(2) 安装 BitComet 软件。BitComet 软件安装比较简单,在这里就不再介绍了。主要包括选择安装语言、同意许可证协议、选择组件然后就会自动安装完毕。

(3) 浏览 BT 网站,下载并打开网站上的.torrent 文件。以在 BT @ China 联盟发布页(http://bt1.btchina.net)下载为例进行介绍。

浏览发布页并下载种子。打开 IE 浏览器,在 IE 地址栏中输入"http://bt1.btchina.net",打开 BT @ China 联盟发布主页,推荐直接单击文件名,打开 torrent。如遇到 torrent 编码错误或无法下载 torrent 等情况,可使用各种下载工具下载 torrent 文件到本地,完毕后系统会自动调用 BitComet 打开 torrent;打开 torrent 后,弹出"任务属性"对话框,默认设置在"常规"选项卡中,可以修改下载位置、下载状态以及选择下载(右键菜单或文件选择按钮);选择"高级设置"选项卡,在此选项卡中可单独设置任务上下速度参数;单击"确定"按钮,进入 BitComet 任务列表,进行下载。

3. 配置 MSN 实时交谈

1) MSN 的安装

首先下载 MSN 的安装软件,可以到网址"http://messenger.china.msn.com/download/"下载最新版本的 MSN 软件。

下载完毕后,双击安装程序就可以进行安装了。

2) MSN 的注册

(1) MSN 注册。单击"登录"按钮,弹出"登录到. NET Messenger Service"窗口,输入用户名和密码就可以登录了,如果是第一次使用微软的 MSN Messenger,首先要拥有微软的网络护照". NET Passport"才能登录,Microsoft Passport 是一个安全验证系统,要求用户使用同一个登录名和密码,以唯一的、安全的方式登录到多个 Internet 站点和服务上。当然这些站点都是验证系统的成员,而 MSN Messenger Service 就是其中的一个了。如果用户之前已经申请了 Hotmail 的账户,那么整个账户就已经是一个 Passport。这里". NET Passport"是通过用户唯一的电子邮件地址和密码来识别用户身份的。

第一次使用 MSN Messenger 的用户如果还没有 Passport,单击登录窗口中的"在这里获取"链接即可登录 Passport 站点,填写相关资料以获得 Passport,对表单中要求填写的电子邮件地址,用户可以使用任何一个 E-mail 作为申请". NETPassport"的账户名,密码可以重新设定。当用户填写了这个表单并单击"同意"按钮后,就完成了". NETPassport"注册。. NET Passport 允许用户使用在表单中填入的电子邮件地址和密码登录到任何含有".NET Passport 登录"按钮的站点。

(2) 登录 MSN Messenger。获取 MSN Passport 之后,在登录窗口输入". NET Passport"的邮件地址名及密码,即可完成 MSN Messenger 的登录,进入 MSN Messenger 的主界面。MSN Messenger 的主界面除标题栏外,从上到下分为 4 个部分,即菜单栏、"我的状态"窗格、"联系人状态"窗格和操作窗格。

3) MSN 的使用

要使用 MSN Messenger 与好友进行网上交流,首先要将对方添加到 MSN Messenger 的联系人列表中。用户可以单击 MSN Messenger 主界面操作窗格中的"添加联系人"或"联系人"菜单下的"添加联系人"选项,启动添加联系人向导,选择添加联系人的方式。

在添加好联系人后,用户还可以对联系人进行管理。执行"联系人"→"对联系人进行排序"→"组"命令,然后就可以按同事、家人、朋友等对联系人进行分类显示,用户还可以通过"联系人"菜单下的"管理组"下的选项自行添加新的分组,删除组和对组重命名。另外还可以在联系人列表中的好友头像上右击,再根据弹出的快捷菜单中的内容对单个好友进行管理。

添加完联系人后,如果联系人在线,双击联系人名字,弹出对话框,此时可以与他进行交流,包括文件传递、语音聊天、发送电子邮件、图文聊天、向移动设备发送消息、拨打电话等。在这里就不再详细叙述。

四、思考题

1. 使用 Telnet 访问清华大学的水木清华站(bbs. tsinghua. edu. cn)查看并发表文章。

2. 使用浏览器访问 WWW 版的清华大学的水木清华站(bbs. tsinghua. edu. cn)查看并发表文章。

3. 使用 BT 去下载 ASP. net 视频教程。

4. 使用种子文件制作工具 completedir 制作种子并发布。

5. 安装 Netmeeting,联系 3 个同学在局域网上建立网络会议环境,实现发送、接收呼叫、白板及共享应用等功能。

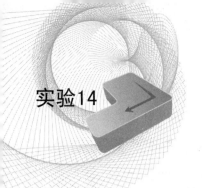
网络安全配置

一、实验目的

掌握在 Windows Server 2003 操作系统下保障本地安全的方法,如掌握账户密码、锁定登录尝试和分配用户权限等;理解本地安全原则和安全策略的概念;掌握天网防火墙的配置。

二、实验设备

运行 Windows Server 2003 操作系统的 PC 一台,每台 PC 与局域网相连。

三、实验内容及步骤

1. 设置用户账户密码

用户密码的安全是计算机系统安全的基础,如果用户没有设置密码,或设置的密码简单,那么该计算机就容易被他人登录、非法访问和修改系统设置。Windows Server 2003 支持在本地安全设置中设定密码原则,该原则分为:①用可还原的加密存储密码;②密码必须符合复杂性要求;③密码最长(短)使用期限;④密码长度的最小值。

具体设置过程如下。

(1)选择"开始"→"运行"命令,在"打开"文本框中输入"mmc",单击"确定"按钮,出现控制台操作界面。选择"文件"→"添加或删除管理单元"命令(或使用 Ctrl+M 组合键),出现如实验图 14.1 所示的对话框。

(2)单击"添加"按钮,在弹出的对话框中选择要添加的独立的管理单元。选择"组策略对象编辑器",单击"添加"按钮,选择"组策略对象"为"本地计算机"。在"选择组策略对象"对话框中单击"完成"按钮,设置完成后的对话框如实验图 14.2 所示。

(3)单击"确定"按钮,完成管理单元的添加。在控制台中依次双击"'本地计算机'策略"→"计算机配置"→"Windows 设置"→"安全设置"→"账户策略"→"密码策略",如实验图 14.3 所示。

(4)双击控制台右侧窗格中的"密码必须符合复杂性要求"项,弹出如实验图 14.4 所示的对话框。

①"密码必须符合复杂性要求"默认设置为"已禁用",用户的密码可以使用简单的字母、数字和标点符号的组合。但是这种设置方式是不安全的,因为密码可使用简单的

"123456"、"asdfgh"或 aaa123"。若是启用"密码必须符合复杂性要求",则所有用户设置的密码必须包含字母、数字和标点符号,密码中少了任何一种字符都是不符合要求的。

实验图 14.1　组策略对象编辑器

实验图 14.2　添加本地计算机策略

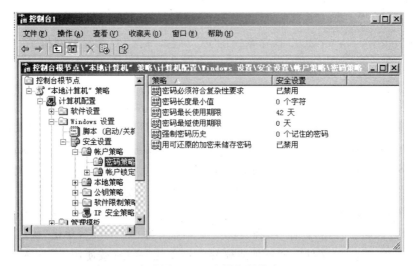

实验图 14.3　选择密码策略

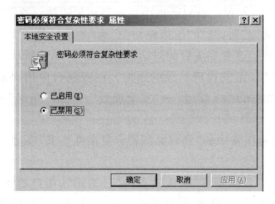

实验图 14.4　密码必须符合复杂性要求

② "密码最长使用期限"为 42 天,用户账户的密码必须在 42 天之后修改,也就是说密码会在 42 天之后过期。这个最长使用期限设置越短,系统将越安全。默认"密码最短使用期限"为 0 天,用户账户的密码可以立即修改;如果设置为 1 天,则用户的密码必须在一天之后才能修改。

③ 默认"强制密码历史"设置为"0 个记住密码",则系统不会保存密码的历史记录。如果设置为"2 个记住密码",系统将会保存用户最后两次设置的密码,当用户修改密码时,若继续使用上两次的旧密码,系统将会拒绝用户的要求。这样防止用户重复使用相同的字符来组成密码。

④ 默认"密码长度最小值"为 0 个字符,且系统允许用户不设置密码。为了系统的安全,可以设置"密码长度最小值"为 6 或 8 个字符或更多的字符。

2．账户锁定

默认的 Windows Server 2003 账户原则是不安全的,例如系统在登录界面会显示上次登录用户的账户,提示用户输入密码,这样其他用户就可以猜到这个账户的密码,从而尝试登录系统。如果没有设定账户锁定原则,其他人就可以使用列举的方法,不断尝试密码,直到成功登录。如果账户设置的密码过于简单,其他人就可以使用上述方法轻易地登录系统。

Windows Server 2003 默认的管理员账户名称为 Administrator,一般人只是为其设置一个密码,这样其他人就可以在本地或者网络上尝试使用该账户登录计算机。为了使计算机更加安全,可以重新命名 Administrator 的名称。

账户锁定原则可以避免使用默认账户或列举密码方法尝试登录系统,Windows Server 2003 可以设置当多次登录失败后,系统将自动锁定这个账户。账户锁定原则:①账户锁定阈值;②账户锁定时间;③重设账户锁定计数器的时间间隔。

默认账户锁定阈值为 0 次不正确的登录尝试,这时账户不会被锁定。为保证安全,可以设置为在发生 5 次无效登录或更少次数的无效登录后就锁定账户,以确保系统安全。如实验图 14.5 所示,这里设置锁定阈值为"5"。

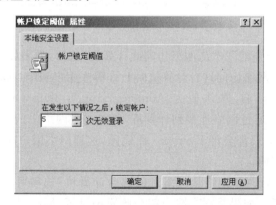

实验图 14.5　设置账户锁定阈值

如果账户锁定阈值设置为 0 次,则不可以设置账户锁定时间。若将账户锁定时间设置为 30 分钟,即当系统锁定账户之后 30 分钟才会自动解锁,因此该值能够延迟他人继续尝试登录;如果将这个值设置为 0 分钟,表示账户将被锁定,只有系统管理员才能解除锁定。

当不正确的登录尝试次数多于账户锁定阈值时,系统将不再允许使用这个账户登录,并且提示该账户已经被锁定,请联系系统管理员解决。

系统管理员可以解除锁定账户,在一个被锁定账户的系统属性对话框中,"账户已锁定"选项是可用的,取消选中"账户已锁定"复选框,就可以解除这个账户的锁定状态。

3．分配用户权限

Windows Server 2003 为计算机管理的各项任务设定了默认的权限,如更改系统时间、备份文件及目录、关闭系统和允许本地登录等,并且内置了很多组账户,将这些默认的权限分配给组,组便有了对应的权限。

系统管理员在新增了用户账户和组账户之后,如果需要指派这些账户管理计算机的某项任务,可以将这些账户加入内置的组,但是这种方式不够灵活。系统管理员可以单独为用户或组分配权限,这种方式提供了更好的灵活性。

和设置用户账户密码相似,在"本地策略"→"用户权限分配"中分配用户权限,这些策略如实验图 14.6 所示。

实验图 14.6　设置用户权限分配策略

（1）双击"用户权限分配"→"从网络访问此计算机"选项,弹出如实验图 14.7 所示的对话框。在此可以设置从网络访问这台计算机时允许哪些用户和组连接到这台计算机。终端服务不受此用户权限影响,默认值为 Administrator、Backup Operators、Power Users、Users、Everyone 组允许通过网络连接到计算机,所以这时网络中的所有用户都可以访问这台计算机。为了安全,一般都会将 Everyone 组删除,这样网络用户连接到这台计算机时,会提示输入用户账号和密码。

（2）与此相反的是,选择"拒绝从网络访问这台计算机"选项可以设置哪些用户被禁止通过网络访问该计算机。如果某用户账户符合此原则设置,同时又符合从网络访问这台计算机的原则设置,那么综合结果是不允许从网络访问。

（3）"允许本地登录"选项,决定哪些用户可以互动登录此计算机。如果是为了用户或组定义原则,则必须将此权限授予 Administrator 组。默认为 Administrator、Backup Operators、Power Users、Users、Guests。非阈控制器的安全比较低,所以一般的用户都可以登录计算机,如果将 Users 和 Guests 组删除,则一般用户不能登录计算机。

实验图 14.7 从网络访问此计算机

（4）"备份文件和目录"选项，决定哪些用户可以出于备份系统的目的使用计算机，而不必顾忌文件、目录、注册表及其他持续对象的使用权限。这个用户权限类似于将系统上所有文件及文件夹的遍历文件夹/执行文件、列出文件夹/读取数据、读取属性、读取扩展属性和读取权限授予相关的用户和组。

这个用户权限只分配给受信任的用户，因为分配此用户权限可能会危及系统安全，默认值是 Administrator 和 Backup Operators。

（5）"更改系统时间"选项，决定哪些用户和组可更改计算机内部时钟的时间及日期。如果更改系统时间，则记录的时间会反映此时间，而不是发生事件的真实时间。默认值是 Administrator 和 Power Users。

（6）"关闭系统"选项，决定哪些本地登录计算机的用户可以关闭操作系统，误用此用户权限将会导致拒绝服务。默认值是 Administrator、Backup Operators、Power Users、Users。

（7）"从远程系统强制关机"选项，决定允许哪些用户从网络远程位置关闭计算机，误用此用户权限将会导致拒绝服务。默认值是 Administrator，只有管理员组才可以通过 IIS 的远程系统管理、使用 shutdown.exe 命令，通过 Telnet 客户端或终端连接远程关机。

（8）"执行卷维护"选项，决定可以在卷上执行维护任务的用户和组。拥有这项用户权限的用户可以查看磁盘读取及修改所取得的数据。默认值是 Administrator。

（9）与"备份文件和目录"对应的是"还原文件和目录"选项，它决定哪些用户可以在还原备份文件和目录时，不必顾忌文件、目录、注册表及其他持续对象的使用权限，并且决定哪些用户可以拥有对象所有者的身份。默认值是 Administrator 和 Backup Operators。此权限类似于将系统上所有文件及文件夹的遍历文件夹/执行文件和写入权限授予相关的用户和组。

4．防火墙的配置

天网防火墙 v2.60 是一款个人计算机使用的网络安全程序，它可以帮用户抵挡网络入侵和攻击。具体的配置操作如下。

第一步，局域网地址设置，防火墙将会以这个地址来区分局域网或者 Internet 的 IP 来源，其地址设置如实验图 14.8 所示。

第二步,管理权限设置,它有效地防止未授权用户随意改动设置、退出防火墙等,如实验图 14.9 所示。

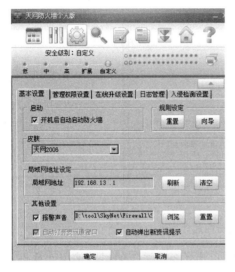

实验图 14.8　局域网地址设置　　　　实验图 14.9　管理权限设置

第三步,入侵检测设置,开启此功能,当防火墙检测到可疑的数据包时防火墙会弹出入侵检测提示窗口,并将远端主机 IP 显示于列表中,如实验图 14.10 所示。

第四步,安全级别设置,其中共有 5 个选项,如实验图 14.11 所示。

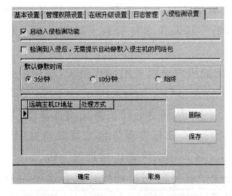

实验图 14.10　入侵检测设置　　　　实验图 14.11　安全级别设置

(1) 低:所有应用程序初次访问网络时都将询问,已经被认可的程序则按照设置的相应规则运作。计算机将完全信任局域网,允许局域网内部的机器访问自己提供的各种服务(文件、打印机共享服务)但禁止互联网上的机器访问这些服务。适用于在局域网中提供服务的用户。

(2) 中:所有应用程序初次访问网络时都将询问,已经被认可的程序则按照设置的相应规则运作。禁止访问系统级别的服务(如 HTTP、FTP 等)。局域网内部的机器只允许访问文件、打印机共享服务。使用动态规则管理,允许授权运行的程序开放的端口服务,如网络游戏或者视频语音电话软件提供的服务。适用于普通个人上网用户。

（3）高：所有应用程序初次访问网络时都将询问，已经被认可的程序则按照设置的相应规则运作。禁止局域网内部和互联网的机器访问自己提供的网络共享服务（文件、打印机共享服务），局域网和互联网上的机器将无法看到本机器。除了已经被认可的程序打开的端口，系统会屏蔽掉向外部开放的所有端口。也是最严密的安全级别。

（4）扩展：基于"中"安全级别再配合一系列专门针对木马和间谍程序的扩展规则，可以防止木马和间谍程序打开 TCP 或 UDP 端口监听甚至开放未许可的服务。用户可以根据最新的安全动态对规则库进行升级。适用于需要频繁试用各种新的网络软件和服务，又需要对木马程序进行足够限制的用户。

（5）自定义：如果用户了解各种网络协议，可以自己设置规则。注意，设置规则不正确会导致用户无法访问网络。适用于对网络有一定了解并需要自行设置规则的用户。

第五步，IP 规则设置，如实验图 14.12 所示。

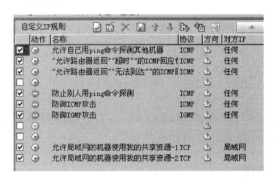

实验图 14.12　IP 规划设置

IP 规则是针对整个系统的网络层数据包监控而设置的，其中有几个重要的设置。

（1）防御 ICMP 攻击：选中时，即别人无法用 ping 的方法来确定用户的存在，但不影响用户去 ping 别人。因为 ICMP 协议现在也被用来作为蓝屏攻击的一种方法，而且该协议对于普通用户来说，是很少使用到的。

（2）防御 IGMP 攻击：IGMP 是用于组播的一种协议，对于 MS Windows 的用户是没有什么用途的，但现在也被用来作为蓝屏攻击的一种方法。

（3）TCP 数据包监视：通过这条规则，用户可以监视机器与外部之间的所有 TCP 连接请求。注意，这只是一个监视规则，开启后会产生大量的日志。

（4）禁止互联网上的机器使用我的共享资源：开启该规则后，别人就不能访问用户的共享资源，包括获取机器名称。

（5）禁止所有人连接低端端口：防止所有的机器和自己的低端端口连接。由于低端端口是 TCP/IP 协议的各种标准端口，几乎所有的 Internet 服务都是在这些端口上工作的，因此这是一条非常严厉的规则，有可能会影响使用某些软件。

（6）允许已经授权程序打开的端口：某些程序，如 ICQ、视频电话等，都会开放一些端口，这样才可以连接到机器上。本规则可以保证这类软件正常工作。

四、思考题

网络中还有哪些安全设置方法和技术？

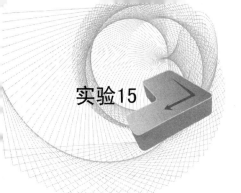

实验15

Web服务器的配置

一、实验目的

理解 WWW 服务器的工作原理；掌握统一资源定位符 URL 的格式和使用；理解超文本传送协议 HTTP 和超文本标记语言 HTML；掌握 Web 站点的创建和配置。

二、实验设备

运行 Windows Server 2003 操作系统的 PC 一台；联网计算机若干台，运行 Windows XP 操作系统；每台计算机都和校园网相连。

三、实验内容及步骤

万维网（World Wide Web,WWW）是一个基于超文本（Hypertext）方式的信息查询工具，其最大特点是拥有非常友善的图形界面、非常简单的操作方法以及图文并茂的显示方式。

WWW 系统采用客户机/服务器结构。在客户端，WWW 系统通过 Netscape Navigator 或者 Internet Explorer 等工具软件提供了查阅超文本的方便手段。在服务器端，定义了一种组织多媒体文件的标准，即超文本标记语言（HyperText Markup Language,HTML），按 HTML 格式储存的文件被称为超文本文件。在每一个超文本文件中通常都有一些超链接（Hyperlink），把该文件与别的超文本文件连接起来构成一个整体。

具体来讲，当用户从 Web 服务器取到一个文件后，需要在自己的屏幕上将它正确无误地显示出来。由于将文件放入 Web 服务器的用户并不知道将来阅读这个文件的用户使用何种类型的计算机或者终端，因此要保证每个人在屏幕上都能读到正确显示的文件，就必须以某种类型的计算机或者终端都能"看懂"的方式来描述文件，即遵循一系列标准，于是就产生了 HTML。

人们通常所见的网站是由若干 Web 页面组成的（暂且不考虑网络应用程序），这些 Web 页面是直接或者间接（通过网页制作工具）由 HTML 编写成的。HTML 标准定义了 Web 页面的内容和显示方式，HTML 代码最终在客户机的浏览器上显示为包含文本、图形、声音、动画等内容的 Web 页面。

HTML 对 Web 页面的内容、格式及 Web 页面的超链接进行描述，而 Web 浏览器的作用就在于读取 Web 站点上的 HTML 文档,再根据 HTML 文档中的描述组织来显示相应的 Web 页面。

HTML 文档本身是文本格式的,用任何一种文本编辑器都可以对它进行编辑。HTML 语言有一套相当复杂的语法,专门提供给专业人员用来创建 Web 文档,一般用户并不需要掌握它。在 UNIX 系统中,HTML 文档的后缀为".html",而在 DOS/Windows 系统中则为".htm",HTML 文档源文件如实验图 15.1 所示。

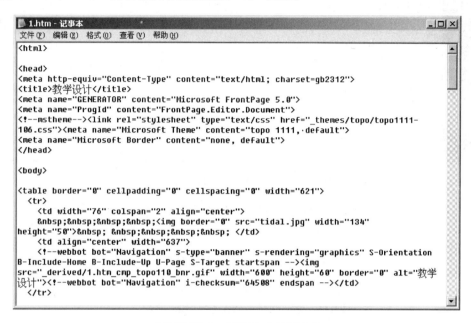

实验图 15.1　HTML 文档源文件

仅有 HTML 并不能完成 WWW 服务的全部内容,还需要在网络中传输这些 HTML 代码,这项工作是由 HTTP 完成的。HTTP 是一种应用层协议,它处于 TCP/IP 协议栈的最高层,具体定义了如何利用低层的通信协议完成无差错的网络传输,从而在 Web 服务器与浏览器之间建立连接。

1. 安装 IIS 信息服务器

一般情况下,Windows Server 2003 服务器的默认安装没有安装 IIS6.0 组件。因此,IIS6.0 需要另外单独安装。安装方法如下。

第一步,依次选择"开始"→"设置"→"控制面板"→"添加/删除程序"命令,打开如实验图 15.2 所示的窗口。

第二步,在"添加或删除程序"窗口中选择"添加/删除 Windows 组件",就会弹出的"Windows 组件向导"对话框,如实验图 15.3 所示。

第三步,在"Windows 组件向导"对话框中选中"应用程序服务器"复选框,再单击"详细信息"按钮,在弹出的"应用程序服务器"对话框中选中"Internet 信息服务(IIS)"复选框,单击"确定"按钮,如实验图 15.4 所示。

第四步,在"Windows 组件向导"对话框中单击"下一步"按钮。这时,需要在光驱中放入 Windows Server 2003 的系统安装盘,如实验图 15.5 所示。

实验图 15.2　"添加或删除程序"窗口

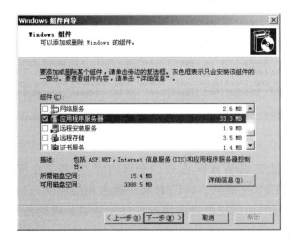

实验图 15.3　"Windows 组件向导"对话框

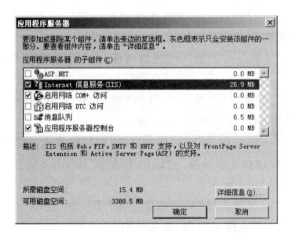

实验图 15.4　"应用程序服务器"对话框

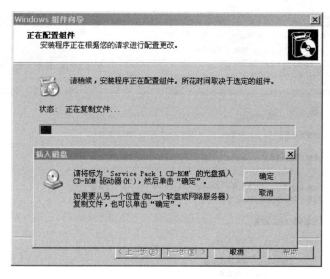

实验图 15.5　Windows 组件向导安装对话框

第五步，安装完毕后，依次选择"开始"→"设置"→"控制面板"→"管理工具"→"Internet 信息服务(IIS)管理器"命令，就会出现如实验图 15.6 所示的"Internet 信息服务(IIS)管理器"窗口。

实验图 15.6　"Internet 信息服务(IIS)管理器"窗口

第六步，在 IE 浏览器的地址栏中输入"http://localhost"或者"http://你的计算机名字"或者"http://127.0.0.1"。按 Enter 键后，如果出现"建设中"字样，表示 IIS 安装成功，如实验图 15.7 所示。

2. Web 站点配置

（1）制作好自己的主页文件 default1.htm。

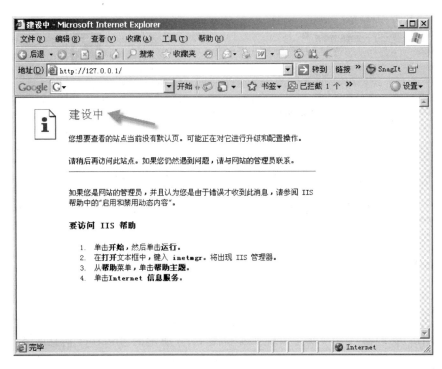

实验图 15.7　成功安装 IIS

（2）把上述主页文件 default1.htm 复制到"c:\InetPub\wwwroot"目录下。

（3）选择"程序"→"管理工具"→"Internet 服务管理器"命令，出现"Internet 信息服务"控制台，双击"COMPUTER-SERVER"，展开 COMPUTER-SERVER 服务的分支。

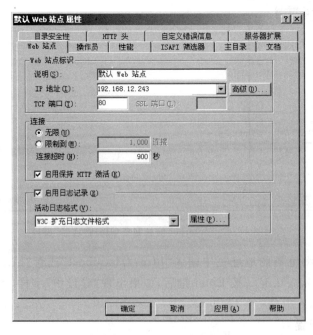

实验图 15.8　Web 站点配置

（4）右击"默认 Web 站点"，在弹出的快捷菜单中选择"属性"命令，出现"默认 Web 站点属性"对话框，在"IP 地址"文本框输入"192.168.12.243"，如实验图 15.8 所示。选择"文档"选项卡，单击"添加"按钮，出现"添加默认文档"对话框，输入"default1.htm"后单击"确定"按钮，利用此对话框的上下箭头更改默认文档的排列顺序。

（5）打开浏览器，在地址栏输入以下内容。

① 服务器 IP 地址，如"http://192.168.12.243"，测试 Web 服务器是否成功安装。

② 利用 Windows 2000 下配置 DNS 服务器时所建立的域名 WWW.TEST.COM，如"http://www.test.com"，测试 Web 服务器是否成功安装。

（6）右击"默认 Web 站点"在弹出的快捷菜单中选择"停止"命令，停止默认 Web 站点的服务，创建自己的站点，否则会出现两个站点共同争用 80 端口的冲突现象。

（7）右击服务器的名称"WWW"，在弹出的快捷菜单中选择"新建"→"Web 站点"命令，然后在弹出的对话框中输入 Web 站点的名字。

（8）在 IP 地址和端口设置对话框中进行相应设置，然后单击"下一步"按钮。在 Web 站点目录中选择站点目录"website"，此处的主目录路径必须事先建立。

（9）在 Web 站点访问权限中选中"读取"和"运行脚本"复选框，如实验图 15.9 所示，单击"下一步"按钮。单击"完成"按钮结束基本站点的设置。

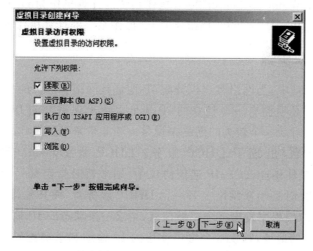

实验图 15.9　Web 站点创建向导

（10）创建完成后，回到控制台，右击站点名称，在弹出的快捷菜单中选择"属性"命令，然后在站点属性对话框中选择"文档"选项卡来设置站点主页。

（11）单击"添加"按钮增加一个新的文档名称，在对话框中输入主页文件名"Index.htm"后单击"确定"按钮回到上一级页面。在"文档"设置中，单击"↑"按钮可以调整文档的优先级，让"Index.htm"处于最上方。

（12）在客户端的 IE 浏览器中输入 IIS 主机的 IP 地址，即可看到了 Web 站点的主页，证明实验成功。

四、思考题

制作一个个人网页，发布在你所建立的 Web 服务器上。

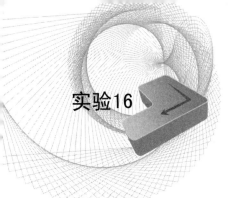

DHCP服务器的配置

一、实验目的

掌握在 Windows Server 2003 操作系统下 DHCP 服务器的建立、配置和管理；理解如何从客户机测试 DHCP 服务。

二、实验设备

(1) 一台安装有 Windows Server 2003 操作系统的计算机作为 DHCP 服务器；

(2) 多台安装有 Windows 2003 Professional 操作系统的计算机作为 DHCP 的客户端。

三、实验内容及步骤

在早期的网络管理中，为网络客户机分配 IP 地址是网络管理员的一项复杂的工作。由于每个客户计算机都必须拥有一个独立的 IP 地址以免出现重复的 IP 地址而引起网络冲突，因此分配 IP 地址对于一个较大的网络来说是一项非常繁杂的工作。

为解决这一问题，出现了 DHCP 服务。DHCP 是 Dynamic Host Configuration Protocol 的缩写，它是使用在 TCP/IP 通信协议中，用来暂时指定某一台机器 IP 地址的通信协议。使用 DHCP 时必须在网络上有一台 DHCP 服务器，而其他计算机执行 DHCP 客户端。当 DHCP 客户端程序发出一个广播信息，请求一个动态的 IP 地址时，DHCP 服务器会根据目前已经配置的地址，提供一个可供使用的 IP 地址和子网掩码给客户端。这样，网络管理员不必再为每个客户计算机逐一设置 IP 地址，DHCP 服务器可自动为上网计算机分配 IP 地址，而且只有客户计算机在开机时才向 DHCP 服务器申请 IP 地址，用完后立即交回。

使用 DHCP 服务器动态分配 IP 地址，不但可节省网络管理员分配 IP 地址的工作，而且可确保分配地址不重复。另外，客户计算机的 IP 地址只在需要时分配，所以提高了 IP 地址的使用率。

某局域网内配置一台 DHCP 服务器，DHCP 服务器的 IP 地址是 192.168.0.1，可分配的 IP 地址范围是 192.168.0.1～192.168.0.254，排除范围是 192.168.0.1～192.168.0.10，租约期限默认为 8 天。

1. 安装 DHCP 服务

要在网络中实现一台 DHCP 服务器，需要在一台运行 Windows Server 2003 操作系统的计算机上安装 DHCP 服务。

　　第一步，在添加 DHCP 服务器角色之前，需要检查服务器的 IP 地址配置是否正确，检查登录所用的用户账户是否有合适的权限。

　　第二步，在"管理您的服务器"窗口中单击"添加或者删除角色"链接，如实验图 16.1 所示。

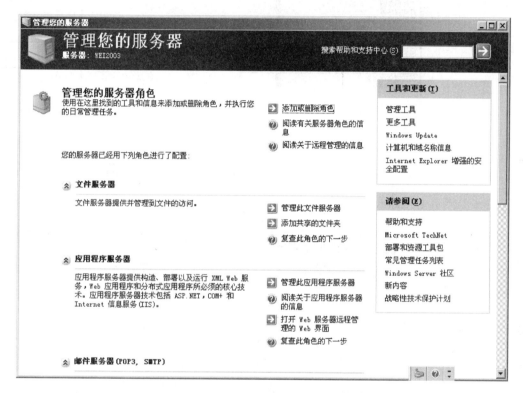

实验图 16.1　添加和删除角色

　　第三步，在"配置您的服务器向导"对话框中选择"DHCP 服务器"，如实验图 16.2 所示。

　　第四步，在"新建作用域向导"对话框中单击"Cancel"按钮，取消建立作用域的操作。

　　第五步，在"配置您的服务器向导"对话框中单击"完成"按钮。

2．授权 DHCP 服务器

　　第一步，打开 DHCP 管理控制台。

　　第二步，在控制台的树状菜单中，右击"管理授权服务器"。

　　第三步，在"管理授权的服务器"对话框中单击"授权"按钮。

　　第四步，在"授权 DHCP 服务器"对话框中输入要授权的 DHCP 服务器的名称或 IP 地址，然后单击"确定"按钮，如实验图 16.3 所示。

　　第五步，在"确认授权"对话框中，检查服务器的名称和 IP 地址是否正确，然后单击"确定"按钮，如实验图 16.4 所示。

3．配置 DHCP 作用域

　　作用域是指 DHCP 服务器定义的，可用于租约分配给客户端计算机的有效 IP 地址范

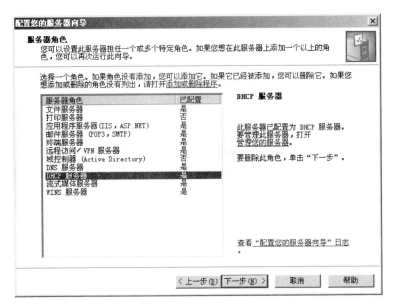

实验图 16.2 选择"DHCP 服务器"

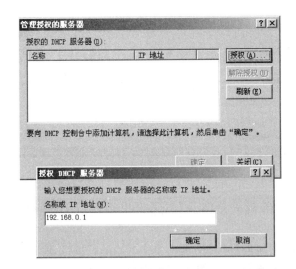

实验图 16.3 授权的 DHCP 服务器

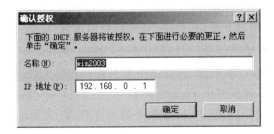

实验图 16.4 检查服务器的名称和 IP 地址

围,指分配给 DHCP 客户端的 IP 地址池。

第一步,打开 DHCP 控制台程序。

第二步,在树状菜单中单击可用的 DHCP 服务器。

第三步,右击服务器名称,在弹出的快捷菜单中选择"新建作用域",如实验图 16.5 所示。

实验图 16.5　选择"新建作用域"命令

第四步,在弹出的"新建作用域向导"对话框中单击"下一步"按钮。

第五步,在"作用域名"文本框中输入名称和描述。

第六步,在"IP 地址范围"对话框中,输入"起始 IP 地址"、"结束 IP 地址"和"子网掩码",如实验图 16.6 所示。

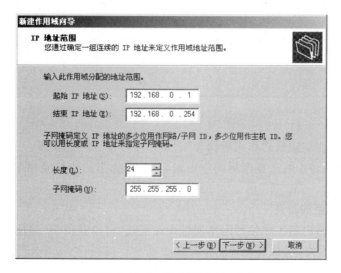

实验图 16.6　输入 IP 地址范围

第七步,根据实际需要,在"添加排除"对话框中配置"起始 IP 地址"和"结束 IP 地址"。如果要排除单个 IP 地址,只需在"排除的地址范围"文本框中输入地址,如实验图 16.7 所示。

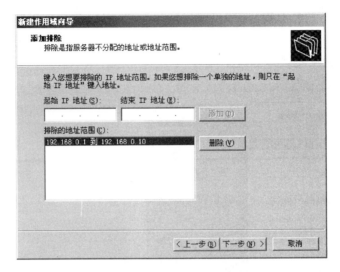

实验图 16.7   添加排除

第八步,在"租约期限"对话框中,设置租约的期限,默认为 8 天,如实验图 16.8 所示。

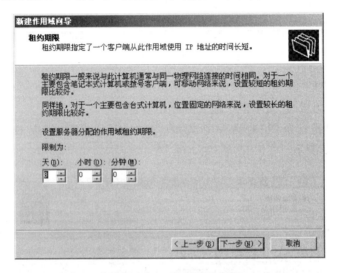

实验图 16.8   设置租约期限

第九步,在"正在完成新建作用域向导"对话框中单击"结束"按钮。

第十步,在控制台中右击要激活的作用域名称,在弹出的快捷菜单中选择"激活"命令,如实验图 16.9 所示。

4. DHCP 设置后的验证

将任何一台本网内的工作站的网络属性中设置成"自动获得 IP 地址",并将"DNS 服务器"设为"禁用","网关"栏保持为空,重新启动成功后,运行"winincfg"命令(Windows 98 中)或者"ipconfig"命令(Windows 2000 以上),就可以看到各项已分配成功。

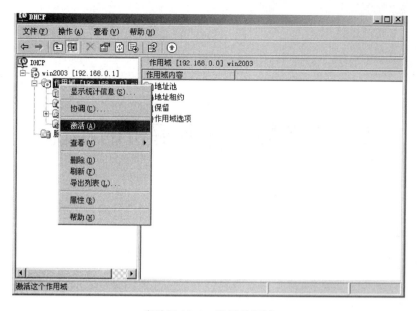

实验图 16.9　激活作用域

四、思考题

1. DHCP 服务器的本机地址是否可自动获取？

2. DHCP 服务器是否可为不同网段的主机分配 IP 地址？

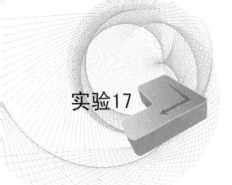

DNS服务器与域名解析的实现

一、实验目的

1. 通过实验掌握 DNS 服务器的安装、配置。
2. 通过实验能实现静态、动态域名的解析。

二、实验设备

每实验组 PC 两台,集线器一台。

三、实验要求

1. 实验任务

(1) 制定实验 DNS 服务器的安装、配置方案。
(2) 安装与配置 DNS 服务器,实现静态、动态域名解析。

2. 实验预习

(1) 详细阅读实验教程,深入理解实验的目的与任务,熟悉实验步骤和基本环节。
(2) 根据实验任务的要求,制订实验方案,以流程图的形式给出方案实施的一般过程。

四、基础知识和实验原理

DNS 是域名系统,是 Internet 的标准命名服务,为客户提供从 IP 主机的域名获得相应 IP 地址的静态解析服务。

域名系统是域中主机记录的一个复杂的分布式数据库,DNS 数据库建立了一个称为域名空间的逻辑结构。一般来说,域名空间的层次结构由根域、顶层域、第二层域(组织域)以及主机名字组成,其中主机名是指 Internet 或专用网络上的特定计算机,是"完全合格的域名(简称 FQDN)"的最左部分,而 FQDN 描述了主机在域层次结构中的确切部分。DNS 使用主机的 FQDN 把名字解析为 IP 地址。域名空间的层次结构如实验图 17.1 所示。

五、实验步骤

1. 建立正向搜索区域

(1) 选择"开始"→"程序"→"管理工具"→"DNS"选项,出现 DNS 服务器管理工具界面,展开树形目录下的服务器项目,如实验图 17.2 所示。

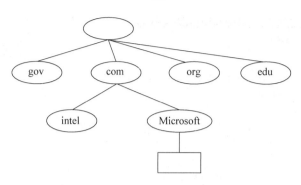

实验图 17.1 域名空间的层次结构

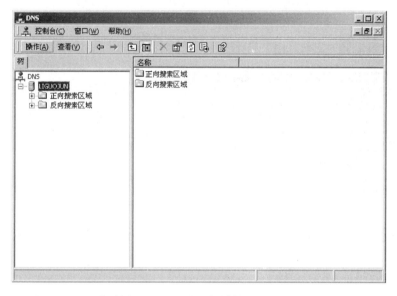

实验图 17.2 DNS 服务器管理工具界面

（2）右击"正向搜索区域"，在弹出的快捷菜单中选择"添加区域"选项，出现"新建区域向导"对话框。单击"下一步"按钮继续，出现选择区域类型界面，单击"标准主要区域"按钮。

（3）单击"下一步"按钮，规划所要建立的域的名称，如实验图 17.3 所示。

（4）单击"下一步"按钮，在出现的界面中选择新增区域的名称，若是新增一个全新的区域，就直接使用提示的文件名来添加数据。添加区域向导会在域名后面加上".dns"作为扩展名。本例按默认选项。

（5）选择文件名完毕后，单击"下一步"按钮，此时会出现以上步骤所设置的数据列表，如果一切设置正常，则单击"完成"按钮以建立一个正向搜索区域，完成后的界面如实验图 17.4 所示。

2. 新建主机记录

将主机相关数据新增到 DNS 服务器的区域后，DNS 客户端就可以通过该服务器的服务来查询 IP 地址，可按下列步骤来新建一个主机记录。

（1）右击欲新增主机记录的域名，在弹出的快捷菜单中选择"新建主机"选项，此时出现新建主机界面。

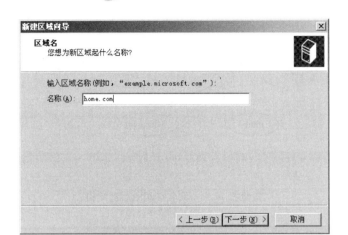

实验图 17.3　输入区域名称

实验图 17.4　建立正向搜索区域完成后的界面

（2）在"名称"栏上填写新增主机记录的名称，但不需要填写整个域名，如本例中要新增

"page"名称，只要填写"page"即可，而不是要求填写"page. 12345.com"，如实验图 17.5 所示。

（3）同时在"IP 地址"栏中填入新建名称的实际 IP 地址。

（4）单击"添加主机"按钮，即完成了新建主机的过程，如实验图 17.6 所示。

3. 添加主机别名

一台 IP 主机可以同时拥有多个逻辑主机名，称为别名。例如，一台主机同时提供 Web 服务器和 FTP 服务器功能时，为方便用户的访问，可以分别定义其别名为"www. 12345. com"和"ftp

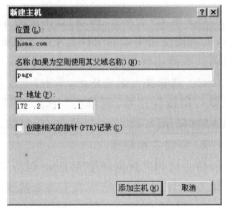

实验图 17.5　新建主机界面

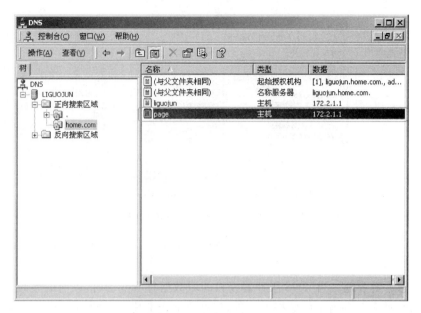

实验图 17.6　新建主机完成后的界面

.12345.com"，它们都是指向同一 IP 地址的主机。

建立主机别名的方式如下。

（1）右击要建立别名主机的 DNS 区域，在弹出的快捷菜单中选择"添加别名"选项，此时出现新建资源记录界面如实验图 17.7 所示。

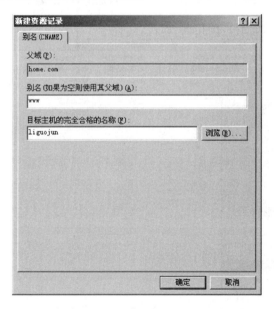

实验图 17.7　建立资源记录界面

（2）填写完毕后接着单击"确定"按钮，即完成了该过程，如实验图 17.8 所示。

4. 维护 DNS 服务

维护 DNS 服务的域名包括前面提到的新增、删除域，以及面对来自客户端各种名称的

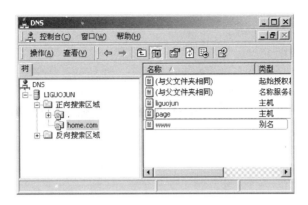

实验图 17.8　建立主机别名完成后的界面

查询等。Windows 2000 的 DNS 服务可与 WINS 及 DHCP 的功能结合,直接在 DNS 管理工具中进行设置。

(1) 动态更新管理。当 DNS 服务器授权的域数据有所变动时,以前的系统中必须手动更新主要命名域名服务器上的数据库文件,但这可能会造成其他问题。Windows 2000 支持动态 DNS(即 DDNS)的更新能力,使得服务器与客户端的网络名称都可以动态更新,但必须单独进行设置。

① 右击要设置域名,在弹出的快捷菜单中选择“属性”选项进入域名设置界面,如实验图 17.9 所示。

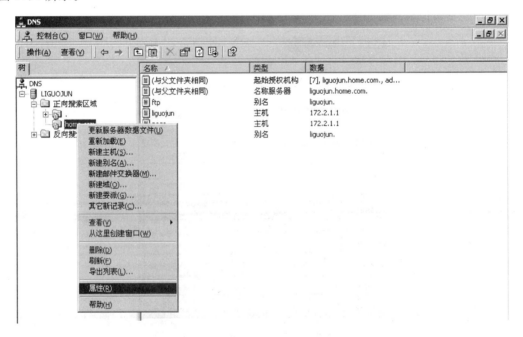

实验图 17.9　选择“属性”选项

② 在弹出的属性对话框中的“允许动态更新?”下拉列表框中选择“是”选项,就可以启动动态 DNS 的功能,如实验图 17.10 所示。

（2）启动授权 SOA 的设置。SOA（Start of Authority）是用来识别域名中由哪一个命名服务器负责信息授权，在区域数据库文件中，第一条记录必须是 SOA 的设置数据。SOA的设置数据影响名称服务器的数据保留与更新策略。

在如实验图 17.11 所示的"起始授权机构（SOA）"选项卡进行设置。

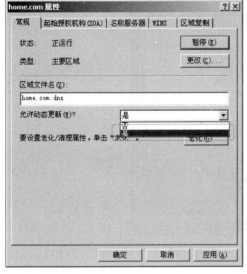

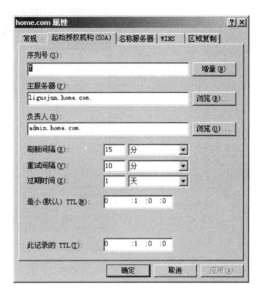

实验图 17.10 启动动态 DNS 功能　　　　实验图 17.11 "起始授权机构"选项卡

实验表 17.1 详细记载了实验图 17.11 中各参数的意义。

实验表 **17.1** "起始授权机构"选项卡中的各参数含义

序列号	当名称记录更动时，序号也就跟着增加，用于表示每次更动的序号，这样可以帮助用户辨认欲进行动态更新的机器
主要服务器	负责这个域的主要命名服务器
负责人	负责人名称后面还有个句点（.）符号，这是表示 E-mail 地址中的@符号
刷新间隔	这个时间代表其他名称服务器更新的频率，每当时间结束，其他的名称服务器就会来比较与上次更新时的序号是否相同，若是一样则不需要更新数据
重试间隔	假如其他名称服务器更新数据失败，或者连接失败，那么就会重试一次，通常重试间隔的时间要比刷新间隔的时间短
过期时间	域中的次要名称服务器在过期时间到来时，必须要与主要名称服务器更新一次数据，确保这个时间周期一定会更新数据
最小（默认）TTL	每个域名所停留在名称服务器上的时间
此记录的 TTL	客户端来查询名称，或其他名称服务器复制数据，数据留存在这些机器上的时间，即所谓的 TTL，TTL 的设置格式为"DDDD:HH:MM:SS"，默认值为 1 小时。使用较小的 TTL 值可确保跨网的域命名空间相关数据 TTL 值，虽然可以降低服务器的负载，但若在此期间内有某些变更，则客户端将收不到更新消息

（3）名称服务器。除了在"起始授权机构（SOA）"选项卡中的主要服务器以外，其他的名称服务器都在"名称服务器"选项卡中添加数据。

选择"名称服务器"选项卡，如实验图 17.12 所示。如果想要新建服务器名称，则可单击

"添加"按钮,在弹出的对话框中填入名称服务器的 IP 地址,或者在网络上有其他名称服务器时通过"浏览"按钮来寻找名称服务器。本例中不需添加。

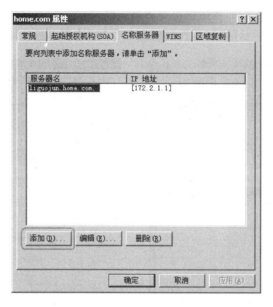

实验图 17.12 "名称服务器"选项卡

5. 测试 DNS 服务运行情况

(1)选择"开始"→"程序"→"附件"→"命令提示符"选项。

(2)出现"命令提示符"窗口,输入"ipconfig/all"命令查看局域网的设置是否正确,如实验图 17.13 所示,默认网关并未设置,若这是 LAN 上某一台机器,那么无法连接到外面的网络,自然很多域名也无法查询。

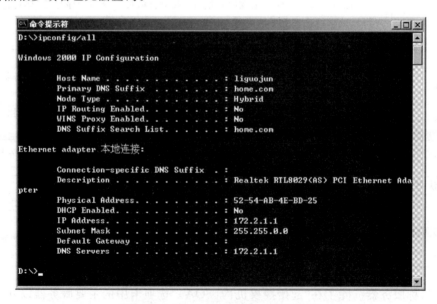

实验图 17.13 ipconfig 命令运行后界面

（3）接下来可以使用 nslookup 命令来测试名称解析是否正常。输入"nslookup"命令之后按下 Enter 键就可以看到目前的预设命名服务器与现在机器的 IP 地址，然后可以在"＞"命令提示符后输入想要查询的计算机或域名，如实验图 17.14 所示。

实验图 17.14　nslookup 命令运行后界面

如果找到查询名称，会得到该名称的域名以及 IP 地址。如果还是没有找到，那就要使用"ping＜IP 地址或域名＞"来检测要查询名称是否存在。有些站点拒绝 ping 的检测，因此无法仅根据 ping 来决定域命名服务器是否没有作用。

通过以上方式，若还是不能找到欲查询的名称，那么有可能是根本没有这个域名或者网络设置有错误。

六、思考题

1. 简述名称解析的过程。
2. 动态更新有什么优点？

参 考 文 献

[1]　彭勇. 计算机网络基础与 Internet 应用[M]. 北京：电子工业出版社，2001.

[2]　吴功宜. 计算机网络[M]. 2 版. 北京：清华大学出版社，2005.

[3]　杜煜，姚鸿. 计算机网络基础[M]. 2 版. 北京：人民邮电出版社，2006.

[4]　李磊. 网络工程师考试辅导[M]. 北京：清华大学出版社，2009.

[5]　尚晓航. 计算机网络基础[M]. 北京：高等教育出版社，2008.

[6]　姚华婷. 网络服务器的配置与管理[M]. 北京：人民邮电出版社，2011.

图书资源支持

感谢您一直以来对清华版图书的支持和爱护。为了配合本书的使用，本书提供配套的资源，有需求的读者请扫描下方的"书圈"微信公众号二维码，在图书专区下载，也可以拨打电话或发送电子邮件咨询。

如果您在使用本书的过程中遇到了什么问题，或者有相关图书出版计划，也请您发邮件告诉我们，以便我们更好地为您服务。

我们的联系方式：

地　　址：北京海淀区双清路学研大厦 A 座 707

邮　　编：100084

电　　话：010－62770175－4604

资源下载：http://www.tup.com.cn

电子邮件：weijj@tup.tsinghua.edu.cn

QQ：883604(请写明您的单位和姓名)

用微信扫一扫右边的二维码，即可关注清华大学出版社公众号"书圈"。

资源下载、样书申请

书圈